平成12年3月制定
「建築数量積算基準」に基づいた

改訂3版　　　にがて意識からの脱皮

鉄筋コンクリート造 積算入門

はまだ かんじ

大成出版社

すいせんのことば

　急激な都市化の中、鉄筋コンクリート造建築は都市の発展に大きな役割を果たしています。そのような今日、鉄筋コンクリート造積算のわかりやすい入門書が大成出版社から発刊されることとなりました。

　執筆者の浜田寛冶（ペンネーム・はまだかんじ）氏は、積算の歴史や古い設計図など広く研究され積算に関する幅広い認識と経験をお持ちになっており、以前、出版されました『木造住宅積算入門』も各方面から好評を博しています。

　今回上梓された本書は、今まで積算に縁の薄かった初心者の方々にも、わかりやすく解説されたもので、積算の手ほどきから細項目にわたって豊富な図表と計算実例を随所に織り込み、積算の入門書として最適な書といえましょう。本書が実務の参考および新人研修など広く一般に活用されるものと確信し、ご推薦申し上げる次第です。

昭和62年12月

社団法人　日本建築積算協会
会　長　　宮　谷　重　雄

改訂3版の刊行にあたって

　8年振りに『建築数量積算基準』が改訂された。というよりも、「近年の建設業をめぐる社会経済情勢の変化は激しく、高度情報化や国際化が著しく進展しており、建築積算の分野においても、公共機関の積算基準の統一と情報の公開が進み、電子情報機器の利用が増えるなど、新しい動きが見えるようになってきました。こういう状況の中、最新の施工実態を踏まえた上で、機動的かつ適切な数量積算基準を見直していくことが必要になり、（財）建築コスト管理システム研究所に研究の場を移し、これまでの経緯を尊重しつつ検討してまいりました」と、平成12年3月制定の『建築数量積算基準・同解説』の序文に書かれているように、30数年間という長い年月にわたって積算界に貢献された「建設工業経営研究会」から舞台を（財）建築コスト管理システム研究所に移して、ここに改めて官民合同の建築数量積算基準が誕生したことになる。

　素朴な質問として、「現行基準（平成4年11月改訂）と、どこがどう変わったのか？」となるが、上記の序文にもあるように、現行基準の「根っこ」から変わったわけではない。
　しかし基準を使う側の立場から感想を述べれば、全体的にメリ・ハリがあり、文章が明確にかつ適切になったと言える。妥当性、合理性、客観性などを重んじる建築積算のルールとしては当然のことであろう。

　したがって、本著もここで全体にわたって見直しを行い、改訂3版として発行の運びとなった次第である。

　　2000年7月7日

　　　　　　　　　　　　　　　　　　　　　　　　　　　　　　　　著　者

改訂2版の刊行にあたって

　お陰さまで、『鉄筋コンクリート造積算入門（にがて意識からの脱皮）』も版を重ねること6回に及び、平成4年11月に『建築数量積算基準』の改訂がなされたのを機会に、判もひとまわり大きく（A5判→B5判）、装いも新たにし、内容の一部を改訂した。特に計算式などには一層の工夫をこらして、より分かりやすくした。

　さて、世のなかの変化と要望は日を追ってスピードが増し、それに対応するべくコンピュータ化の進歩もまた目覚ましい。それは、「結果よければ、すべてよし！」の風潮にも拍車がかかっている。しかし筆者は、これにいささか疑問をもっている1人である。

　経済大国になり、かつては自動車産業でもコンピュータ産業でも、アメリカに追い付きアメリカを追い越したかに見えた日本も、かつて第二次大戦中、ゼロ戦で一時アメリカをおびやかした日本が見事に敗れ去ったように、今や自動車であれ、コンピュータであれ、またアメリカに負けそうな雲ゆきになってきている。つまり、昔からの日本の弱点というか欠点は、「基礎的なことに研究と金をかけたがらない」つまり、単なる『ものまね』のうまさに起因している。

　積算という仕事も、いかにスピーディに効率よく、しかも違算のない結果を出すかに、その使命と目的があるのは事実であるが、基礎を身に付けるまでは「結果」よりも「経過」、カタカナで書けば「ケッカ」と「ケイカ」のたった1字違いではあるが、そのプロセスの方が重要と、筆者は常に考えている。

　したがって本著は、特にその積算の過程を示す計算式に、よりスポットを当て、できるだけ分かりやすいよう心掛けたつもりである。さきに発刊した『改訂3版・木造住宅積算入門（どんぶり勘定からの脱皮）』、『改訂3版・鉄骨の積算入門（他力本願からの脱皮）松本伊三男共著』に次ぐ3部作の一つである本著を、入門書として、また講習・講義用テキストとして、更にはゼネコンの第一線で活躍されておられる方々の参考書として、幅広くご活用・ご愛用いただければ幸甚と思っている。

1994年1月17日

著　者

まえがき

　平均的なサラリーマンにとって、1兆円などという数字は雲の上の話のように思えるかも知れない。兆という数は、1の次に0が12個も並ぶ。しかしこれを1の次に0が8個つく1億人で割れば1人当たりが1万円となり、ぐっと身近な相手になってくる。

　しかしこの1兆という数に、時間の単位の秒をつけた1兆秒というものを考えた場合、果たして何人の人がその4次元の大きさを摑みきるであろうか？

　マージャン好きの人の中には、夜を徹して一晩もやれば過ぎ去る時間だと答える人もいるかも知れない。1分が60秒だから、1時間は3,600秒、1日は24時間だから1日を秒数に直しても僅かの8万数千秒でしかない。1年を365日に数えてざっと3,000万秒と、積算の心得のある人なら軽く暗算してしまうので、まさか1日や2日で経ってしまうとは、いくらなんでも考えないだろう。しかし落ち着いて考えれば、その10倍の10年間で3億秒台、100年で30億秒、1,000年経っても300億秒台で、兆には程遠いことがだんだん分かってくる。つまり1万年経ってもまだ数字の方は3,000億秒台までしか達しておらず、今現在は西暦1987年である。1兆秒はその3,000億秒の更に3倍にもなる。

　あと10数年で人類は21世紀を迎える。21世紀とは西暦2001年のことである。瞬時にして過ぎ去る1秒という時間も、兆となるともう私たちにはお手あげなのである。だからというわけでもなかろうが、国民の減税1兆円の捻出ともなると、口では簡単に言えるものの、いざ何処から捻り出すか？となると、大蔵省にせよ、税制調査会のメンバーにせよ、なかなか大変なのだろうと思う。

　本著は、『木造住宅積算入門（どんぶり勘定からの脱皮）／大成出版社』に次ぐ第2弾として誕生したものである。積算の手ほどきの中の1項に（数字と楽しくつき合おう！）とあるように、初心者であれ、今まで積算とは余り縁の少なかった女性であれ、アレルギーを持つことなく積算技術者の仲間入りができるようなムードづくりを極力心掛けたつもりである。

　サラリーマン生活36年を過ぎた筆者は、そのほぼ20%に当たる丸7年間の昭和37年から昭和44年までの間、建築積算専従者として多忙な日々を送ったのである。しかしこの仕事が肌に合っていたのか、毎日毎日が実に楽しかった。「そんな馬鹿な！」と言う人もいるかも知れない。「積算屋は縁の下の力持ち、なに一つミスがなくて当たりまえ。ちょっとでも間違えばくそ味噌に叩かれるのが関の山」と言う声も多い。

　しかし、それはなにも積算専従者だけに限ったことではない。工事の担当者であれ、営業マンであれ、仕事の内容は若干異なってはいるものの、本質的なところでは皆同じである。要は

気持の持ち方ひとつ、考え方ひとつで仕事が楽しくもなれば、苦痛にもなる。同じエネルギーを費やして仕事をするのなら、やっぱり楽しく片付けた方がいいし、精神衛生上も遙かに得策だ。「仕事にもゲーム性を持て！」というのが筆者のモットーである。時計の針とのにらめっこで仕事をしているような人にとっては針が止まって見えるし、夢中になって仕事に没頭している人にとっては「あっ！」と言う間に時計の針は回転してしまう。

　寒さに震えながら停留所でバスを待つ10分間はとっても長く感じられるが、マージャンで遊ぶ東（とん）の１局の時間の短いことと言ったら……。寿命は年々延びているという。しかし本当に働き甲斐のある時間はやはり「人生50年」かも知れない。人生50年を秒に直せば、たったの15億7,680万秒しかないのである。この16億秒弱の人生を、どうせのことならひとつ楽しく、そして充実した日々でお互いに送りたいと思うのである。

　　昭和62年12月10日　記す

著　者

目　　次

　　すいせんのことば
　　改訂3版の刊行にあたって
　　改訂2版の刊行にあたって
　　まえがき

Ⅰ．積算の手ほどき

1．はじめに　〜奈良の大仏殿を見積ってみれば〜 ………………………………3

2．建築数量積算基準の誕生 ……………………………………………………………8
　　1）　建築屋の常識、世間の常識 ……………………………………………………8
　　2）　なぜ、十人十色になったのか？ ………………………………………………9
　　3）　なんと、Aさんを含め正解者一人もなし！ …………………………………11

3．拾いのルールとリズム ……………………………………………………………14
　　1）　数字と楽しくつき合おう！ …………………………………………………14
　　2）　積算と見積の違い ……………………………………………………………17
　　3）　積算上達への心がまえ ………………………………………………………18
　　4）　拾いあげる順位 ………………………………………………………………29
　　5）　大枠で捕えて控除はあとで …………………………………………………30
　　6）　計算過程での桁の位どり ……………………………………………………31
　　7）　コンマ以下の意味するもの（1と1.0の違い）……………………………33

4．拾いの手順と段取 …………………………………………………………………34
　　1）　建物の構成要素 ………………………………………………………………34
　　2）　「拾い」の流れの中で注意したいこと ……………………………………35
　　3）　「拾い」の分担と責任範囲 …………………………………………………36
　　4）　拾いの用紙について …………………………………………………………41
　　5）　どちらでもいいものならどちらかに決めよう ……………………………49

II. 躯体の部—土工・地業編

1. 一般事項 ……………………………………………………………… 53
2. 根切り ………………………………………………………………… 54
3. すきとり ……………………………………………………………… 62
4. 埋戻し ………………………………………………………………… 63
5. 建設発生土（不用土）処理 ………………………………………… 64
6. 盛土 …………………………………………………………………… 65
7. 砂利、砕石地業 ……………………………………………………… 66
8. 法勾配 ………………………………………………………………… 67
9. 演習 …………………………………………………………………… 68

III. 躯体の部—コンクリート・型枠編

1. はじめに ……………………………………………………………… 77
2. 一般事項 ……………………………………………………………… 77
3. 基礎 …………………………………………………………………… 79
4. 基礎梁 ………………………………………………………………… 86
5. 底盤（べた基礎） …………………………………………………… 88

6. 柱 …………………………………………………………………… 94

7. 梁 …………………………………………………………………… 99

8. 床板（スラブ）……………………………………………………… 102

9. 壁 …………………………………………………………………… 107

10. 階　段 ……………………………………………………………… 111

11. そ の 他 …………………………………………………………… 114

12. 演　習 ……………………………………………………………… 116

Ⅳ．躯体の部―鉄筋編

1. はじめに …………………………………………………………… 137

2. 一 般 事 項 ………………………………………………………… 139

3. 鉄筋の区分と名称 ………………………………………………… 141

4. 鉄筋の計測・計算と通則 ………………………………………… 142

5. 基　　礎 …………………………………………………………… 156

6. 基礎梁（地中梁）…………………………………………………… 160

7. 底盤（基礎スラブ）………………………………………………… 164

8. 柱 …………………………………………………………………… 166

9. 梁 ……………………………………………………………… 171

10. 床板（スラブ）……………………………………………… 176

11. 壁 ……………………………………………………………… 182

12. 階　　段 ……………………………………………………… 184

13. そ　の　他 …………………………………………………… 185

14. 演　　習 ……………………………………………………… 186

Ⅴ．仕上の部―外装編

1. はじめに ……………………………………………………… 203

2. 仕上のグループ分け ………………………………………… 204

3. 手順と段取 …………………………………………………… 205

4. 建　　具 ……………………………………………………… 206

5. 外　　装 ……………………………………………………… 210

6. 演　　習 ……………………………………………………… 221

Ⅵ．仕上の部―内装編

1. はじめに ……………………………………………………… 233

2. 用語の定義 …………………………………………………… 234

3．主仕上の計測・計算 ……………………………………………………235

4．仕分けと拾う順序 ………………………………………………………242

5．材種による特則 …………………………………………………………244

 (1) コンクリート材 ………………………………………………………244
 (2) 既製コンクリート材 …………………………………………………244
 (3) 防 水 材 …………………………………………………………245
 (4) 石　　　材 …………………………………………………………245
 (5) タイル・れんが材 ……………………………………………………247
 (6) 木　　　材 …………………………………………………………248
 (7) 金 属 材 …………………………………………………………253
 (8) 左 官 材 …………………………………………………………256
 (9) 木製建具類 …………………………………………………………260
 (10) 金属製建具類 ………………………………………………………260
 (11) ガ ラ ス 材 …………………………………………………………260
 (12) 塗装・吹付材 ………………………………………………………260
 (13) 内 外 装 材 …………………………………………………………264
 (14) 仕上ユニット ………………………………………………………271
 (15) カーテンウォール …………………………………………………272
 (16) そ の 他 …………………………………………………………273

6．演　　習 …………………………………………………………………274

  あとがき

Ⅰ．積算の手ほどき

I 積算の手ほどき

1. はじめに
～奈良の大仏殿を見積ってみれば～

　勤め先の同僚と喋っているうちに、「今、奈良の大仏殿と同じものを建てるとしたら、いくらくらいの工事費になるものだろうか？」ということが話題になった。何しろ相手は東洋一、いや世界一の木造建築物である。およそ建築屋、中でも積算屋となると「じゃあ、規模はどうなっているんだ？」と頭の方はすぐその辺りに働く。仲間の１人が早速資料室に行き、『建築学大系』の中から１冊本を選んできて頁をめくってみた。しかし残念ながら、寸法の記入まではなかったので、話は一応そこまでで終わってしまった。

　こういうことにはすぐ弥次馬根性を出してしまう筆者は、早速わが家へ帰り、なんとか手掛かりになりそうな資料はないものかと家捜しした。何かというと日頃手元にあって便利にしている『国民百科辞典（平凡社版）』を見たが、大仏さまの体の代表的な部分の大きさを示す寸法はあっても、その容（うつわ）てある大仏殿の規模を表わす数値はやはり見当たらなかった。

　妻の本箱をふと見ると、『奈良・大和路』という旅行ガイドブックが目に止まった。しかしこちらの方も大仏さまの鼻の高さや、目の大きさを示す寸法はあっても、肝心の大仏殿の方の手掛かりになるようなものは一切なかった。

　あきらめかけて、そのガイドブックを元の位置へ戻そうとしたその時である。本の間に挟んであったらしい栞（しおり）風のものがヒラリと畳の上に舞い落ちた。拾いあげて見れば幸運なことに、なんとそれは大仏殿の写真入りの拝観券であった。外人観光客にもわかるように英文も併記し、大仏さまの大きさを表わす寸法と共に、大仏殿の規模をも示す数字が次のように記載されてあった。

間口	57.00m	Frontage	187.00 f
奥行	50.48m	Depth	165.61 f
高さ	47.34m	Height	155.13 f

　「当たらずといえども遠からず」という諺（ことわざ）が昔からある。積算技術者に限らず、誰しもが世の中のことを大局的に摑む訓練と心掛けが大切なのではないかと筆者は常日頃思っている。

　間口、奥行、高さの各寸法と、正面から撮った写真をもとに図—1のようなスケッチをまず描きあげた。やはり大仏殿の規模は想像の域を遙かに越えていた。軒高もかなりのものだ。1階相当分を仮に4mで考えても12階建、3mで考えたら18階建にもなってしまう。これだけの規模のものを木造でやりとげた昔の棟梁はたいしたものだと、今更ながら感心した。

　大仏殿はスケッチのように2層の形になっており、上層分は間口、奥行共に片方で柱間一つ（1スパン）ずつすぼまっている。一般的な木造建築物では階高はせいぜい3m前後であろう。高さ分を3mの階高で考えたら下層、上層とも8階分はあることになる。仮に大仏殿を木造の高層ビルに見立てたとすればその床面積は、

$$下層分\quad 57.00\mathrm{m} \times 50.48\mathrm{m} \times 8層 = 23{,}018.88\mathrm{m}^2\ (6{,}963.21坪)$$

となり、下層分だけで延床面積が7,000坪からはある勘定である。大仏殿の規模の大きさに改めてびっくりし、感動を新たにした。

図—1　拝観券の写真を基に画いた東大寺大仏殿

　次に上層分の建家の寸法をどう捕えたらいいものか？と考えた。下層の間口は総幅で57mで柱間は7間である。ここに目を付け、柱間1間あたりの寸法を総幅の1／7ということに決めてみた。そうすると、

間口　57.00m×1／7×5間　　　＝40.71m
奥行　50.48m−(57.00m−40.71m)＝34.19m
　　　　　　　　　↓
　　　1スパンずつすぼまった相当分

したがって、

上層分　40.71m×34.19m×8層＝11,134.99㎡（3,368.33坪）
合計　　　　　　　　　　　　34,153.87㎡（10,331.54坪）

つまり下層、上層分を合わせて10万坪強の大建造物ということになった。
　世間ではとかく建物の大きさを広さだけで計る習慣がある。国技館や万博での各パビリオンのような大きな空間をもつ建造物は、容積で捕える必要もあると日頃から思っている一人である。

6   I. 積算の手ほどき

図―2

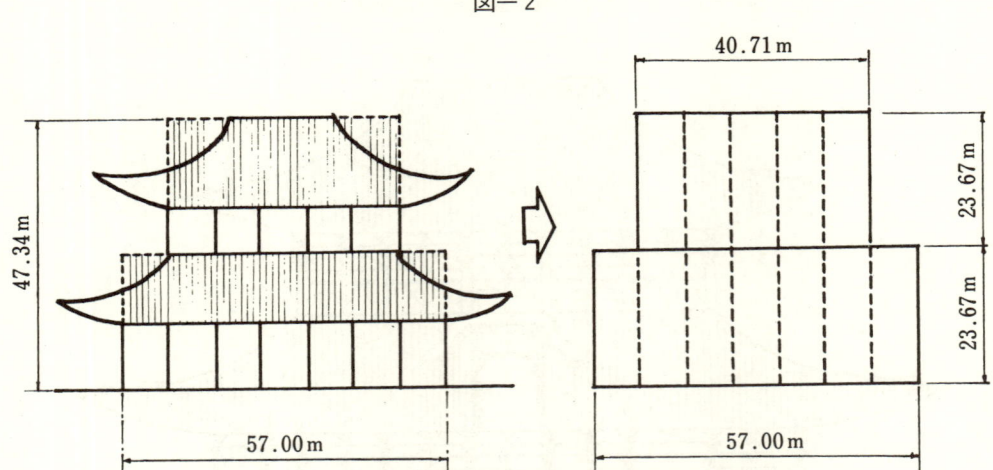

　今、図―2のように屋根のはね出した部分が建家外壁寄りの欠けた部分を補って相殺すると考えれば、大仏殿の容積は次のような計算でよいのではないか。

　　　　下層分　57.00m×50.48m×23.67m＝　68,107.11m³
　　　　上層分　40.71m×34.19m×23.67m＝　32,945.68m³
　　　　合計　　　　　　　　　　　　　　　101,052.79m³

　大仏殿を容積で捕えると、なんと10万m³以上にもなり、そのボリウム感にいよいよ圧倒される思いであった。
　現在のものは宝永5年（西暦1708年）、竜松院公慶の再建によるもので、聖武天皇の発願により天平勝宝4年（西暦752年）落成した初期のものは、もっと規模が大きかったというから、当然世界一の木造大建築物といえよう。
　治承4年（西暦1180年）、平重衡の南都攻めのとき兵火で焼け、翌々年から俊乗坊重源が復興に努力、13年がかりで建久6年（西暦1195年）落成。しかし永禄10年（西暦1567年）の松永久秀の乱で再び焼失、その時大仏さまの頭部も焼け落ちてしばらくの間は雨ざらしであったという。そしてようやく竜松院公慶の努力で復興したわけであるが、もうその時にして資材も思うにまかせず、規模も縮小され、江戸時代の建築様式が入って現在の形になったといわれている。
　さて、いよいよ本論に入って、今仮にこれと同規模の大仏殿を建てたらいくらぐらいの建設費がかかるだろうか？詳細にわたっての見積ということであれば、当然詳しい設計図書も必要だ。また現在このような太い部材の、しかも桧（ひのき）材が入手可能かどうかの調査も勿論せねばなるまい。しかしここでの話はそんな難しいことではなく、「**当たらずといえども遠からず**」方式で気楽に、遊びの心でやってみようという話なのである。

社寺建築は現在でも木造で再建されたり、鉄筋コンクリート造の新しいスタイルで建てられたりしている。規模の大小、立地条件、構造や仕様のいかんで建設費も一概にはいえない。それを百も承知の上で、「えい！やあ！」方式で無責任に坪当たりの建設費を仮に150万円としておく。

一方、身近なもので参考にしようとすれば木造住宅となる。こちらにしても同様、一声いくらというわけにはいくまいが、これも仮に坪当たり50万円としておこう。

社寺建築物と木造住宅の両者を容積率当たりで建設費がどうなるかを試算してみた。住宅の階高を3mに、社寺建築物の方は4.5mとすれば、1坪分の床面積は約3.3m²であることから、

$$\text{住宅1坪分容積} = 3.3 m^2 \times 3.0 m = 9.9 m^3$$
$$\downarrow$$
$$\text{約 } 10 m^3$$

●住宅1m³の建設費 = 50万円 ÷ 10m³ ⇨ 5万円／m³

$$\text{社寺1坪分容積} = 3.3 m^2 \times 4.5 m = 14.85 m^3$$
$$\downarrow$$
$$\text{約 } 15 m^3$$

●社寺1m³の建設費 = 150万円 ÷ 15m³ ⇨ 10万円／m³

となって、住宅は1m³が5万円、社寺建築物の方は丁度2倍の10万円となる。

住宅は仕上げにいろいろ費用はかかっても、骨組はきゃしゃである。一方社寺建築物の方は細かい内部の造作は少ないものの、一抱えも、二抱えもあるような太い部材の柱や梁（はり）で構成されている。この両者の建設費の違いをざっと1対2という比較で捕えたわけであるが、まあまあ、大部分の人からは納得してもらえるのではないか。そうすると目的の大仏殿の建設費は、

●大仏殿の建設費 = 10万m³ × 10万円 ⇨ 100億円

つまり、10億円や20億円の単位では到底無理な話であるし、逆に1,000億円も、2,000億円もかかってしまうという、べら棒な話ではなさそうである。要はものの大局を摑むにあたって桁違いを犯してしまってはならないということを、ここではいいたかったのである。

2．建築数量積算基準の誕生

1) 建築屋の常識、世間の常識

　完成してしまえば、その建造物に使用された資材、労務、経費は不動のはずである。つまり、打設したコンクリート量にせよ、その中に埋没してしまった鉄骨、鉄筋にせよ、実際に使用した数量はただ一つしかあり得ない、つまり**真実は一つ**しかないといえよう。

　積算とか見積という作業は、工事着工に先立ってその設計図書（設計図、仕様書、現場説明書など）に基づき数量を拾い、単価を入れ、それに伴う直接、間接の費用や経費、利益を加味して工事費用を予測する行為である。

　その過程において積算される数量というものは、同じ設計図書に基づき同じ条件で算出されているにもかかわらず、10人が10人、10社が10社まちまちであり、むしろ数値が同じであることの方がおかしいということが、建設関係に携わる我々の間では長年にわたってそれが常識とされてきた。

　しかし立場を変え、注文主側からこれを眺めた場合どうなるか？　同じ設計図を用いながら算出される数量が、どうして各人各様、各社まちまちなのだろうかと不審に思う方がまた自然というものであろう。

　単価とか、経費とかいうものはそれぞれ異なっても当然、しかし数量については誰が拾っても同じでなければならないのではないか。契約に先立っての折衝でもお互いの数量の差が対照となり、発注者側、受注者側、また両者の中間の立場にあるコンサルタントにしても、関係者一同貴重な時間と労力をこの調整に費していたといえよう。

　数量がまちまちな原因を突き詰めると、それは積算手法の違い、考え方の相違にあることが分かる。数量についてだけは同じ土俵の上で話し合いたいという気運が高まり、なんとか関係者で協議して建築積算数量の基準を作ろうではないかということで、官民合同の組織である「建築積算研究会」が発足し、10数年の歳月をかけてまとめあげた「建築数量積算基準」は、その後なん回かの見直しと改訂が行われ、この度研究の場を（財）建築コスト管理システム研究所に移して更に見直しと検討がなされ、平成12年3月に改めて制定された次第である。

　　＊　「建築数量積算基準・同解説」については、本著と同様に大成出版社より出版されており、
　　　手元においての併用をお推めする次第である。

2) なぜ、十人十色になったのか？

「建築の積算なんて、建築の技術者だったら誰にだってできるさ！」と私たちの周りで気楽に放言する人がいる。「数量の拾いなんて、所詮は加減乗除の繰り返しじゃないか。小学生の算数に毛の生えた程度だよ！」と豪語する人もいるかも知れない。

ご本人たちはなにも悪気で言っているわけではないのだろうが、「それでは図－3のような応接室のカーペットの数量を拾い、会計検査院の人の前で自信のあるところを披露して貰いたい！」と言われたら、やはり手がつけられないのではないか。

見ての通り、部屋側に柱型が出っ張っているわけでなし、パイプシャフトが片隅にあるわけでもない。四角四面のまことにスッキリとした部屋である。「カーペットの面積さえ出せばいいのだから、部屋の縦横の寸法さえ計測できればなんのことはないさ！」と鉛筆や三角スケールを手にしたまではよかったのであるが……。

たったこれだけのことでも筆者は次の4通りの答えが少なくとも出てくるはずだと思っている。以下にAさん、Bさん、Cさん、Dさん4人の形で登場してもらい、その考え方、手法についての話を聞いてみることにしたい。

図－3

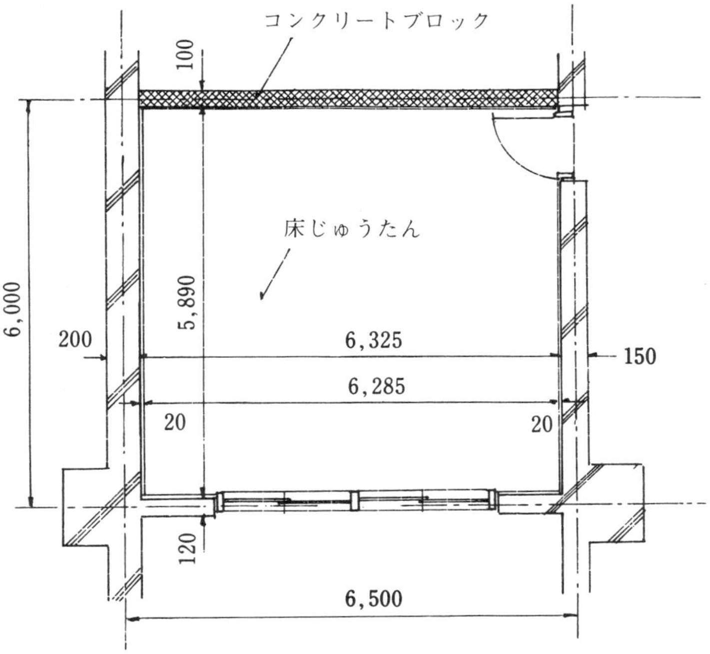

●Aさんの手法

　生まれてこのかたずっと日本育ち、真壁の国、日本にしか住んだことがない大和民族。仕事の上では、どちらかといえば木造住宅や木造建築物に縁が深い。したがって建物の床面積は壁心の寸法で捕えるのを常識とし、モジュールが6尺（約1.820m）、扱う建材の市場寸法も大半以上が建物のモジュールに合わせている世界に住んでいる。1坪相当分の床を仕上げるにせよ、天井や壁にプラスターボードを張るにせよ、その部分を仕上げるのに必要な建材は、3尺×6尺ものなら2枚でよいとなんの苦もなく所要数量を算出してしまう。

　したがって積算上での拾いは柱心、壁心を用いることになんらの疑問も抵抗もない。

$$\text{Aさんの答}\quad 6.50\text{m} \times 6.00\text{m} = 39.00\text{m}^2$$

●Bさんの手法

　前述のAさんとは対照的に、どちらかといえば鉄骨造、鉄筋コンクリート造の仕事が多い会社に勤務し、積算や見積の専従者の一人である。次から次へと新しい引き合い物件の図面が飛び込んできて、一般の人が休んでいる日曜日や祭日の方がむしろ忙しいという日々を送っている。

　積算については今日まで我流でやってきている。長年の経験から、ものによっては日頃の勘を働かせ、いちいち細かく拾うことなく見積書を作ってしまうこともある。

　古きよき時代はAさん同様面積の算出にあたっては柱心や壁心で計測していたが、受注競争に明け暮れる昨今のことである。木造建築物ならとも角として、壁厚のある鉄筋コンクリート造ともなれば、壁厚分の控除は必要ではないかと考えるようになってきた。

　しかし壁厚の違いを一つひとつ考慮していたのでは手間ひまがかかり過ぎるという考えから、一率に10cm控除することにしてやってきている。

$$\text{Bさんの答}\quad \underset{\underset{\text{柱心 壁厚}}{(6.5-0.1)}}{6.40\text{m}} \times \underset{\underset{\text{柱心 壁厚}}{(6.0-0.1)}}{5.90\text{m}} = 37.76\text{m}^2$$

●Cさんの手法

　Aさん、Bさんの方法では大雑把過ぎるのではないか？とやや神経質で、いわゆるマジメ人間の一人。コツコツと仕事を片付け、性格も几帳面な方で、どちらかといえば「えい！やあ！」方式は余り好まない。

　壁厚の控除については少なくとも躯体の壁厚相当分は控除すべきであるという思想のもとにやってきている。

小数点3位以下四捨五入
↓
Cさんの答　　　6.325m×5.890m＝37.25㎡
　　　　　　　　　↑
　　　　　　　　　　　6.00－(0.10/2＋0.12/2)
　　　　　　↑
　　　　6.50－(0.20/2＋0.15/2)

● Dさんの場合

　Aさん、Bさん、Cさんが受注者側の立場の人であるのに対し、今度は発注者側の関係者の一人である。受注者側から提出された見積書や積算書のチェックや検討の仕事が多い。現下のきびしい状況下のこと故、少しでも値引き代の種（たね）はないものかといつも考えている。受注者側の人々にとってはなかなか手強い相手の一人と言えよう。

　Dさんの考え方ではカーペットは、壁の左官仕上げ後に敷き詰めるものだから、Cさんの考え方より更にきびしく、その塗り厚分も控除してしかるべきと考えている。

Dさんの答　　　6.285m×5.850m＝36.76㎡
　　　　　　　　　　　　　↑
　　　　　　　　　　　Cさん5.890－0.02×2
　　　　　　　　↑
　　　Cさん6.325－0.02×2

　たった一室のカーペットの面積だけで、ちょっとした考え方と手法の違いひとつで4通りにもなるということが分かる。建物はこうした千差万別の形態をもつ空間の集合体であるから、個人差の集積されたものは、最終的には大きな差となってしまう。

　今、Aさんの手法と、最後に登場したDさんの手法との積算数量の差を見てみると、

$$39.00㎡ \div 36.76㎡ = 1.06$$
　　　　↑　　　　↑
　　　Aさん　　Dさん

となって約6％も差のあることが分かる。この差額の6％が多いか、少ないかの論議をするよりも、同じ図面を用いながら、拾う人の考え方の違いで結果の数値に差が出てくることの方が問題だと言えよう。したがって積算に対する思想と手法が同じであれば、誰が拾っても結果は同じになるはずなのである。

3)　なんと、Aさんを含め正解者一人もなし！

　以上のことをここに整理すると次のようになる。

　　　　Aさん　　6.50 m×6.00 m＝39.00㎡
　　　　Bさん　　6.40 m×5.90 m＝37.76㎡
　　　　Cさん　　6.325m×5.890m＝37.25㎡

Dさん　6.285m×5.850m＝36.76m²

AさんとDさんとの比較では

39.00m²÷36.76m²＝1.06
　　　　　　　　　↓
　　　　　　　6％の開きがある。

　Aさん、Bさんは無理としても、Cさん、Dさんあたりになれば「建築数量積算基準」〜以下**積算基準**という〜に適合しているように思える。しかし実のところは正解者は一人もいないのである。どちらかと言えば、Cさんがほぼ正解に近いと言ってよいだろう。
　ここで、カーペットの数量を拾うに当たって必要な**積算基準**の一部を次に披露することにする。

●**計測の起点**
　カーペットの面積を求めるに当たって必要な寸法を図面から読み取ることを**「計測する」**という。大部分は図面に示す寸法関係から計算して出せるが、そうでない場合は物差しを当てて〜俗にいう分一（ぶいち）〜読み取り、いずれもこの行為を計測するといっている。
　ではこれらの計測に際してどの位置を起点とするかについて**積算基準**仕上の計測・計算、2．(1)1)通則では次のように述べている。

2　主仕上の計測・計算
　1)　主仕上の数量は、原則として躯体又は準躯体表面の設計寸法による面積から、建具類等開口部の内法寸法による面積を差し引いた面積とする。ただし、開口部の面積が1か所当たり0.5m²以下のときは、開口部による主仕上の欠除は原則としてないものとする。

　つまり、カーペットの面積算出に当たっての計測の起点の取り方ではCさん一人が正しいということになる。X方向の内法寸法は、壁心間の6.5mから、左右の躯体の壁厚のそれぞれ半分ずつを控除すればよいことになる。

●**計測の単位**
　図面から数値を追っていくと、Cさん、Dさんが計測したようにmmまでの単位、つまりmで考えれば小数点以下第3位までをその後の計算に用いている。
　また面積の計算において、小数点以下2位までのもの同士を掛ければ小数点4位（場合によっては3位）まで数字が並んでしまう。こうした小数点以下の数字に対しどのへんまで付き合うかを**積算基準**ではきめ細かく次のように決めている。

2．建築数量積算基準の誕生　　13

　　総　則
5　本基準において単位及び端数処理は原則として次による。
　⑴　長さ、面積、体積及び質量の単位はそれぞれ、m、m²、m³及びtとする。
　⑵　端数処理は、四捨五入とする。
　⑶　計測寸法の単位はmとし、小数点以下2位とする。また、計算過程においても小数点以下第2位とすることができる。なお、設計図書から得られる電子データの小数点以下第2位以下の数値については、その数値を活用し、端数処理を行わなくてよい。
　⑷　内訳書の細目数量は、小数点以下第1位とする。ただし、100以上の場合は整数とする。

　　例　　　1.23m　　×　　4.56m　　＝　　5.6088m²
　　　　　　↑　　　　　　　↑　　　　　　　↑
　　　　小数点以下2位　　小数点以下2位　　小数点以下4位

　　　　　1.234m×5.678m＝ 7.006652m²
　　　　　1.23m×4.56m×7.89 m＝44.253432m³

　積算基準からいうと、Cさんの計測の起点はよかったが、単位が細か過ぎた。**計測値は小数点以下3位を四捨五入**ということからcmの単位まででよかったことになる。したがって計測値6.325は、小数点以下3位の5を四捨五入して、

$$6.325m \rightarrow 6.33m$$

6.33mとすることになる。
　つまり**積算基準**総則から、カーペットの面積算出式及び積算数量は次のようにすればよい。

　　　カーペットの面積　　6.33m×5.89m＝37.2837m²→37.28m²
　　　　　　　　　　　　　　　　　　　　　　　　↓
　　　　　　　　　　　　　　　　　　　　　小数点以下3位を四捨五入

　なお、カーペット仕上げがこの部屋以外にないとした場合、内訳書に計上される数量としては、100に満たないので、小数点以下2位を四捨五入して、37.3m²とすることになる。

　　　内訳書の細目数量は　　　37.28＜100　　　　∴37.28m²→37.3m²
　　　　　　　　　　　　　　　　　　　　　　　　　　　　　↑
　　　　　　　　　　　　　　　　　　　　　　　　　小数点以下2位を四捨五入

●計測による数量

今までに述べてきた数量は、**積算基準**の定義からいえば、カーペットの面積は**設計数量**ということになる。カーペットにしてもメーカーにより種々の規格寸法がある。仕様によっては幅の寸法、1巻当たりの長さといったものがあるはずである。したがって実際の施工においては切り無駄も出ようし、ものによれば実際の施工に要する数量はわずかでも、1巻分手当てをしなければならない場合も起きる。しかし**積算基準**の精神は、原則として積算数量というものは、こうした**ロスや切り無駄などを含まない数量**、つまり**設計数量**でまとめようというところにある。

積算基準は数量について次のように定義している。

総　則

3　本基準において数量とは、原則として設計数量をいう。ただし、計画数量及び所要数量を必要とする場合は、本基準に示す方法に基づいて計算し、計画数量又は所要数量であることを明示する。

(1)　設計数量とは、設計図書に表示されている個数や、設計寸法から求めた正味の数量をいい、大部分の施工数量がこれに該当し、材料のロス等については単価の中で考慮する。

(2)　計画数量とは、設計図書に表示されていない施工計画に基づいた数量をいい、仮設や土工の数量等がこれに該当する。

(3)　所要数量とは、定尺寸法による切り無駄や、施工上やむを得ない損耗を含んだ数量をいい、鉄筋、鉄骨、木材等の数量がこれに該当する。

以上をもって**積算基準**の理念、つまり考え方というものの一部分に触れ、紹介させて頂いた。あとは進行につれてその都度解説を試みながら進めたいと思っている。

3．拾いのルールとリズム

1)　数字と楽しくつき合おう❢

コンピュータは 0 と 1 の組合わせの二進法だが、日常私たちは十進法の世界に住んでいる。1兆を遙かに超える天文学的数値にせよ、電子顕微鏡で見るような微生物の世界で使うミクロンにせよ、それらを示す数値に用うる数字は 0 から 9 までのたった10種類ですんでいる。

商業デザインでの 6 と 9 は、逆の方向から見ればそれがまた反対の 6 が 9 に、9 は 6 に読める。この似たもの同士を一つにすると69という数字になる。これを「シックス・ナイン」とか「シックステイ・ナイン」とか人は呼んでいる。この69という数字の持つ不思議さ加減を次に紹介してみたい。

$$69^2 = 4,761$$
$$69^3 = 328,509$$

　カットは69の2乗と、3乗の答をそれぞれ並べたものである。これらを見て、なにか気付くことはないだろうか？

　69の2乗は4,761であり、69の3乗は328,509となって「別に、どうってことはないじゃないか！」と言われそうだが、答の方に使われた10個の数字を、もう一度じっくり眺めて見て頂きたい。

　ＪＲや地下鉄の切符を自動販売機から取り出す時、筆者はすぐに日付けと通し番号の組合わせで数字を読み取るのが癖になってしまっている。例えば150円区間で平成6年7月8日の日付けなら、0、1、5、6、7、8の6文字が重複しない組合わせになっているので、通し番号の方が残りの2、3、4、9の4文字の組合わせであれば、算用数字すべてが1回ずつ重複しないで使われていることになる。ここまで読んでくれば、69の2乗と3乗の数値がなにを意味しているのか、もう分かって頂けたのではないか？

　「その通り！」つまり69の2乗と3乗で、算用数字の0から9までの数字を重複せずに見事に10個消化しているのである。単なる偶然のいたずらであろうが、とても不思議な気がしてならない。

　本文のまえがきで1兆秒について書いたが、筆者は大分以前に社内で「君の分給はいくらぐらいと思うか？」という質問を社員研修の場で振り回した時期があった。年収とか月給の額についてはほぼ承知していても、自分の所得が1分間当たりいくらにつくか？までは考えていない人がほとんどであった。日本人は働き過ぎということで世界中から悪者扱いにされているが、今現在でも平均的なサラリーマンの分給たるや、計算してみて改めてその高いのにびっくりするのである。

　では、身近なところで平成12年1年間の暦を見ながら計算してみることにしよう。祝日が元旦から始まって天皇誕生日までで都合14日ある。日曜日が53日、正月と夏休みで10日間使ったとしてすでに77日が休みである。それには土曜隔週休みとすると、土曜日は47回（休祭日を除く）あるから、これを半分として24日。そしてその他に有給休暇として2週間前後の権利があるはずである。この権利、あるにはあっても平均的サラリーマンの大部分の人は大半を残してしまう方がまだまだ多いとはいうものの、暦を見ながら指折り数えると、どうして、どうして、日本人も結構休んでいる勘定である。若い年齢層の人は遊びも上手だし、独身貴族といわ

れて懐の方も温かい。したがって結構レジャーも楽しんでおり、有給休暇も同時に消化しているようだ。そこで以上のような休暇を行使したとすれば、1年間の出勤日数はざっと250日である。

平成12年祝祭日内訳		
1/1	元　　旦	1日
1/10	成人の日	1日
2/11	建国記念の日	1日
3/20	春分の日	1日
4/29	みどりの日	1日
5/3	憲法記念日	1日
5/5	こどもの日	1日
7/20	海 の 日	1日
9/15	敬老の日	1日
9/23	秋分の日	1日
10/9	体育の日	1日
11/3	文化の日	1日
11/23	勤労感謝の日	1日
12/23	天皇誕生日	1日

祝　祭　日	14日
正月・夏休み	10日
日　曜　日	53日
土曜隔週休日47×1/2	24日
有給休暇	14日
合　　計	115日

　企業によって1日当たりの実質労働時間に差はあろうが、仮に1日8時間労働とすれば丁度2,000時間になる。1時間は60分、つまり年に12万分働けばよい勘定である。年収120万円の人で1分間当たりが10円、1,200万円級の人なら100円である。

$$1,200,000円／2,000時間×60分 ⇨ 10円/1分間$$

　ということは、もし年収1,200万円の人が一服吸って5分間ポカンとしていれば500円ということを意味する。いやはや人件費の高いことを今更ながら痛切に身に感じてしまうことになった。
　日本人はまた会議の好きな人種でもある。1,200万円級の人が20人集まって、1時間会議したとすれば、人件費だけで12万円である。

駅の改札口付近によく１円玉が落ちている。しかし忙しいサラリーマンからは見向きもしてもらえず、まして手で拾う人は稀である。年収300万円の人の分給は25円となるから１秒は40銭強である。してみると、拾う時間に３秒もかけたら拾う手間の方が高くついてしまうという勘定を動物的な勘で恐らくみんな分かっているのかも知れない……。

　積算という作業は０から９までの数字の加減乗除の繰り返しであることは確かだ。しかしこれら数字による組合わせは無限にあり、それぞれに意味や意義がまたあり、付き合い方いかん、扱い方いかんでその展開や効用もまた無限である。そして数字も生きもののひとつとさえいえそうだ。どうせ一日中顔を付き合わさねばならない相手なら、ひとつ気楽に仲良く付き合うことを考えたらどうだろうというのが筆者の考え方なのである。

2) 積算と見積の違い

　会社によっては積算課といったり、規模の大きいところでは見積部という部署を設けている。営業担当の人が沢山の図面を抱えて社へ戻り、「おい、これ見積ってくれよ！」と言う人もおれば、「うちの積算は高くて、これじゃあ競争に勝てないよ！」と文句をつけに来る人もいる。この会話だけを取り上げてみても、どうやら積算も見積も厳密には使い分けせずに口に出しているようである。

　世間には内容が同じでも複数の語彙（ごい）を持つものが多いのだから、積算も見積も同じでいいじゃないかと言うご仁もいるかも知れない。しかし使用している文字が異なる以上、やはり違った意味があるはずと筆者は昔から思っており、勤務先においては次のような定義づけをしている。

　積算とは、設計図書（設計図面、標準仕様書、特記仕様書、質疑応答書、現場説明事項など）から設計数量を算出し、集計、分類、整理を行い、計上された数量を基に代価を代入し、その他の条件（立地条件、工期、仮設費、現場経費など）を含めて集計し、工事費用を予測するまでの作業をいう。

　見積とは、積算された工事費用を基にその他の条件（支払条件、本支店経費、利益など）を加味し、発注者側へ提示する金額の意志決定をし、それに基づいて見積書を作成するまでの作業をいう。

　言い方を変えれば、一般の商取引で言う前者が仕入れ値であり、後者は売り値に相当すると考えたらよい。世の中の出来ごとには必ず需要と供給の原則があって、品物の数よりそれを欲しいという人の数が多ければ高く売れるし、その逆になれば物の値段は下がる。したがって、積算担当部署で積り上った工事費予測が５億円で、それに必要なその他の経費などを加えた５億５千万円というものを売り値にしたいと思っても、競争原理が働いてどうしてもこの工事を手に入れたいとなれば、４億５千万円で入札するようなことも起こり得るわけである。

　このような場合、営業担当者の中には「うちの積算が高い！」とか、「見積が甘すぎるん

じゃないか？」とか言う人がいる。別に積算の担当者が勝手にサジ加減をしているわけではなく、その時その時の自社の総力を背景にした値入れをしているわけで、売り値の意志決定は別のところにあるという認識がこうした人には薄いということになろう。

しかし本著でいう積算とは、設計図書からその設計数量を算出するまでの技術的作業を指している。つまりもっと狭義の意味に用いていることを予めお断りしておきたい。

3) 積算上達への心がまえ

狭義の積算の作業を指して通称「拾い」と言っている。時間さえかければ、設計図書から設計数量を拾いあげることは、建築技術者であれば経験が少ない新入社員であってもある程度のところまでは可能であろう。しかしこの拾いという作業は、ただ闇雲に片っ端から拾いさえすればよいというものではなく、いかに

(1) 早く
(2) 正確に
(3) 精粗のバランスよく
(4) 要領よくまとめる

かにある。いかに早く拾っても「落ち」（拾い落し）があったり、計算過程でたった1行の桁違いがあっても致命傷となる。また拾うことは拾ったものの、工種分類が間違っていても勿論駄目である。更には大変な労力と時間をかけ、何十枚何百枚の原稿用紙の山を造り、それが正確かつ終始真面目に拾ったからといっても、拾いが遅いために入札日や見積提出時間に間に合わなかったとなれば、これまた本末転倒のなにものでもないわけである。

(1) 拾いが早くなるには

拾いの技術も世の常と同じである。やはり場数を踏むことがなによりも上達への早道には違いない。しかし、百年一日のような同じものの考え方、同じ取組み方の連続では、ある程度までのスピードアップは可能であっても、それ以上のことには物理的な限界というものがあろう。やはり常日頃から効率化、簡略化の手法を自分なりに創意工夫することがなによりも大切である。それは、拾いだけに留まらない。現在のように目まぐるしく変化する烈しい時代に対応していくためにも、柔軟なものの考え方、ユニークな発想の持ち主になることを常に心掛けるべきである。そうすることがベテラン、つまりプロへの道がまた開かれるというものであろう。

一例をあげてみよう。次はある建物の壁の一部に関するコンクリート量と型枠面積を拾った原稿の一部である。

（例1）

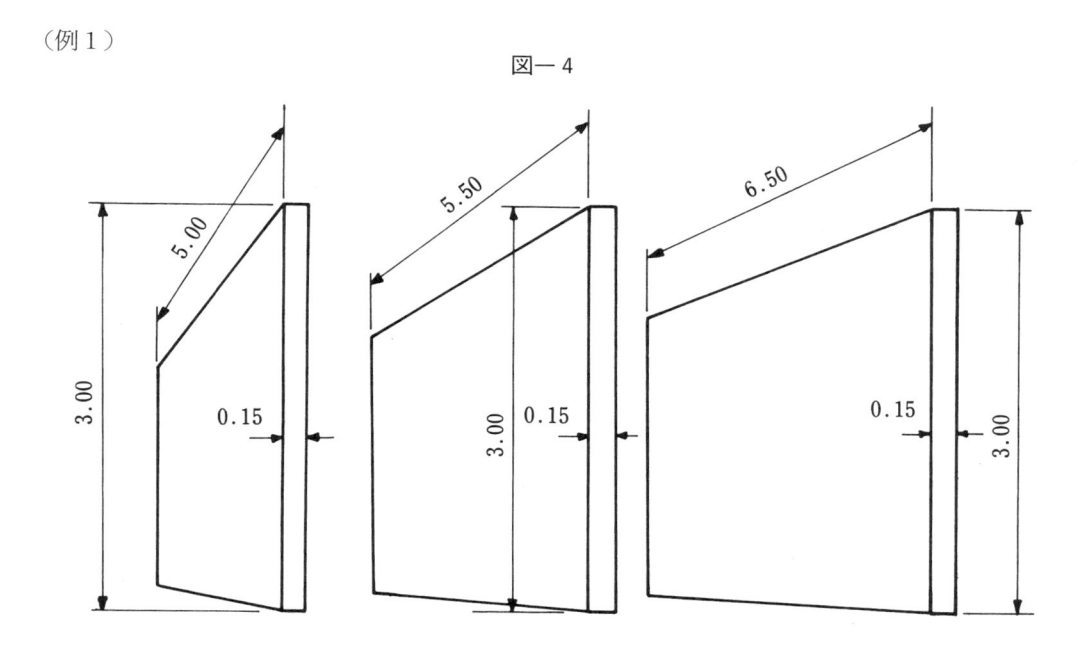

図—4

● コンクリート

	長さ	高さ	厚み	か所	容積
3 FW$_{15}$	6.50m	×3.00m	×0.15m×	4	= 11.70m³
	5.50	×3.00	×0.15	× 2	= 4.95
	5.00	×3.00	×0.15	× 5	= 11.25
				計	27.90m³

● 型枠

	長さ	高さ	両面	か所	面積
3 FW$_{15}$	6.50m	×3.00m×	2	× 4	=156.00m²
	5.50	×3.00	× 2	× 2	= 66.00
	5.00	×3.00	× 2	× 5	=150.00
				計	372.00m²

　これは厚さ15cmの壁について、寸法別に1か所当たりのコンクリート量と型枠面積を求め、次いでか所数を数えた上で、それぞれに掛け合わせて数量を求めたものである。決して誤りというわけではないが、効率化を考えると、一工夫も二工夫もあってよいのではないかと思われる。
　そこでこれを（例2）のように頭の整理をちょっとするとどうなるだろうか。

（例2）

	コンクリート	型　枠
3 FW$_{15}$	長さ　　か所 　26.00 6.50m× 4 　11.00 5.50　× 2 　25.00 5.00　× 5　　62.00m×3.00m×0.15m 　　　　　　　　　　　↑　　　↑ 　　　　　　　　　　　高さ　厚み	62.00m×3.00m× 2 　　　　　　↑　　↑ 　　　　　　高さ　両面
計	＝27.90m³	＝372.00m²

　こうすれば、（例1）と比較し、掛け算の回数がコンクリートで9回から5回に、型枠では9回からわずかの2回ですんでしまう。つまり掛け算の回数が減った分だけミスも少なくなり、同時にこれが拾いのスピードアップ、効率化につながる要領の一つといえるのである。

　今ひとつ。次は事務室の内装の拾いの原稿である。

図―5

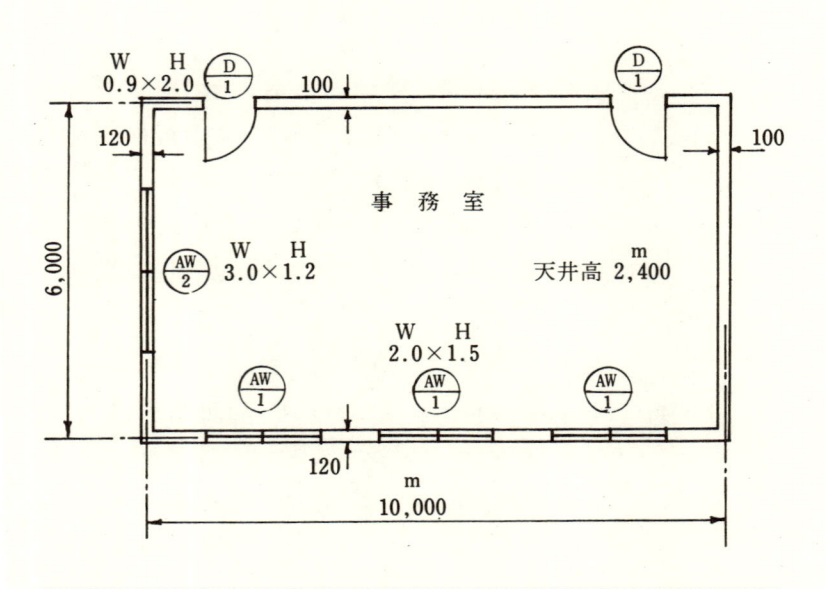

事務室仕上げ　　床　　モルタル下地　　プラスチックタイル
　　　　　　　　幅木　モルタル金こて　ＶＰ　　Ｈ　100
　　　　　　　　壁　　モルタル下地　　ビニールクロス
　　　　　　　　天井　岩綿吸音板　　　　　　　Ｈ　2,400

準備計算

$$X方向の内法寸法 \quad 10.00-(0.12/2+0.10/2)= \quad 9.89\text{m}$$
$$Y方向の内法寸法 \quad 6.00-(0.12/2+0.10/2)= \quad 5.89\text{m}$$

床 の 面 積　X・Y　　　　　　　$9.89\text{m} \times 5.89\text{m}$　　　$= 58.25\text{m}^2$　…(イ)

幅木の長さ　$2(X+Y)$ －控除　$(9.89\text{m}+5.89\text{m}) \times 2 = 31.56\text{m}$ …(ロ)

　　　　　　　D_1　　▲ 0.90　×2　　　$= ▲ 1.80$

　　　　　　　　　　　　　　　　　　　　29.76m …(ハ)

　　　　　　　　　　　天井高　　(ロ)
　　　　　　　　　　　　↑　　　　↑
壁 の 面 積　$2(X+Y)H$ －控除　$31.56\text{m} \times 2.40\text{m}$　$= 75.74\text{m}^2$

　　　　　　　D_1　　▲ 0.90　×2.00　×2　$= ▲ 3.60$

　　　　　　　AW_1　▲ 2.00　×1.50　×3　$= ▲ 9.00$

　　　　　　　AW_2　▲ 3.00　×1.20　×1　$= ▲ 3.60$

　　　　　　　　　　　(ハ)
　　　　　　　　　　　↑
　　　　　　　幅木　▲29.76　×0.10　　　$= ▲ 2.98$

　　　　　　　　　　　　　　　　　　　　56.56m^2

天井の面積　X・Y　　　　　　　床に同じ　　　　　58.25m^2

　壁の面積の拾いで、事前に拾った幅木の長さの計算過程の一部を再利用したように、一度求めた数値は極力再利用することと、また転用のきく拾い方を常に心掛けることが、スピードアップへの早道である。仕上げの拾いにおいて、例えばモルタル下地ビニールクロス張り仕上げの壁の拾いを、左官工事、内装工事に分けて拾ったとする。つまり複数の人が工種を分けて拾いをしたとすれば、誤差の出ないことの方がむしろ不思議である。同時にこれは拾いの手間がダブルことになり、決してこんな無駄な拾い方はしないよう心掛けて欲しいものである。

　(2)　正確に拾うために

拾いのミスは

　　　○　拾い落とし

　　　○　計算違い、桁（けた）違い

　　　○　分類、集計の手違い

　　　○　文字、表現の不明確さ

などから起こる。

図―6

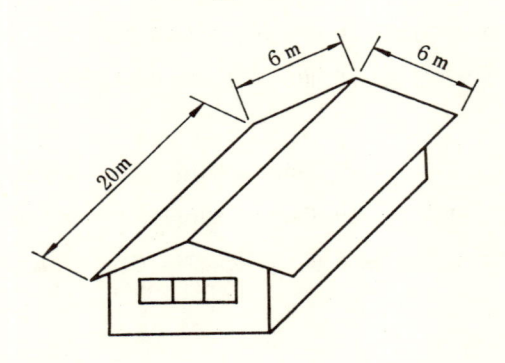

○ 拾い落とし

　いわゆる設計図書から拾い忘れたり、その解釈の違いから拾わなかった場合に発生するミスである。当初は拾うつもりでいたのに、単純なミス（倍数するのを忘れたような）から大量の拾い落としを発生させてしまうミスもある。

　拾いの作業が進行していく過程で通常は、拾いの終了した部分の図面上の記入文字などは、赤鉛筆などでチェックしつつ消していくものである。しかし大型工事ともなると図面の枚数も多く、消し忘れや見落としをしたりすることがままある。また設計図書の解釈の違い、あるいは思い違いから、当然工事範囲であるのに別途工事と考えたり、折角拾っておきながら集計の際に計上することを忘れた場合などにも起こりうる。

　積算もルールに則ってやれば、自然とリズムに乗ってやれる作業である。またそれが身に付けば、大きな拾い落としやミスもなくなるというものである。要はルールとリズムの修得と、拾いの経験の数を増やす、いわゆる場数を踏むことでエキスパートに育っていくのである。

　単純なミスについての一例をあげてみよう。図―6から屋根面積を求めるためには

（例4）

　　　　　桁行の長さ×梁間方向の長さ＝20m×6m×2＝240m²

が正解であるが、これを　　20m×6m　　＝120m²

とやってしまい、屋根の片面だけ拾ってあとで2倍するつもりを、うっかり忘れた場合である。こんな単純なミスは起こりえないと思うかも知れない。しかし実際には起こりうるのである。なにぶん積算は時間に追われ、多くの設計図書をあっちこっち照らし合せつつ、しかも緊張の連続を強いられる作業である。したがって、疲れと集中力の欠除から上記のような単純なミスも起こりうるのである。またこれと似たようなミスに壁の型枠の数量の拾いにおいて、あとで内外まとめて2倍するのをすっかり忘れたがために、厖（ぼう）大な数量の拾い落としをしてしまうこともありうるのである。

3．拾いのルールとリズム　　23

○　**計算違い、桁違い**

　図—7の床面積を算出してみよう。単純な形状に見えるものの、計算方法としては次に示すように3通りある。

$$\underset{4,200}{60 \times 70} + \underset{1,600}{40 \times 40} = 5,800 \cdots\cdots\cdots(イ)$$

$$\underset{1,800}{60 \times 30} + \underset{4,000}{100 \times 40} = 5,800 \cdots\cdots\cdots(ロ)$$

$$\underset{7,000}{100 \times 70} - \underset{1,200}{40 \times 30} = 5,800 \cdots\cdots\cdots(ハ)$$

24   I．積算の手ほどき

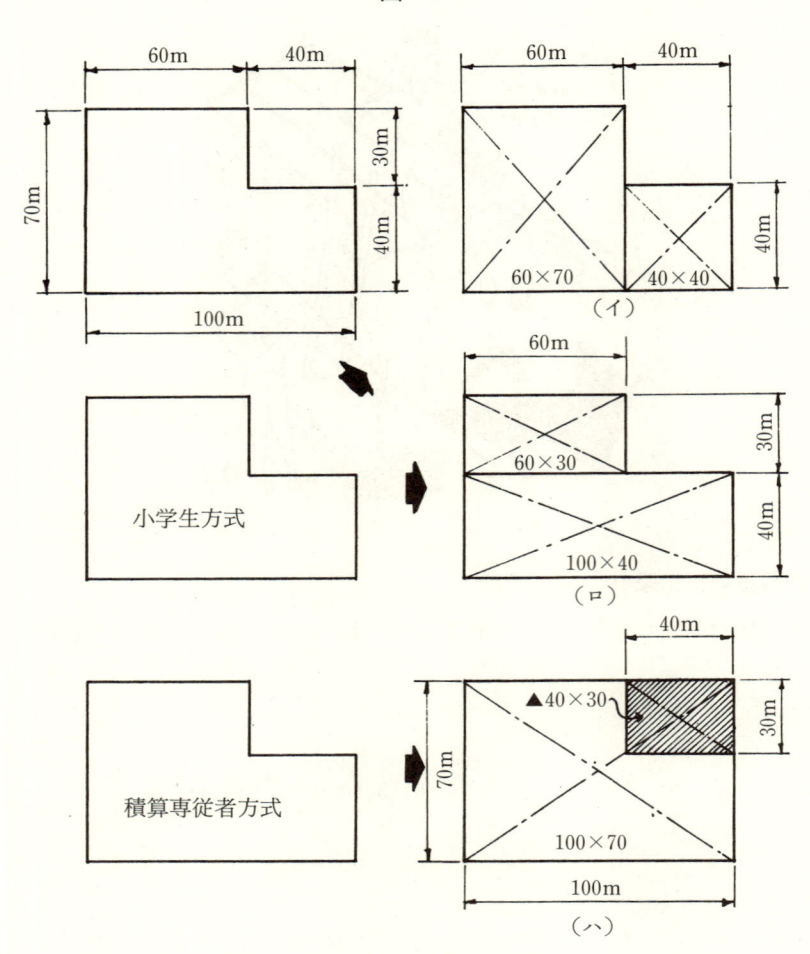

図―7

(イ)～(ハ)のいずれの方法も正解ではあるが、積算技術者を志す人は(ハ)の方式を採用してもらいたい。拾い方なんてどうでもよいと思う人もいるかも知れない。ましてこんな単純なものまでツベコベいわなくてもいいではないかとも言われそうだ。しかし次をみて頂きたい。

いま、仮に計算式のどこかに一つ桁違いのミスが発生したとする。即ち

$$60 \times 30 + 100 \times 40 \quad \text{（*印は桁違い）}$$
$$= {}^*180 + 4,000 = 4,180 \quad \cdots\cdots\cdots\cdots\text{(ニ)}$$

または

$$= 1,800 + {}^*400 = 2,200 \quad \cdots\cdots\cdots\cdots\text{(ホ)}$$

(ニ)式の4,180のミスはややもすると見すごされそうである。これを(ハ)の方式でやったとすれば

$$100 \times 70 - 40 \times 30$$
$$= {}^*700 - 1,200 = ▲500 \quad \cdots\cdots\cdots\cdots\text{(ヘ)}$$

または

$$=7,000-{}^*120=6,880 \cdots\cdots\cdots\cdots\cdots\cdots\cdots(ト)$$

となり、(ヘ)式のように拾い上げた結果の数量が▲印のマイナスになるということはあり得ない。もし(ト)式のようなミスの場合も、差し引かれる側の元の数値と、控除されたあとの数値の差がほとんど変らないのはおかしいと、慣れた人であればまず気付くはずである。したがって、まず大枠で捕えて桁違いをなくすこと、そして一度求めた数値は最大限再利用と転用をはかるという考え方を常に持つことを心掛けてほしい。

今図一8の図形から壁の総延長さを求めるとする。小学生でも出来のよい子であれば

$$60m+30m+40m+40m+100m+70m=340m$$

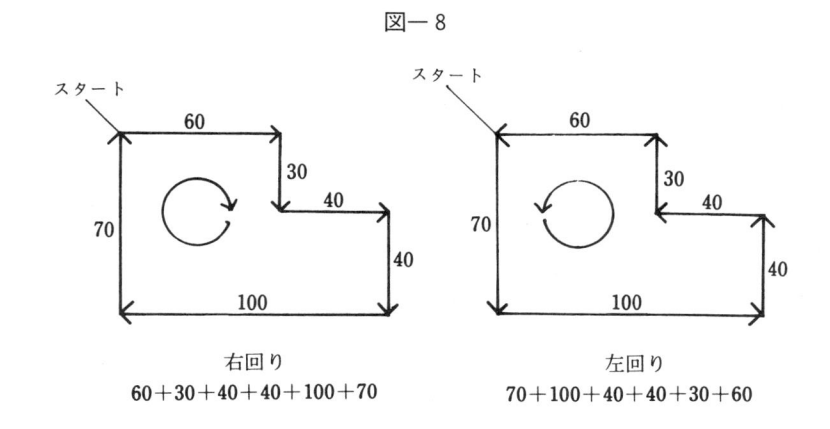

図一8

右回り
60＋30＋40＋40＋100＋70

左回り
70＋100＋40＋40＋30＋60

とするであろう。すなわち図形を右まわり（または左まわり）に加えていったものである。次に図一9を見てみよう。やたらと出隅（すみ）入隅の多い図形ではあるが、壁の総延長ということになると図一8も図一9も結果は全く同じであって、両図形共に、長辺、短辺の最大寸法を加えて2倍した式

$$(100+70) \times 2=340$$

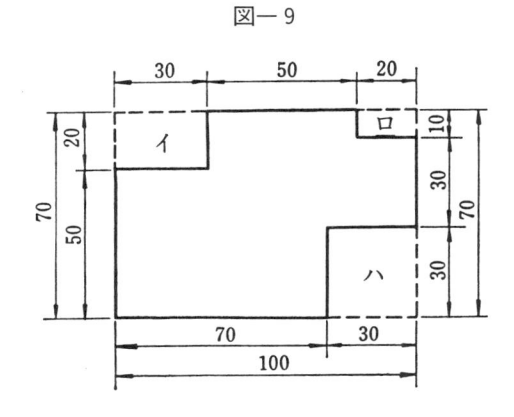

図一9

と、いとも単純明快に整理できる。さきの小学生方式でこれを拾うと、どうかすれば拾い落としやダブリの可能性が大きい。しかしこの方法、つまりこれら図形が持つ共通の**固有数値**の100と70を必ず用いてやれば、まずほとんどミスは起こり得ないのである。したがって図―9の図形の面積計算もまた、この図形が持つ固有数値の100と70を用いて、次のような計算式をたててやって欲しい。

$$
\begin{array}{cccc}
\text{X方向の固有数値} & & \text{Y方向の固有数値} & \\
\uparrow & & \uparrow & \\
100 & \times & 70 & = 7,000 \cdots\cdots\text{大枠で求めた面積} \\
\blacktriangle\ 30 & \times & 20 & = \blacktriangle\ 600 \cdots\cdots\text{控除部分のイ} \\
\blacktriangle\ 20 & \times & 10 & = \blacktriangle\ 200 \cdots\cdots\quad〃\quad\text{ロ} \\
\blacktriangle\ 30 & \times & 30 & = \blacktriangle\ 900 \cdots\cdots\quad〃\quad\text{ハ} \\
& 計 & & 5,300 \cdots\cdots\text{求める面積}
\end{array}
$$

つまり、**大枠で拾ってから控除分（積算基準では欠除と名付けている）を差し引く**ということをいつも心掛けて欲しい。

○ **分類、集計の手違い**

これは、折角拾っておきながら集計のときにあげてこなかったり、分類において何れの工種にも記載せずにもれてしまった場合である。例えば壁モルタル金ごてＶＰ仕上において、モルタル金ごての数量は左官工事に計上しておきながら、仕上げのＶＰ塗装を塗装工事に計上することを忘れてしまったり、また逆に塗装工事には計上しておきながら、左官工事への計上を落としてしまったりするミスである。共同住宅の積算において、不慣れからたたみの項目を内装工事からすっかり落としてしまい、たたみ１枚の計上もない共同住宅の見積書が施主の方へ提出されたという、嘘（うそ）のような実話もあるのでよく肝に銘じておこう。

またよくやるミスに、換気ガラリのように金属工事に入れるべきか、あるいは仕上ユニット工事に入れるべきか迷うような場合がある。結局何れの工種にも計上しなかったり、逆に両方の工種に重複して計上してしまったりするようなミスである。これなどは分類集計のルールさえ確立しておけば、充分防止出来るはずである。

○ **文字、表現の不明確さによるもの**

字の上手下手は生まれつきのものであって、止むを得ない。しかし拾いの原稿や内訳書の文字や表現が不明確であると、大きなミスにつながりやすい。例えば下記のように小数点以下の数字の大きさが整数の大きさと同じ場合、往々にしてコンマの見落としや見誤りによるミスが発生する。つまりわずかに記された点が、コンマを意味するのか、小数点以下を示すポイントなのか、また単なる紙のよごれなのか、判断しにくい場合が起こりうる。コンマかポイントかでは大変な桁違いになるわけである。したがって今後は**コンマ以下の数字は文字を小さくする**とか、アンダーラインを引くとかする習慣を身につけてもらいたい。

$$1{,}234\ ? \begin{cases} 1{,}234 \longrightarrow 1{,}234 \\ 1.234 \longrightarrow 1.234 \\ \qquad\qquad\quad \downarrow \\ \qquad\quad 1.^{234}\text{または}1.\underline{234} \end{cases}$$

ことのついでに、コンマ（,）とポイント（.）の筆記体についてふれると、

　　　　　　, （コンマ）は ╱ 右上から左下へ

　　　　　　. （ポイント）は ╲ 左上から右下へ

となっている。こうしたちょっとしたルールを守るだけでも、ミス防止にはかなりの効果があると思う。

(3) 精粗のバランスよく

いささか悪口めくが、世の中には数量のコンマ以下数桁までの細かいことを取り上げて云々する人がいる。つまり、鉄筋の長さをミリ単位まで取り上げてみたり、型枠における大梁と小梁の取合の仕口面積を差し引くとか差し引かないとか、全くナンセンスなことに貴重なエネルギーを費したりしているのがその例である。

鉄筋の長さをミリ単位まで云々するということは、鉄筋の単位質量表（1m当たりの重さ）が示す数値の意味を恐らくご存知ないのだろう。どの単位質量表を見ても

　　　　　　ϕ 9㎜　筋　―　0.499kg/m

　　　　　　ϕ13㎜　筋　―　1.04 kg/m

　　　　　　ϕ16㎜　筋　―　1.58 kg/m

　　　　　　ϕ19㎜　筋　―　2.23 kg/m

とある。鉄の比重は7.85だから、実際に計算してみれば分かることだが、9㎜筋がコンマ以下3位まで出ていてϕ13～ϕ19のように9㎜筋より太い鉄筋が、コンマ以下2位でぴったりした数字になるはずもない。この思想は何かといえば何れも頭から3桁（けた）まで（コンマ以下3桁の意味でない）をもってそれぞれの単重としたのである。言葉を換えていえば計算尺の精神である。頭から3桁の186までを読みとり、この数値が18.6TMを示す場合のコンマ以下の

1桁と、1.86TMを示す場合のコンマ以下の2桁の数の意味するものは、おおいに異なる。つまり18.6TMではコンマ以下の2桁はもう大勢に影響ないので読みとる必要がないことと同じである。つまり単重をいたずらに桁の多いものにしたところで、反って、掛け違い、位取りのミスが起こるだけの話で、細かいことにこだわりすぎて大局を誤るほど馬鹿げた話はないのではないか。

　鉄筋の長さをミリ単位まで云々したところで、施工の面でミリまで正確に切断したり、折り曲げたりできるわけでもない。まして鉄筋の単位質量表のよってできた精神からみても、ナンセンスこの上ない滑稽な話ではある。

　もう一つ例をあげてみよう。土工事において根切りのボリウムの小数点以下2桁目を「ああだ、こうだ」といったところで、これもまた全くナンセンスな話である。そんな時間があったら、大理石張りの面積のコンマ以下の数量をしっかり拾いあげる方が大切である。

　根切りの1m³当たりの単価はせいぜい数百円から千円程度のものであろう。今仮に1,000円とすると

$$\text{根切り} \quad 1\text{m}^3 = 1{,}000\text{円} \quad \text{なら} \quad 0.01\text{m}^3 = 10\text{円}$$

一方大理石のようなものは高価だから1m²当たり数万円はするであろう。こちらを仮に1m²当たり30,000円とすると

$$\text{大理石} \quad 1\text{m}^2 = 30{,}000\text{円} \quad \text{なら} \quad 0.01\text{m}^2 = 300\text{円}$$

となり、大理石張りの小数点以下2桁が問題ならば、根切りにおいては小数点以下1桁までで良いくらいだ。もし建物の規模が数万m²もあるようなものならば、大理石の集計の単位はせいぜいコンマ以下1桁位でも充分であろうし、根切りに至っては、コンマ以下は切捨てか10位の計上でも充分であろう。**積算基準**ではこうしたことにも配慮し、計上する場合の数字の扱いまできめ細かく決めている。

　積算をグループで行い、躯体の拾いの担当者が根切でコンマ以下2桁までを神経質にやり、片や仕上の拾いの担当者が大理石をコンマ以下切捨てで積算していたとすれば、全体のバランスを欠くことになる。あたかも個人の支出で、1円、2円のはした金をやたら気にし、1万、2万の買物で大ざっぱに扱ってしまう場合によく似ていて、どこかが抜けていると言われそうだ。

　積算の拾いという作業は、丁度鉄筋コンクリート造の建家などの解体に似ている。工期を無視すれば、1人のはつり工だけでもノミ1丁とゲンノウ1丁さえあれば解体できるはずである。しかし決められた工期内に解体を完了させるとなれば、重機を使用するとか、可能ならばダイナマイト使用も必要になろう。積算の拾いもこれに似ている。1人の担当者だけでも、設計図書の片すみから丁度カイコが桑の葉を食べるごとく拾っていけば、何時かは拾いという作

業は終るであろう。しかし決められた期限内に終らすことはまずむずかしい。これを、最初のうちはカイコのごとく細かく拾ってきて途中から時間がなくなり、残りの作業を大ざっぱに拾って集計したとすれば、これは全体としてのバランスを欠いた積算になってしまう。積算に限らず何事も全体としてバランスのとれたものであるべきである。

(4) 要領よくまとめる

(3)の「精粗のバランスよく」においても言及したが、積算もただやみくもに作業を始めたのでは、後で取り返しのつかぬことがままある。「段取八分」の諺（ことわざ）通り、積算の拾いやまとめの作業も、それぞれに段取と戦略が必要である。世の常にならって段取と戦略を誤まれば、それは必要以上の労力の損失を招き、まとまるものも時間内にバランスよくまとまらなかったりする結果を招く。

拾いの原稿の枚数が多いということが、必ずしも真面目とか正確さを示すことにつながらないことは前にも述べた。段取を誤ると、原稿の枚数ばかり増えて能率のあがらないことがよくある。こういう場合は早目に切りあげて方針を立て直し、もったいないようでも、それまでに拾った原稿を廃棄する決断を、場合によっては必要とする。その方が、終局においては短期間に要領よくまとまることになるからである。

4) 拾いあげる順位

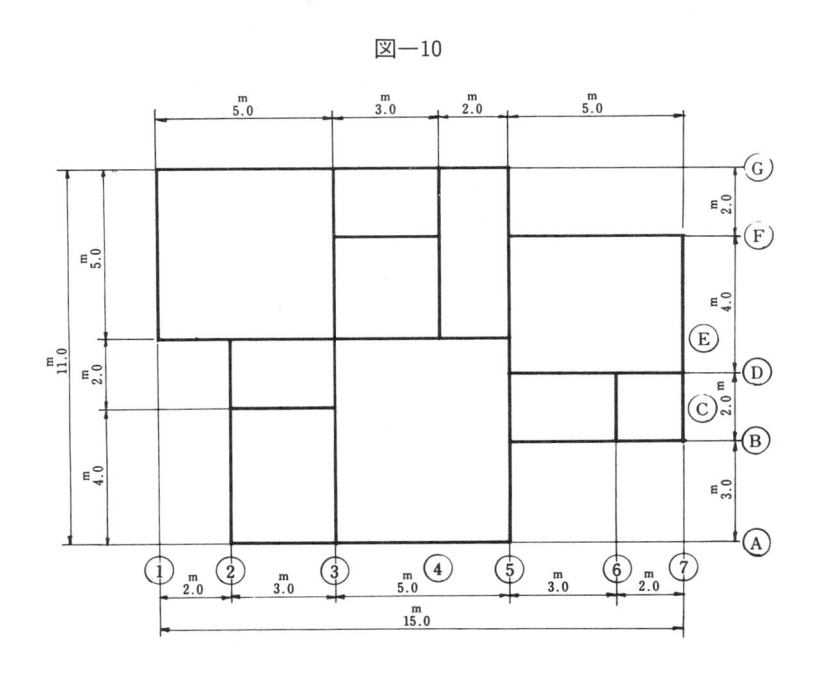

図—10

次に図—10をある建物の基礎伏図にみたてて、この総延長を拾ってみよう。

長さ別に捕えると結構種類が多い。どこから拾おうとも赤鉛筆で消しながら拾っていけば、

そう大したミスもなく拾えそうであるが、それでは何かもう一つたよりない気がする。そこでこれらをミスなく拾うためにはX方向（↔）のものと、Y方向（↕）のものにグループ別に区分けして拾うとよい。

$$\leftrightarrow \quad 10\times 2+5\times 3+3\times 2+8 \quad =49$$
$$\updownarrow \quad 5\times 2+6\times 2+11\times 2+2 \quad =46$$
$$\Sigma=95\mathrm{m}$$

初歩のうちはこれを

$$\leftrightarrow \quad 8+5+3+5+10+3+5+10=49$$
$$\updownarrow \quad 5+6+11+5+11+2+6 \quad =46$$
$$\Sigma=95\mathrm{m}$$

つまり
　「X方向を先に、Y方向はあとに、それぞれまとめる」
というルールと
　「下から上へ、左から右へ」
というルールにしたがって拾ってほしい。初歩のうちは図面に物差しでもあててスライドしていきながら、「下から上へ、左から右へ」を励行してもらったら、まず見落とすことや重複することは絶対にないであろう。

5）　大枠で捕えて控除はあとで

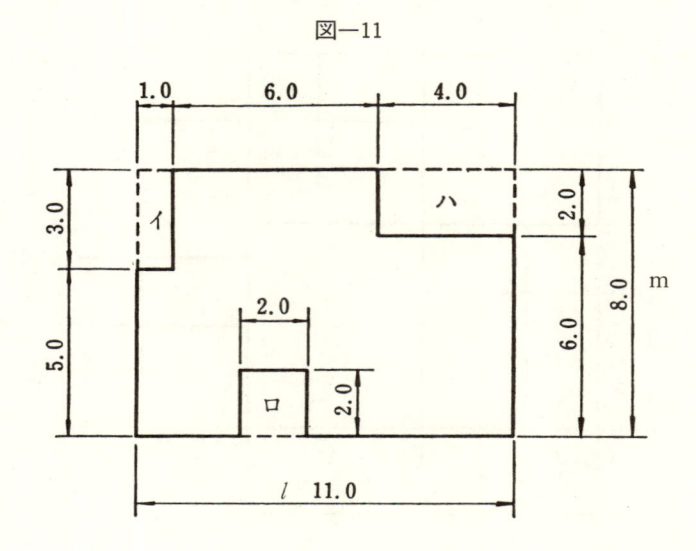

図—11

図—11に示す図形の面積を求めてみよう。P26での注意事項のところでも触れたように、まず大枠でしっかりと捕えてから控除すべきものを後から差し引くようにしてもらいたい。この

図形の面積を出すには

まず大枠で捕えるルールから固有数値を使って

$$l \times m - (控除部分) = 11 \times 8 - (\overset{イ}{1 \times 3} + \overset{ロ}{2 \times 2} + \overset{ハ}{4 \times 2})$$
$$= 88 - (3 + 4 + 8) = 73$$

ここでも寸法の捕え方は必ず

「X方向を先に、Y方向はあとに」

の思想でやってもらいたい。即ち大枠の面積も8×11でなく11×8に、イ、ハの面積も3×1、2×4でなしに、1×3、4×2といった具合に必ずX方向の寸法を先にしてやってもらいたい。こうしたルールの一つひとつの積み重ねが習慣となり、やがては拾いのリズム感を身につけることにつながる。また一方、誰の原稿を誰が何時見てもお互いに内容を早く理解することができ、ひいてはミスも少なくなるというものである。

6) 計算過程での桁の位どり

小数点コンマ以下2位同士を掛ければ、コンマ以下4位（または3位）までこまごまと数字がつく。また3位同士を掛ければ、コンマ以下6位（または5位）までついてくる。だからといって、こんな細かい数字にとことんつき合ってもいられまい。何とか程々につき合う方法を決めようということで**積算基準**は次のように決めている。

```
長さ……コンマ以下3位を四捨五入
面積……    同   上
容積……    同   上
```

では、コンマ以下すべての桁までやる場合と、**積算基準**のルールでやった場合との比較をし

32　I. 積算の手ほどき

てみよう。

　図—12に示す図形の面積を計算すると

$$16.38 \times 9.1 = 149.058 \rightarrow 149.06 \text{（まず大枠から）}$$

控除分	イ	$1.82 \times 2.73 =$ ▲ 4.9686 → ▲ 4.97
	ロ	$3.64 \times 2.73 =$ ▲ 9.9372 → ▲ 9.94
〃	ハ	$5.46 \times 0.91 =$ ▲ 4.9686 → ▲ 4.97
〃	ニ	$4.55 \times 3.64 =$ ▲16.562 → ▲16.56
〃	ホ	$1.82 \times 1.82 =$ ▲3.3124 → ▲ 3.31

$$\Sigma = 109.3092 \rightarrow 109.31$$
$$\downarrow \qquad\qquad \downarrow$$
$$109.31 \qquad 109.31$$

図—12

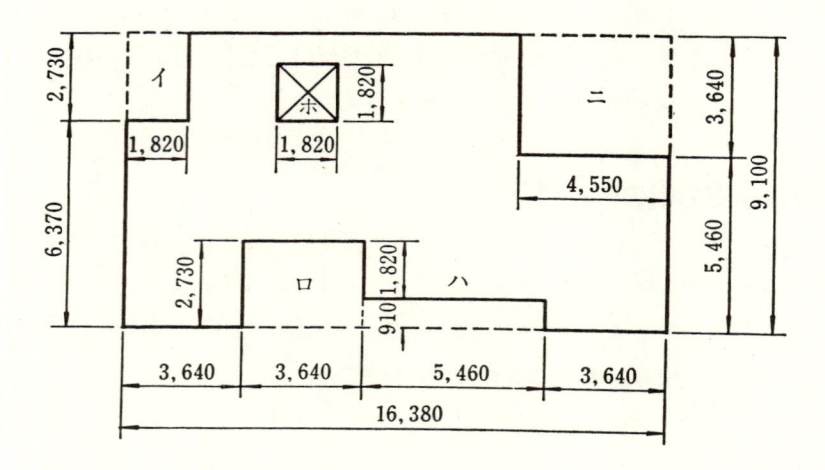

　上記の計算過程でも明らかなように、小数点以下4位までを神経質に計算しても、その計は109.3092となって四捨五入をすれば109.31であり、小数点以下3位を四捨五入した数字を加算しても、その計は109.31で全く同じになる。これはたまたまうまく合ったのにすぎないというかも知れない。しかし違ったところで恐らく小数点以下2位のところでの差であって、大勢に影響は全くないのでまず安心してよい。

　念のため図—13に示す立方体の容積を出してみよう。

3．拾いのルールとリズム　　33

図—13

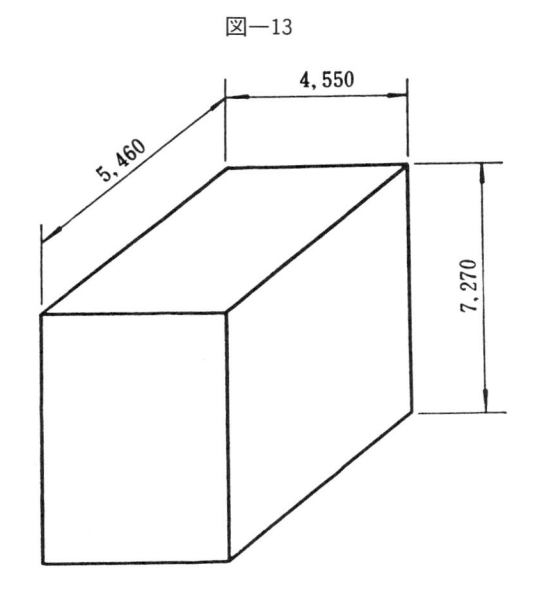

$$V = 4.55 \times 5.46 \times 7.27 \qquad V' = ^*24.84 \times 7.27$$
$$= ^*24.843 \times 7.27 \qquad = 180.5868 \rightarrow 180.59$$
$$= 180.60861 \rightarrow 180.60$$

即ちここでも小数点以下1位においては同じ値になり、大勢に影響ない。**積算基準**では100以上は小数点以下は四捨五入で整数とするので、上記の場合は両者とも181になる。

7）　コンマ以下の意味するもの（1と1.0の違い）

下記の計算過程をみてもらいたい。

$$6.9 \times 5.4 \times 3.0 = 111.78 \qquad (1)$$
$$6.9 \times 5.4 \times 3 = 111.78 \qquad (2)$$

答は(1)式も(2)式も全く同じである。しかし内容は全く違う。図—14、図—15の絵を見てもらいたい。

図—14

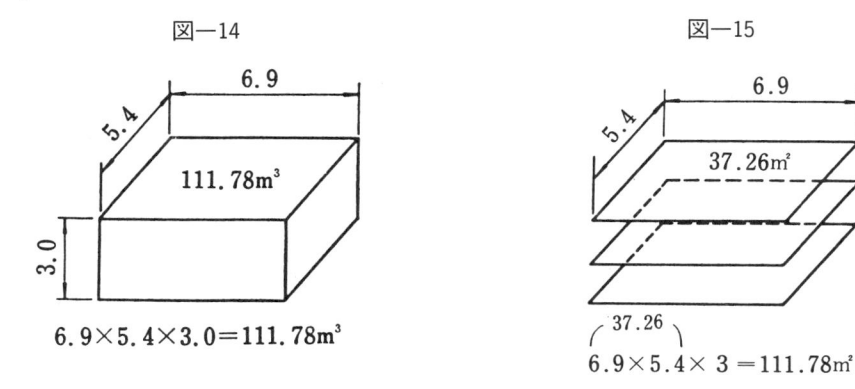

$6.9 \times 5.4 \times 3.0 = 111.78 m^3$

図—15

$6.9 \times 5.4 \times 3 = 111.78 m^2$

絵を見ればわかるように(1)式は図—14のように容積を表し、(2)式は図—15のように長さ6.9m、幅5.4mの面積をもつものが3枚あって面積の集計を表したものである。したがって両者の意味するものは全く異なるのである。

したがって「拾い」の過程において個数とか、か所数を示すものは整数で示し、寸法を示すようなものは例えそれが小数点以下に数字が無い場合も、必ず小数点を打ってその次に0をつけることを励行してほしい。（ただし、P30～P31の計算式については、煩雑さを避けるため、あえて整数を用いたことをお断りしておく）

$$3ヶ \rightarrow 3$$
$$3m \rightarrow 3.0$$

4．拾いの手順と段取

1) 建物の構成要素

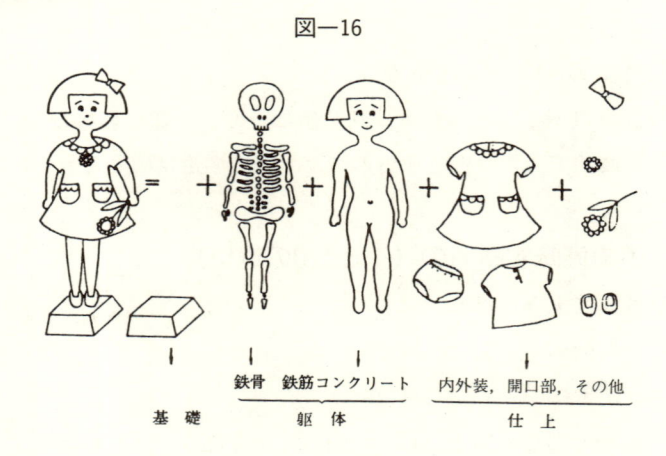

図—16

（基礎／鉄骨 鉄筋コンクリート 躯体／内外装，開口部，その他 仕上）

積算の作業を拾いのみに限定すれば、次のような要素を持つことになる。

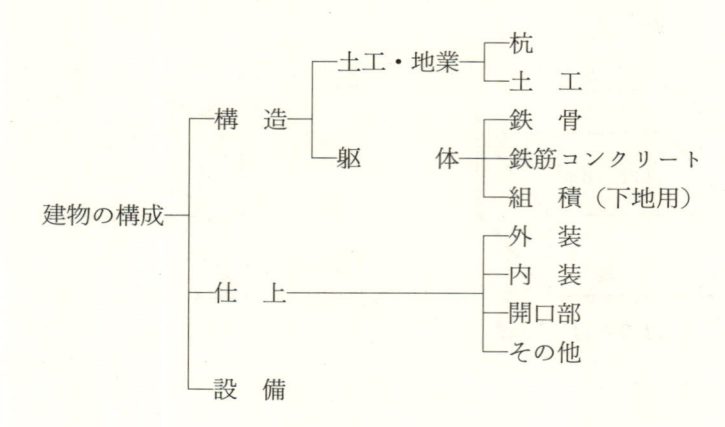

```
建物の構成 ─┬─ 構 造 ─┬─ 土工・地業 ─┬─ 杭
           │         │               └─ 土 工
           │         └─ 躯 体 ─┬─ 鉄 骨
           │                    ├─ 鉄筋コンクリート
           │                    └─ 組 積（下地用）
           ├─ 仕 上 ─┬─ 外 装
           │         ├─ 内 装
           │         ├─ 開口部
           │         └─ その他
           └─ 設 備
```

建物の拾いを大別すれば構造、仕上、設備の3つに分けられる。設備は人間の体でいえば内臓の各器管に相当するが、本著では設備を除いた構造と、仕上についてのみ述べていきたい。

今一つの建物の拾いを「構造」と「仕上」に分けた場合の作業量の配分は、全作業を手作業で行うとすれば筆者の体験から、

　　構造の拾い：仕上の拾い　＝ 4：6　　（ただし仕上には分類集計の作業も入る。）

の比率となる。即ちある建物の拾いを能力と経験が同じ2人の担当者で行ったとすれば、構造関係の拾いが完了しても、仕上関係の拾いはまだ終了していないことが多い。それというのも構造の拾いのうち、例えば鉄筋コンクリート造の拾いであれば、数百枚の原稿用紙を使ってやっても、結果の答はコンクリート、型枠、鉄筋のそれぞれの使用量が集計されるだけである。それにくらべ、仕上の方は左官工事一つとってみても数頁にわたる内訳書になるし、金属製建具の内訳明細だけでもかなりの頁数を必要とする場合がある。値入れはこのようにして集計された内訳書に対してなされるので、どうしても仕上関係に多くの労力と時間を必要とする。したがって、どちらかといえば仕上の方に熟練担当者を投入した方がいいように思う。

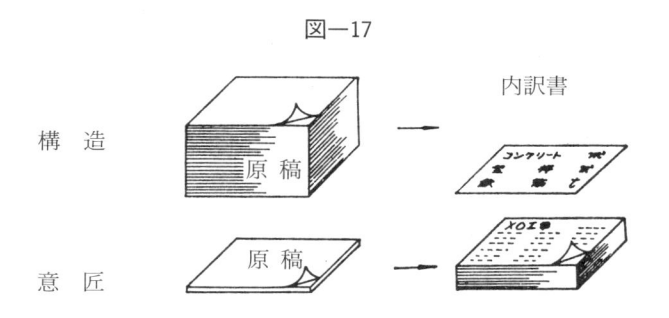

図—17

2)　「拾い」の流れの中で注意したいこと

「拾い」という行為はまさに、集中力の連続を強いられ、とにかく根（こん）とねばりのいる作業である。しかも、これがすべてではなく、あくまでも積算、見積業務の一部分であることを忘れてはならない。拾いさえすれば事が終るのではなく、その後に続く「値入れ」も大変なら、仮設工事、現場経費の算出もあり、提出金額決定後の見積内訳書作成の作業も後に控えているのである。したがって「拾い」に費す時間は短かければ短かいほど好ましいわけだし、絶えず全体の流れの中で効率よく、段取りよくことを運んでいなくてはならない。

もし「拾い」の作業完了間近になって値入れ担当者が、見たことも聞いたこともない仕上材の名称とか、新工法を伴う工種に出逢うようであったりしたらもう手おくれである。そういったものは、拾いの半ばにして調査するとか照会するとかして、あらかじめ明確にしておかなくてはならない。また鉄骨とか金属製建具のように特記仕様書等により業者指定のあるようなも

のは、図面を貸与して下見積の協力を専門業者から求めなければならない。したがって、こういった工事とからむ取合等の「拾い」やチェックは、最優先にせねばならない。また設計者への質疑応答事項なども、早目早目にチェックしてまとめておくように心掛けておきたい。

3) 「拾い」の分担と責任範囲

1)の建物の構成要素の項の中でも触れたが、分担を大別すれば構造、仕上、設備の部門に分けられる。それを更に類別すれば次のようになるであろう。

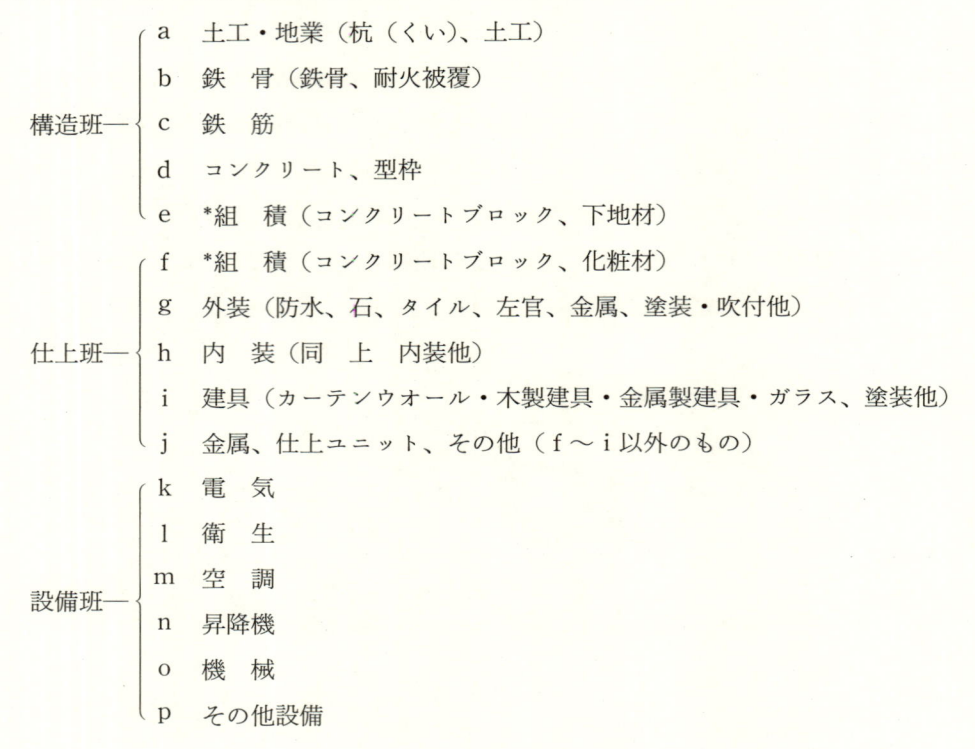

構造班─
- a 土工・地業（杭（くい）、土工）
- b 鉄　骨（鉄骨、耐火被覆）
- c 鉄　筋
- d コンクリート、型枠
- e ＊組　積（コンクリートブロック、下地材）

仕上班─
- f ＊組　積（コンクリートブロック、化粧材）
- g 外装（防水、石、タイル、左官、金属、塗装・吹付他）
- h 内　装（同　上　内装他）
- i 建具（カーテンウオール・木製建具・金属製建具・ガラス、塗装他）
- j 金属、仕上ユニット、その他（f〜i以外のもの）

設備班─
- k 電　気
- l 衛　生
- m 空　調
- n 昇降機
- o 機　械
- p その他設備

a．地　業

杭地業もＲＣパイル打ちのようなものは長さ・太さ別に本数を拾い出し、根切り等の土工事を拾い出せばすむので問題はない。深礎とかペデスタル杭とかその他の特殊基礎を含む場合は、その道の専門業者の下見積も参考にする必要があるので注意して欲しい。

b．鉄　骨

鉄骨については本来次の鉄筋同様自社で拾い出すことが理想であるが、積算要員や見積期間の関係から専門業者に下見積を求めることが多い。したがって、図面貸出しを予測して鉄骨とからむ工種（例えば耐火被覆とか）の拾いは先にすませておく。場合によると鉄筋コンクリート部分の梁（はり）伏図等が共通になっている場合があるので、図面貸出しに備えてコピー手配等、拾いに当たっての段取を迅速にするよう心掛けたい。

c．鉄　　筋

　理想的にはd項のコンクリート、型枠の拾いの担当者が引き続いてやれば能率もよく、効率化もはかれる。もし分担を分けるとすれば、コンクリート、型枠の担当者よりやや後にずらして作業を開始するようにすれば、コンクリート、型枠の拾いの原稿を参考にして有利に進めることができる。そのずらした時間を利用して組積工事なり、土工事なり他の拾いの作業に、その分をあてることはいうまでもない。ずらして拾った方がよい理由の一つは、後述の拾いの原稿で明らかなように、鉄筋の有効長さの算出をコンクリート、型枠の原稿から転用すればよいことによる。

d．コンクリート、型枠

　コンクリートと型枠は、施工面でも密接な関係があるように、拾いにおいては施工以上に切り離しては考えられない。まして担当を分けて拾うなどという無駄の多い行為は考えられない。もし仮にコンクリートと型枠を分けて拾うとすれば、もうこれは積算以前の問題であって、論外である。図―18のスケッチにおいて中央の壁部分のコンクリートと型枠を拾うとすれば、

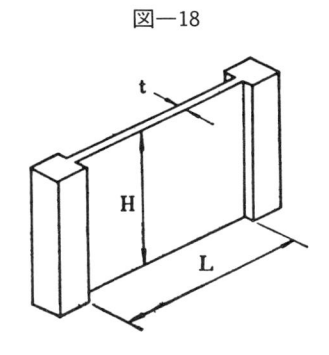

図―18

コンクリートは、

$$L \times H \times t = 3.5 \times 2.5 \times 0.15$$
$$= 8.75 \quad \times 0.15$$
$$= 1.3125 \rightarrow 1.31 m^3$$

型枠については、

$$L \times H \times 2 = 3.5 \times 2.5 \times 2$$
$$= 8.75 \quad \times 2 = 17.5 m^2$$

となり、コンクリートは片面積に厚みを掛ければよいし、型枠はその2倍でよいわけである。これを片面積をそれぞれ別個に同じ計算をするなどということは、労力の無駄づかいの何ものでもない。

e．f．組　　積

　組積のうちコンクリートブロックやれんが積のようなものは、化粧積で積まれている場合が

あり、構造の仲間か仕上の仲間か判然としにくい。筆者の見解としては、単なる間仕切壁の鉄筋コンクリート造隔壁の代りにコンクリートブロックで積まれたものは、構造の仲間に入れてよいと思う。ただ拾いについては構造班でも仕上班でもよいが、拾いに当たって当初打合せをよくしておく必要がある。要は拾い落としのないようにさえすればよい。

特に注意しておきたいことは、構造図に記入された組積造部分は往々にして意匠図と食い違っており、しかも意匠図での取合の細かい部分までは記載されていないことが多い。できれば仕上の担当者が、構造図と照らし合わせながら拾った方がミスが少ないと思われる。

g. 外　装

文字通り建物の外まわりの仕上に関しての部分である。図—16のスケッチで述べたように、アクセサリーであるリボンやブローチを除いた上着の部分について拾えばよい。地盤に近いところから拾っても、空に近いところから拾っても、特に差支えはないが、外装の目的が雨露をしのぐためのものであるという解釈からか、空に近い屋根部分から拾っている例が多い。

　　　　　　　屋根―表面仕上、下地の平部分（防水層、同保護仕上他）
　　　　　　　　〃　　立上部分（　　　〃　　　押えれんが他）
　　　　　　　排水溝、伸縮目地まわり
　　　　　　　笠（かさ）木、押えれんが用雨押えまわり
　　　　　　　外装―表面仕上材（タイル、吹付、石地下地共）
　　　　　　　　〃　役物（コーナー、開口部抱き部分他）
　　　　　　　開口部まわり取合のコーキング他
　　　　　　　地まわり―犬走り、ポーチ、テラス、カーポート、ドライエリア他

h. 内　装

外装同様アクセサリーを除いた建物内の仕上に関しての部分である。簡単にいえば設計図書の仕上表に準じて、階ごと、部屋別にそれぞれの内装を拾えばよい。これも天井から拾おうが、足元から拾おうがよいわけであるが、仕上表の一般的な表示方法からいっても、足元から天井に向かって、

　　　　　　　　床→幅木→（腰）→壁→（柱型）→（梁型）→天井

と進めるべきであろう。

i. 建　具

建具は大別すれば木製建具と金属製建具に分類される。金属製建具についてはオーダーものや、メーカー指定の場合が多いので下見積をとって参考にする。

一方建具というものは、外部と内部、内部間仕切の開口部といった重要な位置にあり、外装の拾いや内装の拾いに欠除の対象となり、かかわりが深い。設計図書に食い違いがあれば、それはそのまま全体の拾いに大きな影響を与えるので、拾いのなかでも最優先に「チェック」と

「拾い」及び「まとめ」をしておきたい。

　また構造関係の拾いのうちで「壁」部分の控除の対象も大部分が建具であり、この設計図の使用頻（ひん）度は多い。したがって、あらかじめゼロックスとか、第2原図により焼き増ししておく方が何かと好都合であろう。

　次に建具の拾い及びチェックに次いで、並行作業で拾っていくものについても述べてみよう。

$$
建具の仲間\begin{cases}ガ　ラ　ス→寸法別、型別、厚さ別に\\塗　　　装→塗装別、倍率別に\\コーキング→原則的には外まわり部分\\と　ろ　詰→\quad\quad\quad 〃\end{cases}
$$

　次にその一例を示す。

　木製建具については、金属製建具の例にならうが、塗装の種類がふえることと、原則的にはコーキング、鉄筋コンクリート造またはコンクリートブロック積部分に取り付けられるところ以外はとろ詰を拾う必要がないという点が異なるくらいであろう。

40　　I．積算の手ほどき

建　具　積　算　[金属製]

(社) 日本建築積算協会17号用紙

符号	寸法 W	寸法 H	面積 A	か所 N	面積計 AN	塗 種類	塗 係数	塗 OP	装	ガ 種類	ガ 計算	ラ 6.8PW	ラ 6.8型	ス	コーキング モルタル詰
AD₁	2.60	2.70	7.02	1	7.02	—	2.2			6.8PW	2.60 × 2.70	7.02			8.09
AW₁	6.06	2.70	16.36	1	16.36	—	2.2			〃	6.06 × 2.70	16.36		17.52	17.52
AW₂	10.19	1.65	16.81	1	16.81	—	2.2			〃	10.19 × 1.65	16.81		23.68	23.68
SD₁	1.20	2.03	2.44	1	2.44	OP	2.2	5.36		6.8型	0.70 × 0.80		0.56		5.26
SD₂	0.83	2.03	1.68	2	3.36	〃	2.7	9.10		—				9.78	9.78
SD₃	0.85	2.03	1.73	1	1.73	〃	2.2	3.81		6.8型	0.70 × 0.80		0.56	4.91	4.91
SW₁	1.80	1.75	3.15	7	22.05	〃	1.5	33.08		〃	1.80 × 1.75		22.05	49.70	49.70
SW₂	1.80	1.30	2.34	4	9.36	〃	〃	14.04		〃	1.80 × 1.30		9.36	24.80	24.80
SW₃	1.80	0.90	1.62	3	4.86	〃	〃	7.29		〃	1.80 × 0.90		4.86	16.20	16.20
SW₄	1.20	0.90	1.08	1	1.08	〃	〃	1.62		〃	1.20 × 0.90		1.08	4.20	4.20
SW₅	1.20	0.60	0.72	4	2.88	〃	〃	4.32		〃	1.20 × 0.60		2.88	14.40	14.40
SW₆	1.20	0.40	0.48	2	0.96	〃	〃	1.44		〃	1.20 × 0.40		0.96	6.40	6.40
SS₁	2.69	2.70	7.26	1	7.26	〃	3.7	26.87		—				8.09	8.09
計					m² 96.17			m² 106.93				m² 40.19	m² 42.31	m 179.68	m 193.03

No.

j．金属、仕上ユニット、その他

　外装、内装、建具から除外されているものがほとんど含まれる。見積業務の効率化から考えて、拾った原稿そのものを見積内訳書なり、下見積用の原稿なりに利用、転用することが好ましい。担当者としては多少とも経験者の方がよい。また、できるだけ仕様や要点を摘要欄に記入したり、簡単なスケッチも併記するので、担当者は文字等をきれいに丁寧に書く心掛けが必要である。

　拾いのテクニックとしては、金属、仕上ユニット、その他工事の内訳用紙を分けておき、外部なら屋上から、内部なら階ごと・部屋別にもれなく拾いあげ、拾った順に記入していく。例えば金属工事について例を示せば、

　　○雨じまい関係　ルーフドレン→フロアドレン→飾ます→呼樋→軒樋→受け金物→たて樋
　　　　　　　　　→つかみ金物→養生管
　　○屋上、屋根関係　手摺→塔屋タラップ→丸環→排水→溝ぶた→広告塔架（が）台→他
　　○内　部　ま　わ　り　階段手摺→ノンスリップ→郵便受→便所スクリーン金物→靴摺金物→コ
　　　　　　　　　ーナービード→他

4）　拾いの用紙について

　拾いの用紙は、官公庁積算部門、設計事務所、積算事務所、建設会社等それぞれ工夫をこらした積算用紙を使用している。社団法人日本建築積算協会では、工種ごとに便利な積算用紙を頒布しているので、ご紹介しておく。

北海道支部	〒063-0811	札幌市西区琴似1条5-4-14　内澤ビル5F 電話(011)641-4481　　ＦＡＸ(011)641-4494
東　北　支　部	〒980-0804	仙台市青葉区大町2-3-12　大町マンション701号 電話(022)225-6517　　ＦＡＸ(022)225-8833
関　東　支　部	〒108-0014	東京都港区芝5-26-20　建築会館3F 電話(03)3453-9594　　ＦＡＸ(03)3452-4811
東海北陸支部	〒460-0008	名古屋市中区栄4-3-26　昭和ビル 電話(052)264-0661　　ＦＡＸ(052)264-0662
関　西　支　部	〒542-0083	大阪市中央区東心斎橋1-3-10　長堀堂ビル 電話(06)6253-1523　　ＦＡＸ(06)6253-1524
中国四国支部	〒730-0013	広島市中区八丁堀3-12　砂原ビル301号 電話(082)221-9759　　ＦＡＸ(082)221-9794
九　州　支　部	〒812-0013	福岡市博多区博多駅東2-9-5　池松ビル6F 電話(092)451-0859　　ＦＡＸ(092)475-1448

　筆者が勤務先で用いていたものは、一つのタイプですべての拾いをやろうというもので、構

造をはじめ仕上まで、ほとんどすべての拾いに使用している。工種ごとの用紙を用いるのも一つの方法であるし、用紙の補充に重点をおくと一タイプ方式の方は経済的でもある。

　ついでに用紙の扱い方で2、3注意しておきたい。積算業務を長年経験した人は次の話をきいてすぐピーンとくるはずであるが、原稿用紙の右下角がまくれたりするうちはまだ一人前でないということである。慣れないうちはどうしたわけか右下の角（ただし、右手かきの場合）が折れたり、まるまったりしてしまう。これがそのまま原稿ファイルに綴じ込まれ、集計や分類のときに2枚重なったままめくられてしまって集計落ちとなり、大きなミスにつながることがあるので注意して欲しい。

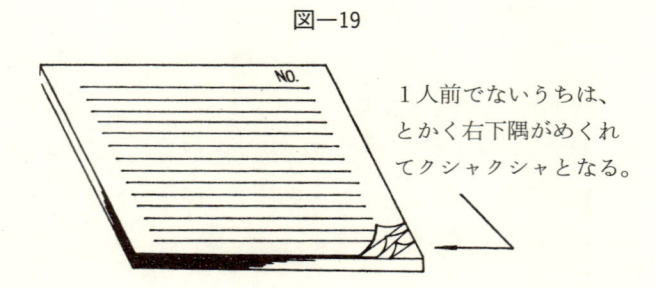

図―19

1人前でないうちは、とかく右下隅がめくれてクシャクシャとなる。

　また、用紙を少しでも経済的に使用しようという心掛けからか、計算過程の加減乗除を大カッコ、中カッコ等を混ぜながら1本の式で数式を羅（ら）列する人がいる。用紙の2～3枚を経済するつもりで、1か所でも大きなミスをすれば、用紙代などものの数ではない。これも即刻やめてもらいたい。

（悪い例）
〔{6.9×6.4＋7.1×3.5＋2.6×(1.2＋1.4)}－{2.9×2.6＋3.5×(2.1＋1.4)}〕×0.12＝6.72

（良い例）↓

$$
\left.\begin{array}{l}
\left.\begin{array}{l}
6.9 \times 6.4 \quad\quad = \quad 44.16 \\
7.1 \times 3.5 \quad\quad = \quad 24.85 \\
2.6 \times (1.2+1.4) = \quad\; 6.76
\end{array}\right\} 75.77 \\
\left.\begin{array}{l}
\blacktriangle 2.9 \times 2.6 \quad\quad = \blacktriangle\; 7.54 \\
\blacktriangle 3.5 \times (2.1+1.4) = \blacktriangle 12.25
\end{array}\right\} \blacktriangle 19.79
\end{array}\right\} 55.98 \times 0.12 = 6.72
$$

4．拾いの手順と段取　43

(社) 日本建築積算協会13号用紙

名称	形状・寸法	計	算	か所	SS400 PL-30	〃 PL-25	〃 PL-9	アンカーボルト φ22 ℓ=700	WELD 長さ m	WELD 換算係数 k	WELD 換算長さ m
1.柱(下部)部分											
①ベースPL	PL 30	0.66 × 0.30	1	2	0.40						
②アンカーボルト	φ 22 ℓ=700		4	2				8			
③リブPL	PL 9	0.10 × 0.12	2	2			0.05				
④WELD ベースPL+リブPL	〃 9	0.12	2	2					0.48	F2 2.72	1.31
⑤WPL+リブPL	〃 〃	0.10	2	2					0.40	〃	1.09
⑥FW(フランジPL)	PL 25	0.25 × 5.27	2	2		5.27					
⑦WPL(ウェブ)	〃 9	0.55 × 5.27	1	2			5.80				
⑧WELD ベースPL+PL	L 25	0.25	2	2					1.00	HT2 20.22	20.22
⑨〃+WPL	〃 9	0.55	1	2					1.10	F2 2.72	2.99
⑩FPL+WPL	〃 〃	5.27	2	2					21.08	〃	57.34
⑪〃+裸FPL	L 25	0.25	2	2					1.00	HT2 20.22	20.22
⑫WPL+〃	〃 9	0.55	1	2					1.10	F2 2.72	2.99
柱(下部)小計					0.40	5.27	5.85	8			106.16

44　I. 積算の手ほどき

土 工 積 算　　　　　　　　　　　　　　　　　　　　　　　　　　　　　　　　(社) 日本建築積算協会11号用紙（　　）

名称	根切 (機械掘) 幅	長	深	か所	量	地業 (栗石) 幅	長	厚	か所数	量	捨コンクリート (FC135) 幅	長	厚	か所数	量
F₁	3.20	3.20	1.30	2	26.62	2.40	2.40	0.15	2	1.73	2.40	2.40	0.05	2	0.58
F₂	2.80	2.80	〃	5	50.96	2.00	2.00	〃	5	3.00	2.00	2.00	〃	5	1.00
F₃	2.80	2.80	〃	3	30.58	2.00	2.00	〃	3	1.80	2.00	2.00	〃	3	0.60
	▲0.90	0.90	〃	〃	▲3.16	0.90	0.90	〃	〃	▲0.36	0.90	0.90	〃	〃	▲0.12
F₄	3.70	1.90	〃	2	18.28	2.90	1.10	〃	2	0.96	2.90	1.10	〃	2	0.32
FB₁~₃	1.45	6.72	〃	1	12.67	0.65	9.50	〃	1	0.93	0.65	9.50	〃	1	0.31
FB₄~₆	〃	8.62	〃	1	16.25	〃	11.40	〃	1	1.11	〃	11.40	〃	1	0.37
FB₇~₉	〃	8.52	〃	1	16.06	〃	11.30	〃	1	1.10	〃	11.30	〃	1	0.37
FG₁~₂	〃	3.51	〃	2	13.23	〃	5.30	〃	2	1.03	〃	5.30	〃	2	0.34
FG₅~₆															
FG₃~₄	〃	4.01	〃	2	15.12	〃	5.80	〃	2	1.13	〃	5.80	〃	2	0.38
					m³ 196.61					m³ 12.43					m³ 4.15

№_____

躯体積算

(社) 日本建築積算協会12号用紙

名称	コンクリート 寸		法	か所	体積	型枠 寸	法	か所	面積	鉄筋 形状	径	長さ	本数	か所	D10	D13	D	D	D
基礎																			
F_1	2.20	2.20	0.70	2	6.78	$\frac{2.2 \times 4}{8.80}$	0.70	2	12.32	ベース	D13	2.20	$\frac{14 \times 2}{28}$	2		123.20			
										DIA	〃	3.11	$\frac{3 \times 2}{6}$	〃		37.32			
F_2	1.80	1.80	0.70	5	11.34	$\frac{1.8 \times 4}{7.20}$	0.70	5	25.20	ベース	〃	1.80	$\frac{13 \times 2}{26}$	5		234.00			
										DIA	〃	2.55	$\frac{3 \times 2}{6}$	〃		76.50			
F_3	1.80	1.80	0.70	3	6.80	$\frac{1.8 \times 4}{7.20}$	0.70	3	15.12	ベース	〃	1.80	$\frac{4 \times 2}{8}$	3		43.20			
	▲0.90	0.90	0.70	〃	▲1.70					〃	〃	0.90	$\frac{4 \times 2}{8}$	〃		21.60			
F_4	2.70	0.90	0.70	2	3.40	$\frac{(2.7+0.9) \times 2}{7.20}$	0.70	2	10.08	ベース	〃	2.70	4	2		21.60			
										〃	〃	0.90	11	〃		19.80			
計					26.62 m³				62.72 m²							577.22 m			

46   I. 積算の手ほどき

集 計 表〔内部仕上〕

工事名：

部位			床								踏面・蹴込	
仕上	主仕上	アスタイル	アスタイル(暗)	人研 真鍮目地切	モザイクタイル 24×24	モルタル 金ごて	たたみ 荒床板 t15	ブナフローリング	桧縁甲板	アスタイル	モルタル
	下地	モルタル	モルタル				木 造	木 造	木 造		
	骨組										
合計		11.62 m²	243.15 m²	29.84 m²	22.84 m²	5.43 m²	(半帖) 14 2.14 m² 23.14	16.59 m²	0.90 m²		24.62 m²
室名											
1F 事務室		11.62	116.45								
応接室				18.47							
ホール											
廊下					2.22						
湯沸室					8.71						
便所						5.43					
倉庫											
客溜					11.37						
2F 事務室			115.24								
書庫			6.31								
便所					9.07						
湯沸室					2.84						
管理人室			5.15					16.59	0.90		
共通 階段室											24.62

No.

(社)日本建築積算協会24号用紙（　　）

仕　上　積　算

一階	応　接　室											
	床			壁				天　井			その他	
仕上	計算	数量	仕上	計算		数量	仕上	計算	数量		
床			幅木				天井				
フスタイル	3.63×3.20	11.62	H100ソフト幅木	(3.63+3.20)×2		13.66	吸音デックス	床に同じ	11.62		
モルタル下地			モルタル下地	WD_1		▲3.12	木造下地				
						10.54					
			壁								
			VP モルタル金ごて	13.66×2.50		34.15					
				SW_2 1.80×0.90×2		▲3.24					
				WD_1 3.12×2.50×1		▲7.80					
				幅木 10.54×0.1		▲1.05					
						22.06					

(社) 日本建築積算協会14号用紙

48　I．積算の手ほどき

外壁仕上			床仕上			壁積算			天井仕上			その他
仕上	計算	数量	仕上	計算	数量	仕上	計算	数量	仕上	計 算	数量	
						外壁(南,北,東)ツヤキ仕上	$(18.28\times2+10.65)\times7.60$	358.80				
						そで壁開口部	2.54×2.56	▲6.50				
						SW_1	$1.80\times1.75\times7$	▲22.05				
						${}_2$	$1.80\times0.90\times3$	▲4.86				
						${}_4$	$1.20\times0.40\times2$ <0.5	—				
						${}_5$	$1.80\times1.30\times3$	▲9.36				
						${}_6$	$1.20\times0.60\times3$	▲2.16				
						SD_2	$0.83\times1.80\times1$	▲1.49				
						〃	$〃\times1.97\times1$	▲1.64				
								310.74				
						外壁(西)						
						タイル	$10.35\times(5.42+0.15)$	57.65				
						下地モルタル	$AW_2\ 10.19\times1.65\times1$	▲16.81				
								40.84				

5) どちらでもいいものならどちらかに決めよう

　以上積算のうちの「拾い」についての大まかな概念、考え方について、一応簡単ではあったが述べたつもりである。

　世の中には、とかくどっちでもよいことが多くある。また、どちらが正しいのだと決めにくいことも多く存在する。積算の「拾い」の世界でも、これに似たことがかなり多くあるのではなかろうか。どちらでもよいのだけれども、どちらかに決まっていないと、人間誰もがとまどったり、悩んだりする。そこで往々にして考え込んだり、休んでしまったり、一服煙草を……ということにもなる。この時間の積み重ねがロスになる。またルールがないために勝手気ままにやるところから、バラつきやミスも発生したりするのである。これをなくす方策として、何か「ルール」というものがあれば問題解決への道は意外と簡単に開けそうである。そういう意味でも**積算基準**が誕生したことの意義は大変大きいと思っている。

　野球にもルールがある。セントラルリーグとパシフィックリーグでは多少のルールの差はあっても、根本的な差はないはずだ。しかし同じセントラルリーグに属していても、ジャイアンツとタイガースでは細かいサインや、チーム内でのルールは各球団共異なっている。筆者が今まで述べてきたことは、大枠のルールの話である。野球で言えば観客側でも理解しうる、また理解して欲しいルールについて述べてきたつもりである。

　なお、この項で述べてきたことは「拾い」のうちでも、いわゆる「さわり」である。細かいルール、例えばスチールドアの塗装面積をドア見付面積の何倍にするかとか、根切りの場合の逃げをいくつにして法勾配をどうしようとか、4寸勾配の寄棟屋根の瓦面積の出し方はどうしようとかいったものについては、項を改めて**積算基準**の解説を加えながら順次述べていくことにする。

II. 躯体の部
―土工・地業編

II 躯体の部―土工・地業編

1．一般事項

1．杭（くい）地業を除く土に関するすべての工事、地業工事について積算する。
2．山留め、排水等は、原則として施工計画図により算出する。
3．求める数量には土量の「増しかさ」は考えない。
4．原則として、設計図書に記載してある設計地盤を敷地地盤とする。
5．設計地盤と現地地盤の高さに相異のある場合は、すきとりまたは盛土として敷地造成の分類に入れる。
6．計測の単位は㎥とし、小数点以下3位を四捨五入する。

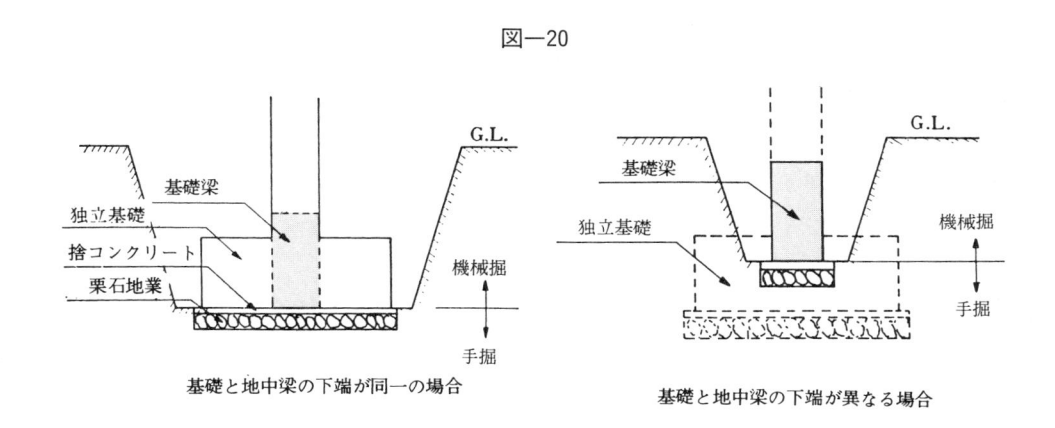

図―20

基礎と地中梁の下端が同一の場合　　基礎と地中梁の下端が異なる場合

7．図に明示していない場合の捨コンクリート、割栗石の突出部分の幅は、基礎、底盤、基礎梁等では100mmとする（図―21）。
　なお、現場における機械掘による根切りの底は、原則として基礎、基礎梁または底盤下端（図―20）にとどめ、より深い部分（捨コンクリート、割栗石、または独立基礎等の下がり部分）は手掘りとするが、積算上は次項根切り以降の要領によるものとする。

図—21

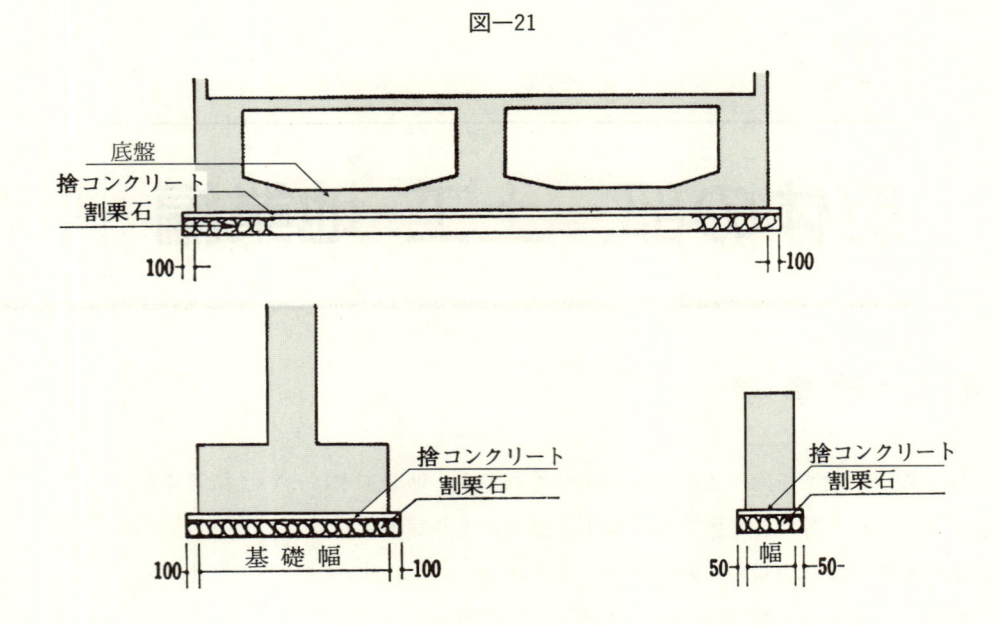

2. 根切り

1) 細目基準

(1) ゆとり幅は原則として基礎端部より片側0.5mとし、山留めのある場合は1.0mを標準とする（図—22）。

(2) 根切り側面の法勾配（のりこうばい）は、

① 根切りの深さが1.5m未満の場合は0とし、法を設けない。

② 根切りの深さが1.5m以上5.0m未満の場合は0.3を標準とする（図—23）。

③ 根切りの深さが5.0m以上の場合は0.6を標準とする。

(3) 杭の余長等による根切量の減少はないものとみなす。

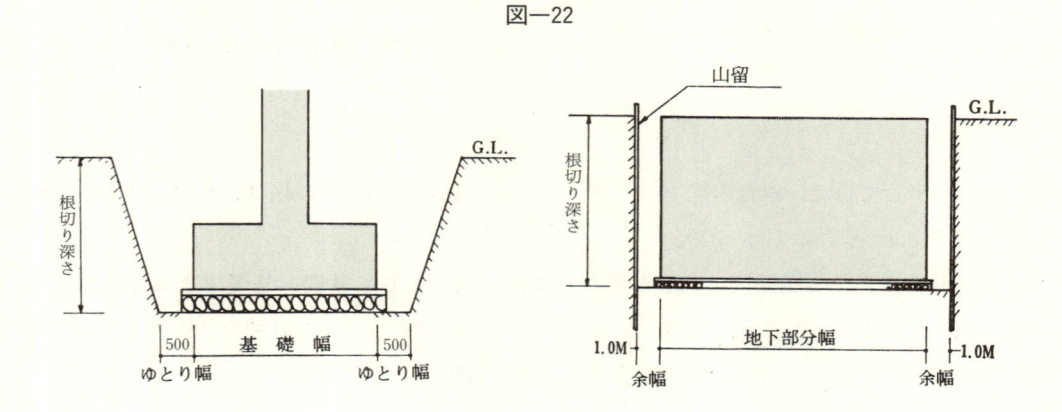

図—22

2. 根切り　55

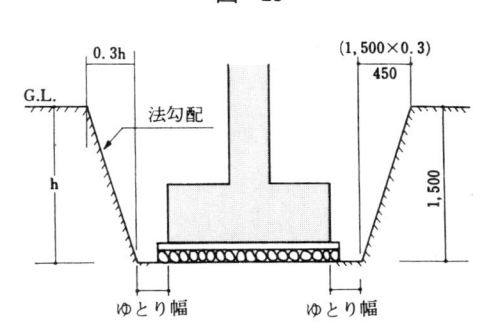

図—23

根切りにおけるつぼ掘りの形は、截頭（せっとう）角錐の形となり、公式に当てはめて算出するとなると(イ)〜(ハ)に示すように計算がなかなかやっかいである。**積算基準**ではその簡便な方法として図—24に示すように、余幅を基礎本体に加算した寸法の直面体として(ニ)式で土量を算出している。

また**積算基準**では、ゆとり幅を0.5mとし、法勾配の方は深さが1.5m未満の場合は0として法勾配はつけず、1.5m以上5.0m未満までは3/10とし、5.0m以上は6/10を標準としている。

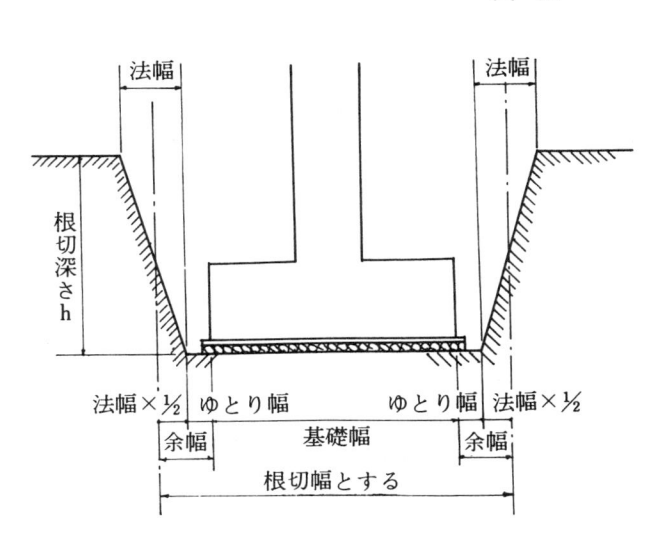

図—24

ゆとり幅　0.5m

法　幅　$h < 1.5\text{m} \to 0$
　　　　$1.5\text{m} < h < 5.0\text{m} \to 0.3h$
　　　　$5.0\text{m} < h \to 0.6h$

2) 土量計算式

●つぼ掘り（截頭角錐の体積算出公式）

土量　$V = h/6\{(2a+a')b+(2a'+a)b'\}$　　　(イ)

または　$V = h/6\{ab+a'b'+(a+a')(b+b')\}$　　　(ロ)

$V = h/3(A+B+\sqrt{AB})$　　　(ハ)

ただし　$A = ab$　$B = a'b'$

上記3式のうち、(イ)式が一般的に用いられているが、**積算基準**はより簡便化を図り、次の略算式によっている。

$$V = h\{(a+a')/2 \times (b+b')/2\}　　　(ニ)$$

図—25 a　　　　　　　　　　　図—25 b

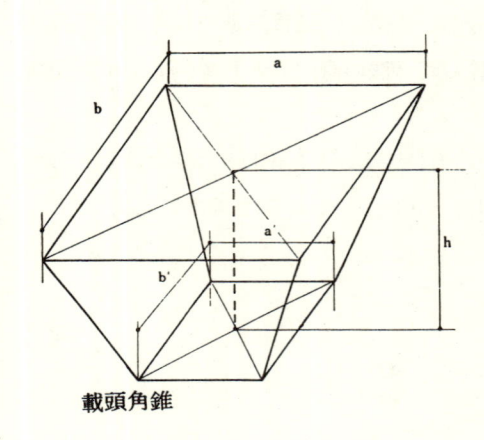

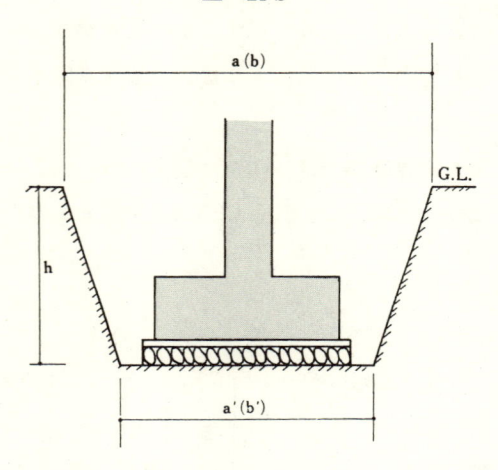

載頭角錐

●布掘り

土量　$V = lwh$

ただし　$w = (a+a')/2$　（平均幅）

図—26 a　　　　　　　　　　　図—26 b

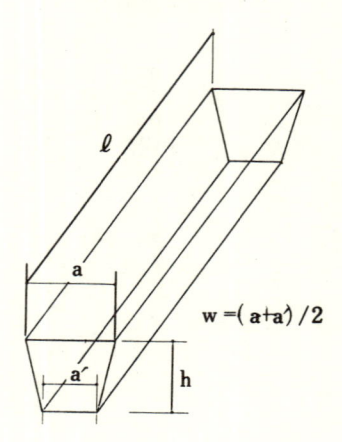

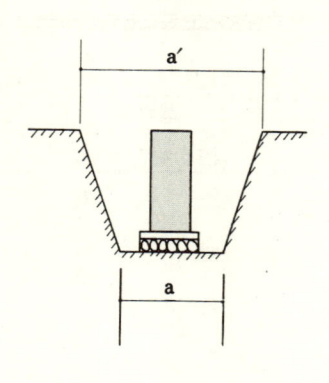

2. 根切り

● 総 掘 り

① 山留めのない場合（オープンカット）

　土量　V＝つぼ掘りに同じ

② 山留めのある場合

　土量　V＝ abh

余幅の1.0mについては、**積算基準**に則った場合であって、実際に当たっては、施工計画に基づいて計測することは勿論である。

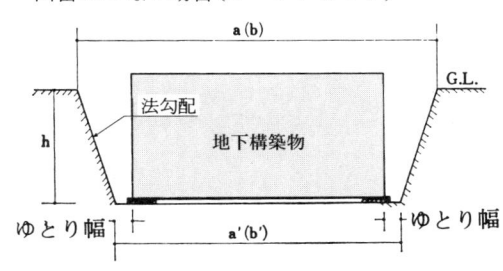

図—27　　　　　　　　　　　　　　図—28

山留めのない場合（オープンカット）　　　山留めのある場合

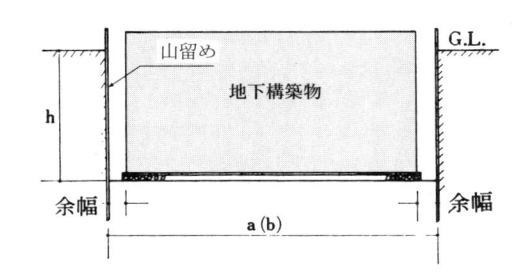

3) 計 算 例

● つぼ掘り

図—29

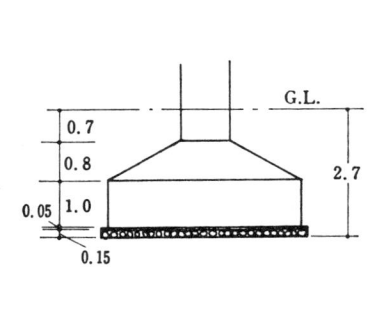

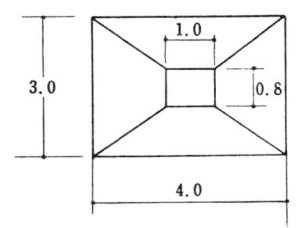

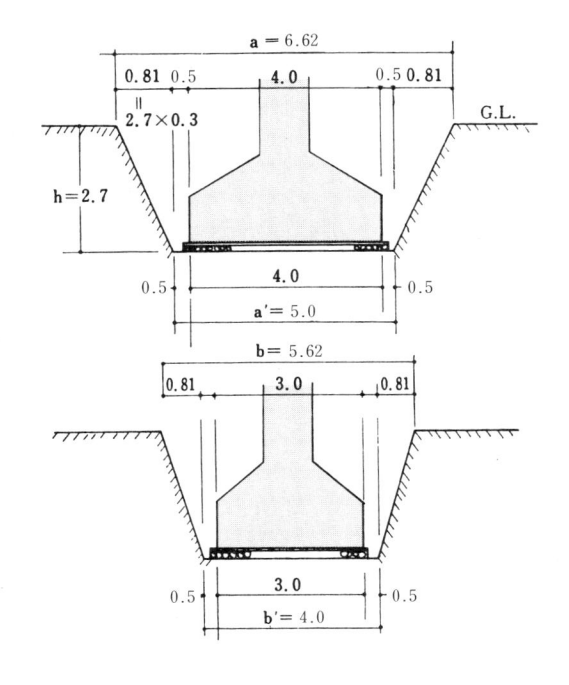

(イ)式を用いると

$$土量\quad V = h/6\ \{(2a+a')b+(2a'+a)b'\}$$

$$h = 2.5 + \underset{\underset{捨コンクリート}{\uparrow}}{0.05} + \underset{\underset{栗石}{\uparrow}}{0.15} \quad \rightarrow 2.7$$

$$a = 4.0 + (\underset{\underset{ゆとり幅}{\uparrow}}{0.5} + 2.7 \times \underset{\underset{法勾配}{\uparrow}}{0.3}) \times 2 \rightarrow 6.62$$

$$b = 3.0 + (\quad 〃 \quad) \times 2 \rightarrow 5.62$$

$$a' = 4.0 + 0.5 \times 2 \quad \rightarrow 5.0$$

$$b' = 3.0 + 0.5 \times 2 \quad \rightarrow 4.0$$

$$V = 2.7/6\ \{(2 \times 6.62 + 5.0) \times 5.62 + (2 \times 5.0 + 6.62) \times 4.0\}$$

$$= 2.7/6\ (18.24 \times 5.62 + 16.62 \times 4.0)$$

$$= 2.7/6\ (102.51 + 66.48) = 2.7/6 \times 168.99 \rightarrow 76.05 \mathrm{m}^3$$

(ロ)式では

$$V = h/6\ \{ab + a'b' + (a+a')(b+b')\}$$

$$= 2.7/6\ \{6.62 \times 5.62 + 5.0 \times 4.0 + (6.62+5.0) \times (5.62+4.0)\}$$

$$= 2.7/6\ (37.20 + 20.00 + 111.78) = 2.7/6 \times 168.98 \rightarrow 76.04 \mathrm{m}^3$$

(ハ)式では

$$V = h/3\ (A + B + \sqrt{AB})$$

$$A = ab = 6.62 \times 5.62 \quad \rightarrow 37.20$$

$$B = a'b' = 5.0 \times 4.0 \quad \rightarrow 20.00$$

$$= 2.7/3\ (37.20 + 20.00 + \sqrt{37.20 \times 20.00})$$

$$= 2.7/3\ (37.20 + 20.00 + \sqrt{744.00})$$

$$= 2.7/3\ (37.20 + 20.00 + 27.28) = 2.7/3 \times 84.48 \rightarrow 76.03 \mathrm{m}^3$$

故に　　　　　　　　(イ)式＝(ロ)式＝(ハ)式

(ニ)略算式として

$$V = h\ \{(a+a')/2 \times (b+b')/2\}$$

$$= 2.7\ \{(6.62+5.0)/2 \times (5.62+4.0)/2\}$$

$$= 2.7 \times 5.81 \times 4.81 = 75.45 \mathrm{m}^3 \rightarrow 75.5 \mathrm{m}^3$$

2. 根切り　59

図―30

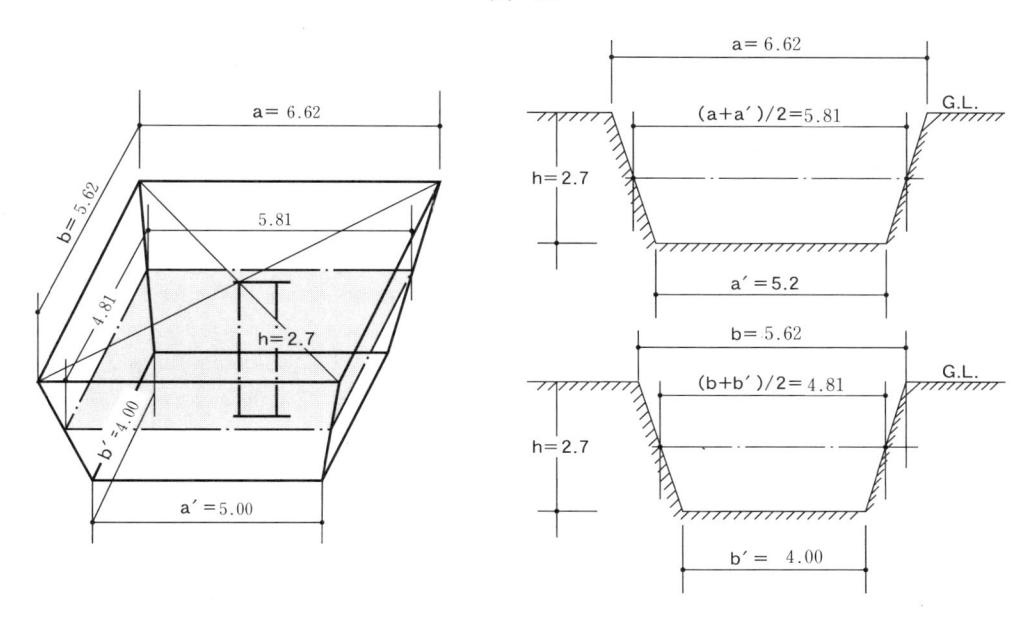

となり、大勢には影響なさそうである。

● 布 掘 り

図―31より、基礎梁だけの根切り量を求めてみよう。

図―31

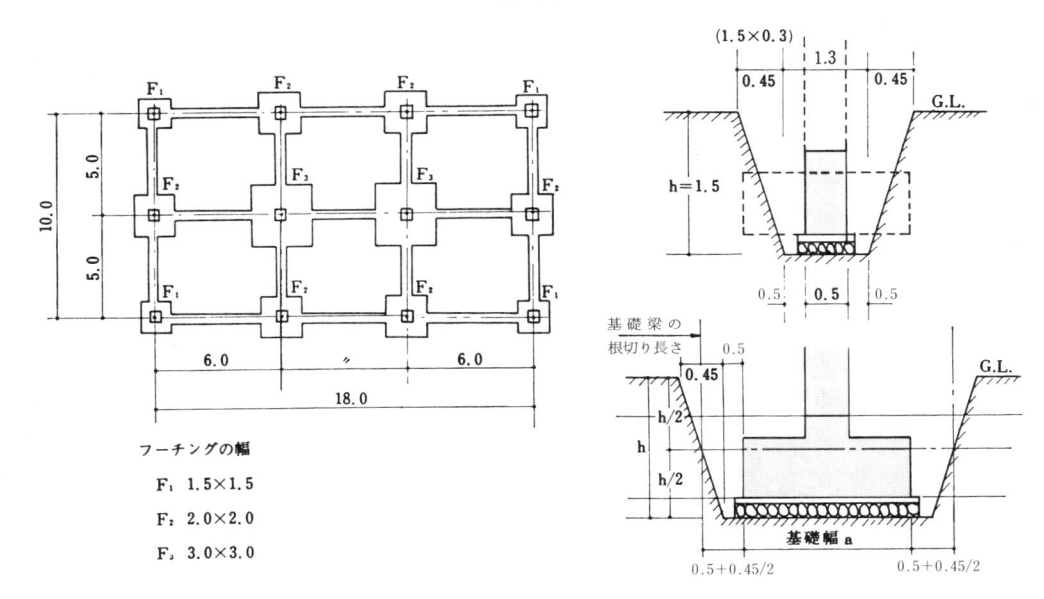

フーチングの幅
F_1　$1.5×1.5$
F_2　$2.0×2.0$
F_3　$3.0×3.0$

① 総長さを求める前に、独立基礎のつぼ掘りによる余掘りの影響を考慮する。

基礎のつぼ掘りの根切り幅は、

$$\text{基礎幅} + \text{ゆとり幅} + \text{法勾配による余幅}$$
$$= a + 0.5 \times 2 + 1.5 \times 0.3 \times 1/2 \times 2$$
$$= a + 1.45 ※$$

② 総長さを求める。

$$\begin{array}{l}
\overset{\leftrightarrow}{18.0} \times 3 + \overset{\updownarrow}{10.0} \times 4 = 54.0 + 40.0 \rightarrow 94.00 \\
F_1 \blacktriangle (1.5 + 1.45) \times (\overset{\leftrightarrow}{2} + \overset{\updownarrow}{2}) \rightarrow \blacktriangle 2.95 \times 4 = \blacktriangle 11.80 \\
F_2 \blacktriangle (2.0 + 1.45) \times (5 + 4) \rightarrow \blacktriangle 3.45 \times 9 = \blacktriangle 31.05 \\
F_3 \blacktriangle (3.0 + 1.45) \times (2 + 2) \rightarrow \blacktriangle 4.45 \times 4 = \blacktriangle 17.80 \\
 \Sigma 33.35 \text{m}
\end{array}$$

③ m当たりの根切り断面積は

$$\begin{array}{l}
\overset{\text{基礎幅}}{\underset{\uparrow}{}} \overset{\text{ゆとり幅}}{\underset{\uparrow}{}} \overset{\text{法勾配}}{\underset{\uparrow}{}} \\
a 0.5 + (0.5 + 0.45) \times 2 \rightarrow 2.40 \\
a' 0.5 + 0.5 \times 2 \rightarrow 1.50 \\
W = (a + a')/2 = (2.40 + 1.50)/2 \rightarrow 1.95 \\
\text{故に} Wh = 1.95 \times 1.5 \rightarrow 2.93 \text{m}^2
\end{array}$$

④ 故に基礎梁の根切り土量は

$$V = \ell Wh$$
$$= 33.35 \times 2.93 = 97.72 \rightarrow 97.7 \text{m}^3$$

●総掘り（山留めの無い場合～オープンカット）

截頭（せっとう）角錐の(ハ)式を用いて計算してみよう。

図形に欠き込みのある場合は、まず欠き込みのない形の大枠で拾っておく。

2. 根切り　61

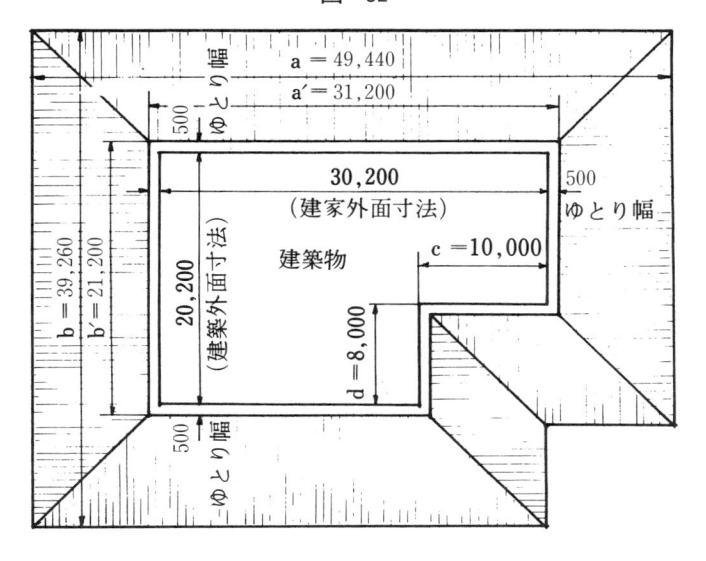

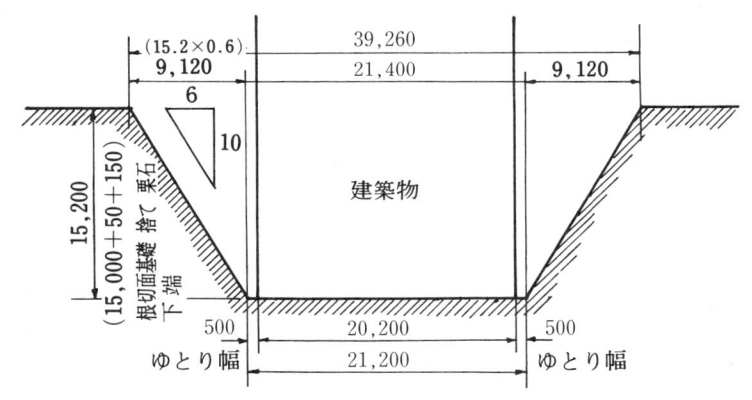

図―32

今、大枠の截頭角錐を V_A とすれば、

$$V_A = h/3(A+B+\sqrt{AB})$$

ここで、

$h = 15.2$

$A = ab \begin{cases} a = 30.2 + 0.5 \times 2 + 15.2 \times 0.6 \times 2 = 49.44 \\ b = 20.2 + \quad 〃 \quad + \quad 〃 \quad = 39.26 \end{cases}$

　　　ゆとり幅　　　　法勾配

　　$= 49.44 \times 39.26 = 1,941.01$

$A = a'b' \begin{cases} a' = 30.2 + 0.5 \times 2 = 31.2 \\ b' = 20.2 + \quad 〃 \quad = 21.2 \end{cases}$

　　$= 31.2 \times 21.2 = 661.44$

$\sqrt{AB} = \sqrt{1,941.01 \times 661.44}$

$$= \sqrt{1,283,861.6} \qquad = 1,133.08$$
$$\therefore V_A = 15.2/3\,(1,941.01+661.44+1,133.08)$$
$$= 15.2/3 \times 3,735.53 \quad = 18,926.69 \text{m}^3$$

次に欠き込みはすべての高さにおいて、c×dの形で欠けていることになるので、V_Bは、

$$V_B = cdh = 10.0 \times 8.0 \times 15.2 = 1,216.00$$

故に　　$V = V_A - V_B$
$$= 18,926.69 - 1,216.00 = 17,710.69 \rightarrow 17,711 \text{m}^3$$

● 総掘り（山留めのある場合）

簡単である。建物外端からのゆとり幅を加えればよい。

$$a = 30.2 + 1.0 \times 2 \quad \rightarrow 32.2$$
$$b = 20.2 + 1.0 \times 2 \quad \rightarrow 22.2$$
$$c = \qquad\qquad\qquad \rightarrow 10.0$$
$$d = \qquad\qquad\qquad \rightarrow 8.0$$
$$\therefore V = (ab - cd)h$$
$$= (32.2 \times 22.2 - 10.0 \times 8.0) \times 15.2$$
$$= (714.84 - 80.0) \times 15.2 = 634.84 \times 15.2$$
$$= 9,649.57 \qquad\qquad\qquad \rightarrow 9,650 \text{m}^3$$

3. すきとり

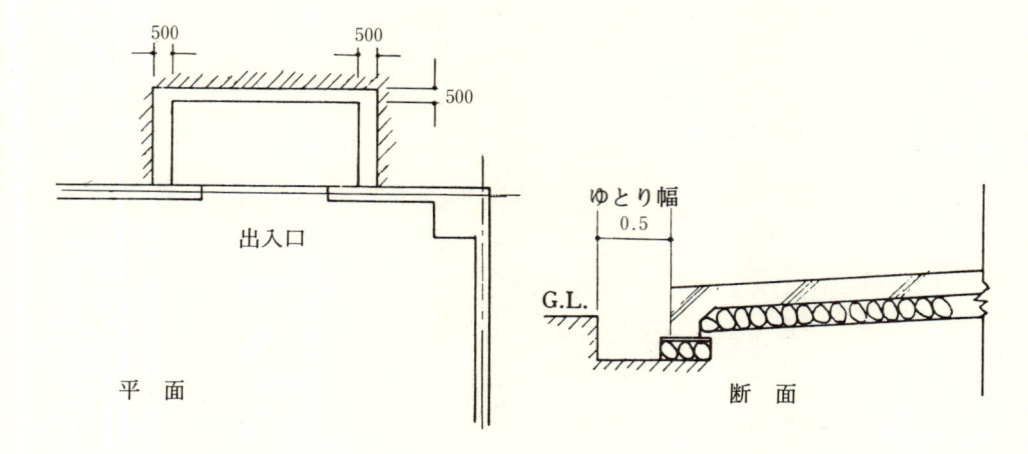

図—33

一般には敷地、土間下、犬走り下等の部分を深さ300mm程度まで切土することを言う。

余掘りは特に必要としないが、犬走り、ポーチ等で小口に立下りのある部分は500mmのゆとり幅を見込む。

急勾配の場合は別として、一般には法勾配までは考えなくてよい。

土量の単位は㎥とする。

4．埋戻し

埋戻しの土量は、根切りの数量から、基準線以下の基礎または地下構築物及び砂利地業、均し（捨）コンクリート等の体積を控除したものである。

○例題

（図—29）に示した独立基礎について拾ってみよう。

根切り土量　V_1　　　　　　　　　　　　　　　　＝75.5㎥‥‥‥‥P58より

地中構築物他　V_2＝コンクリート量＋均しコンクリート＋砂利地業

コンクリート量　　　　　　　　　＝16.8㎥

（計算はコンクリートの項で記述する。）

均しコンクリート、砂利地業＝4.2×3.2×0.2＝2.69㎥

Σ＝19.49→19.5㎥

∴　埋戻し土量　$V=V_1-V_2$

＝75.5－19.5＝56.0→56.0㎥

図—34

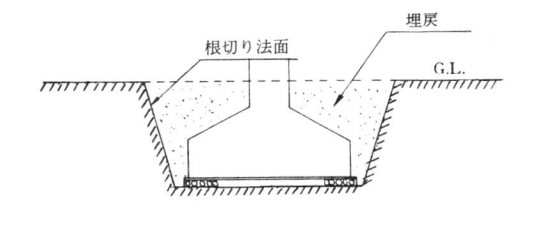

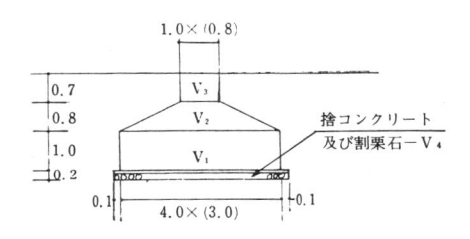

5．建設発生土（不用土）処理

図—35

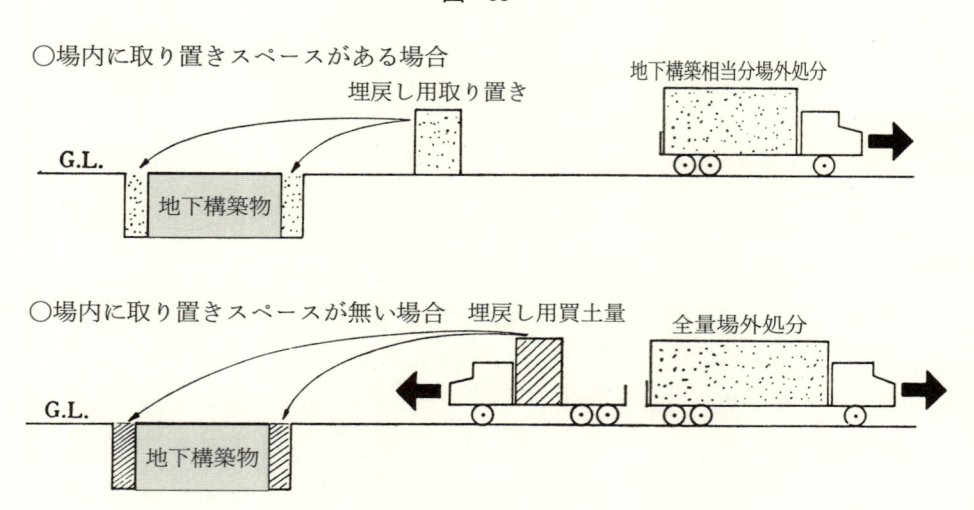

○場内に取り置きスペースがある場合

埋戻し用取り置き　　地下構築相当分場外処分

G.L.　地下構築物

○場内に取り置きスペースが無い場合　埋戻し用買土量　全量場外処分

G.L.　地下構築物

　建設発生土処理の土量は、地中構築物、均しコンクリート、砂利地業等の体積に相当する。ただし、立地条件により埋戻し用として取り置きのできない場合や、土質等の関係から埋戻し用として転用しない場合は、根切り土量がそのまま建設発生土処理の土量になる場合もあるので注意を要する。

　地中構築物のうち、独立基礎、基礎梁等はその体積がそのまま不用土処分の土量に見合うわけであるが、耐圧盤の場合や、一部にピット、受水槽のような構築物のある場合は、事情が異なってくるので注意を要する。

　また当然のことながら、均しコンクリート、砂利地業等の体積の控除も忘れないようにしてほしい。

6. 盛　土

現地盤（一般には設計地盤）より上部に盛土がある場合は、この土量を算出する。

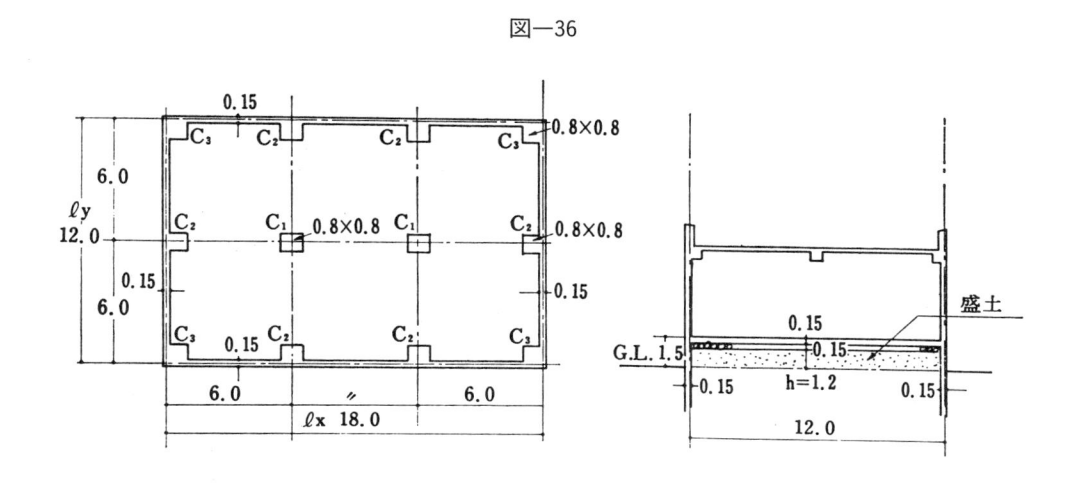

図—36

盛土量　$V = Ah$

ただし　A — 盛土面積

h — 盛土高さ

根切り同様に、土量の割増しは行わない。

○例題

（図—36）より盛土量を算出してみる。

大まかに捕える場合は、

$$V = l_x \times l_y \times h$$
$$= 18.0 \times 12.0 \times 1.2 = 259.2 \text{m}^3 \cdots\cdots\cdots ①$$

となる。**積算基準**では、土工事における柱型等による欠除部分の控除についてまでは触れていないが、開口部等の控除については1か所当たり0.5㎡を対象としていることから、柱型等の控除まできびしくしてもう少し厳密に行えば次のようになる。

$$V = A h$$

$$\underset{\underset{17.85}{\uparrow}}{(18.0-0.15/2\times2)} \times \underset{\underset{11.85}{\uparrow}}{(12.0-0.15/2\times2)} = 211.52 \quad \overset{㋑}{\Big]} \quad \overset{㋺}{207.12\times1.2=248.54\text{m}^3}$$

柱型 C_1 ▲0.8 ×0.8 ×2　　　=▲1.28
　〃　C_2 ▲0.65×0.8 ×6　　　=▲3.12
　〃　C_3 　0.65×0.65×4　　　=　──
　　　　　↓
　　1か所0.42m²＜0.5m²故欠除なしと考えた。

　因に、①式と②式の差をみると、

$$259.2 \div 248.54 = 1.04$$

となり、4％の差が生じる。

7．砂利、砕石地業

　○設計数量の体積を算出し、目潰し砂利はその中に含んでいるものとする。
　○砕石（割栗石、玉石）を用いた場合の目潰し砂利は30％とする。
　○設計図に突出部分の寸法の記入の無い場合は、

　　基礎、底盤　　｝片側＋100mm
　　基礎梁等

とする。
　○内部に耐震壁等の厚い壁（まずは200mm以上を対象とすればよいと思う）、また1か所の断面積が0.5m²以上の柱型等があれば控除の対象とする。

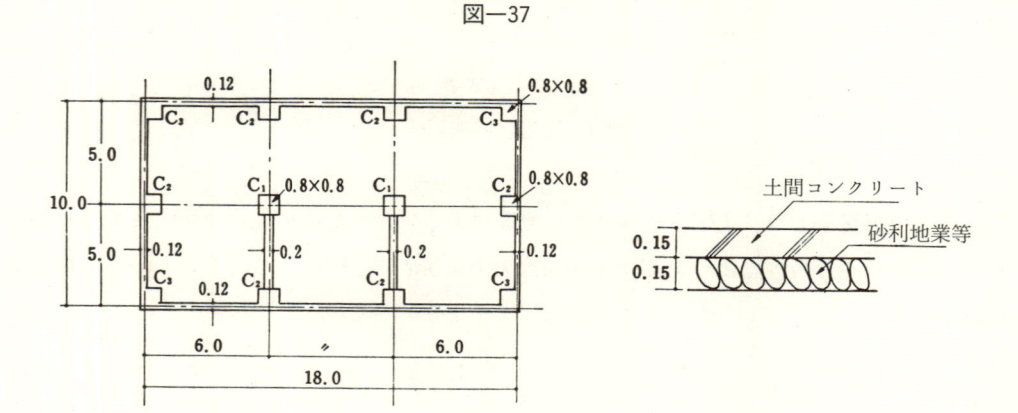

図―37

```
                    (18.0-0.12/2×2)  (10.0-0.12/2×2)
                         ↑                ↑                  ㋑
                       17.88     ×      9.88          =176.65
   柱型 C₁ ▲0.8 ×0.8 ×2              =▲1.28    ⎫
     〃  C₂ ▲0.8 ×0.68×6              =▲3.26    ⎬ ㋺
     〃  C₃ ▲0.65×0.65×4              =  ──      ⎭  170.57×0.15=25.59m³
                              ↓
                 1か所0.48m²<0.5m²故欠除なしと考えた。
   壁 W₂₀ ▲3.86×0.2 ×2                =▲1.54
            ㋑÷㋺=176.65÷170.57=1.04……4％相当
```

8. 法 勾 配

土工事の数量算出でとまどうものが、切り取り面の法勾配であろう。ＪＡＳＳを読むと、ボーリングの試料や土質試験結果をもとに、安定計算により決定することが望ましいと記されている。しかし積算時にはそこまでの時間的余裕もないので、一応の目安で積算作業を進めるより仕方がないと思う。

積算基準では、特に悪い地盤でない限り、深さが1.5m未満は法勾配はなしとし、1.5m以上5.0m未満の法勾配は3/10とし、深さが5.0m以上を6/10にしている。土質による法勾配の目安を示せば、

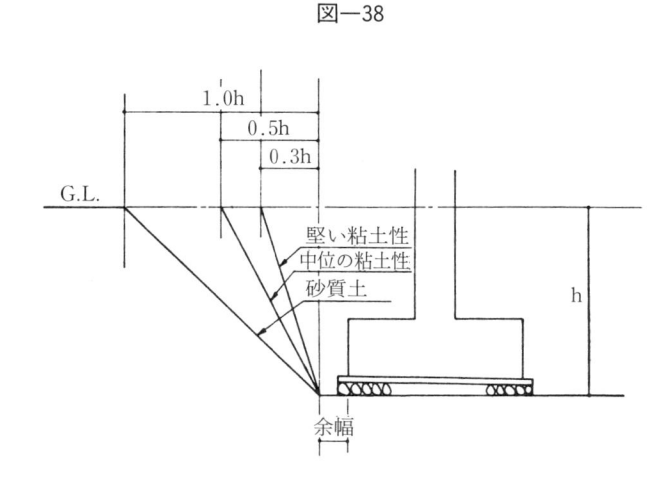

図—38

堅い粘土性　　0.3h
中位の土性　　0.5h　　ただしhは根切り深さ
砂　質　土　　1.0h

なお、参考までに労働安全衛生規則の第356条では、掘削面の勾配の基準を（表—1）のように掲げている。

表—1

地山の種類	掘削面の高さ	掘削面の勾配	法勾配に置きかえると
岩盤又は堅い粘土からなる地山	H<5.0m	90°	→ 0
	H>5.0	75°	→≒0.3
その他の地山	H<2.0m	90°	→ 0
	2.0<H<5.0	75°	→≒0.3
	H>5.0	60°	→≒0.6

9. 演　習

基礎伏図（図—47）及び図—39〜41から土工事を拾ってみよう。

1) 根　切　り

つぼ掘りと布掘りに分けて拾ってみる。

根切り深さが同じであるので、ゆとり幅は共通事項となる。

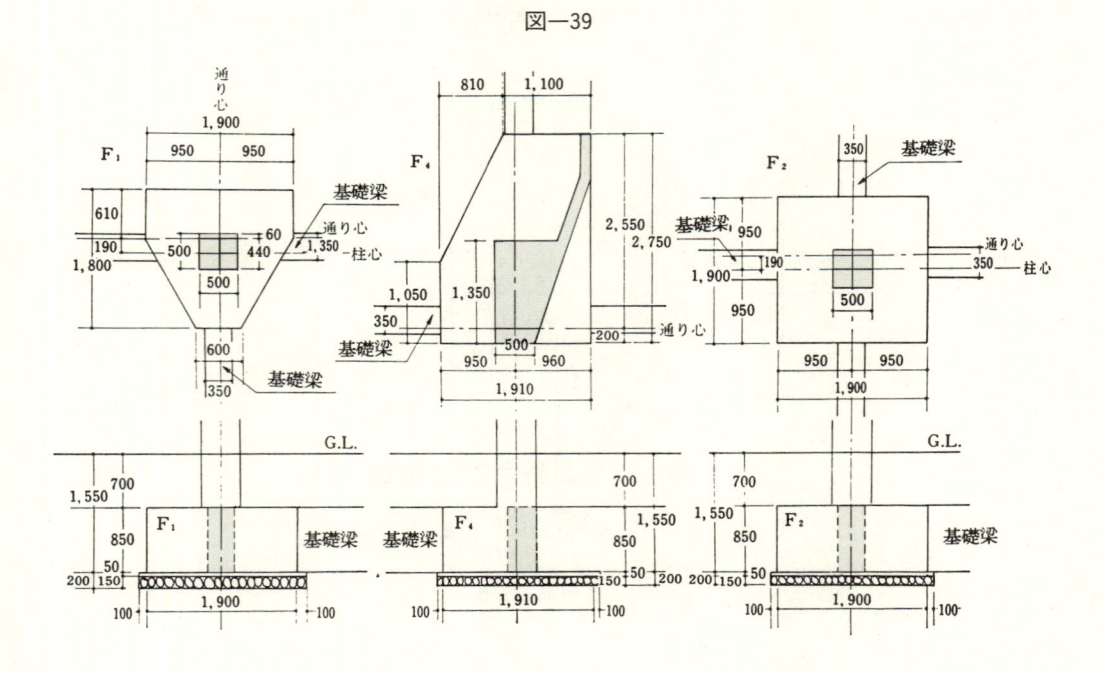

図—39

9. 演　習　69

図—40

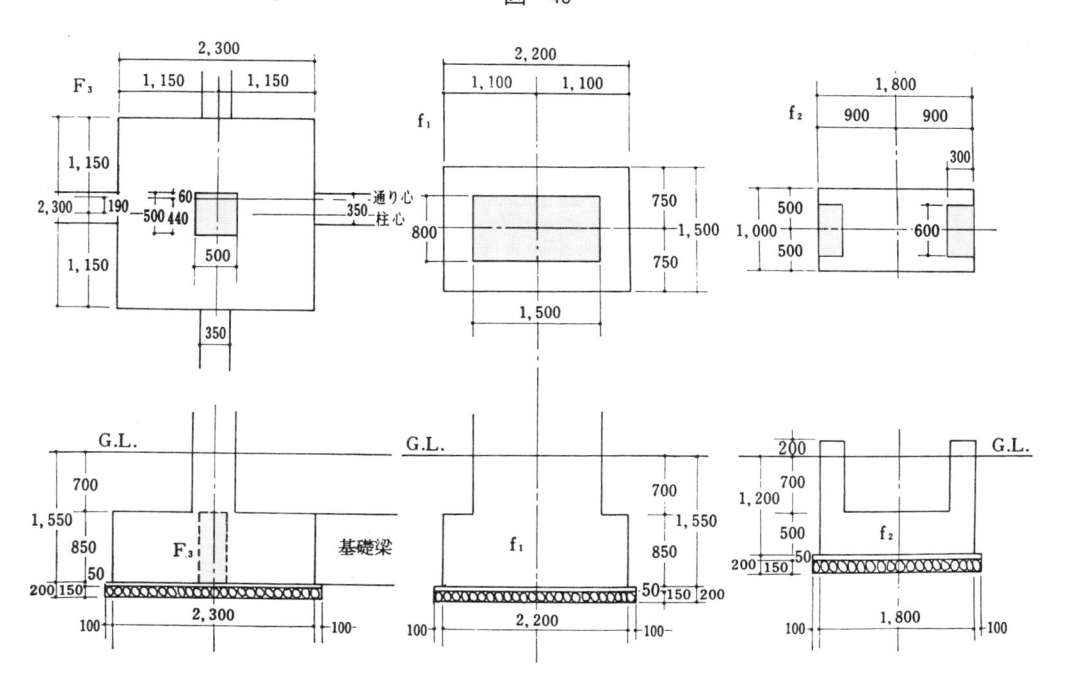

図—41

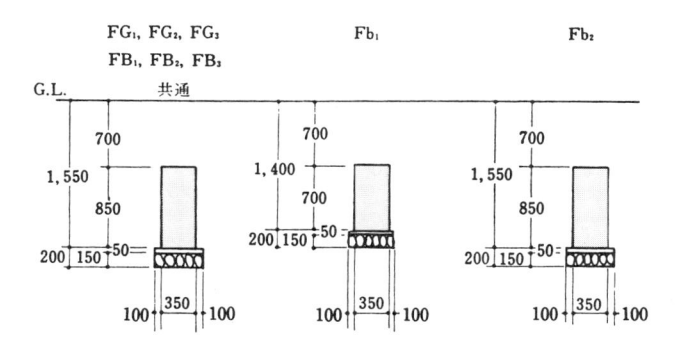

FG₁, FG₂, FG₃
FB₁, FB₂, FB₃　共通

70　II. 躯体の部―土工・地業編

図―42

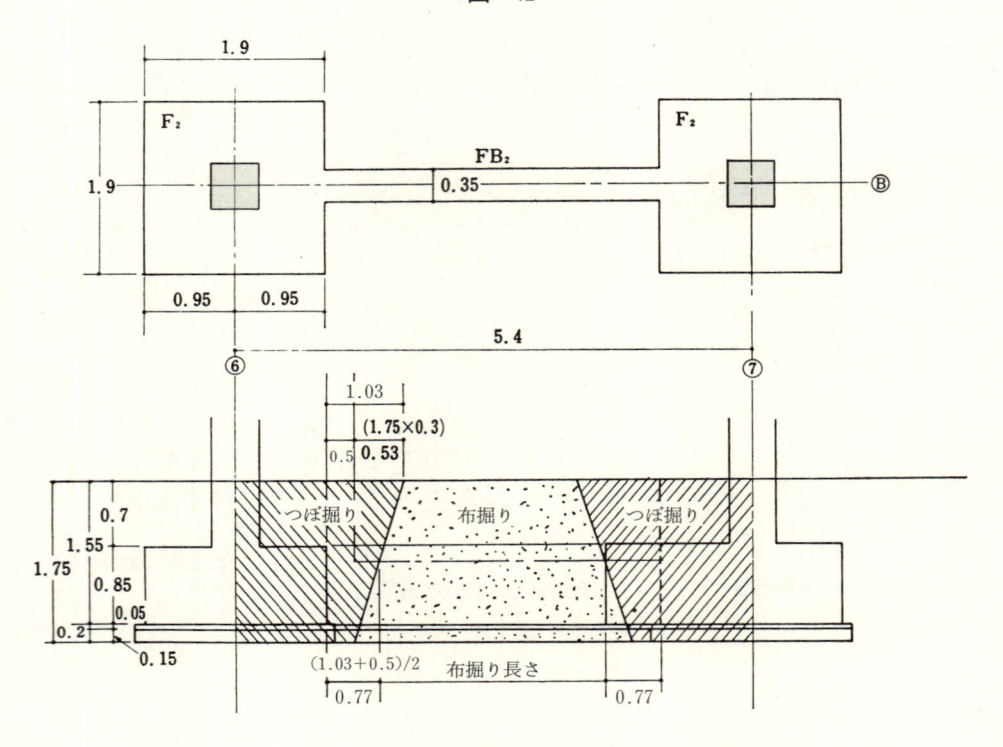

(1) つぼ掘り

$$
\begin{array}{llll}
& \overset{余幅}{(1.9+0.77\times 2)} & \overset{余幅}{(1.8+0.77\times 2)} & \\
F_1 & 3.44 & \times 3.34 & \\
& \blacktriangle 0.65\times 1.19\times 1/2\times 2 & \left.\begin{array}{l}\\ \end{array}\right\} & \overset{10.72\ か所}{\times 11} =117.92 \\
& (1.9+0.77\times 2) & & \\
F_2 & 3.44 & \times 3.44 & \times 9 =106.50 \\
& (2.3+0.77\times 2) & & \\
F_3 & 3.84 & \times 3.84 & \times 6 = 88.47 \\
& (1.91+0.77\times 2) & (2.75+0.77\times 2) & \\
F_4 & 3.45 & \times 4.29 & \\
& \blacktriangle 0.81\times 1.70\times 1/2 & \left.\begin{array}{l}\\ \end{array}\right\} & \overset{14.11}{\times 2} = 28.22 \\
& (2.2+0.77\times 2) & (1.5+0.77\times 2) & \overset{352.48}{} \\
f_1 & 3.74 & \times 3.04 & \times 1 = 11.37 \left.\right\} \times 1.75=616.84 \\
& (1.8+0.5\times 2) & (1.0+0.5\times 2) & \\
f_2 & 2.80 & \times 2.00 & \times 1 \quad\quad \times 1.40= 7.84 \\
& & 小計 & 624.68\mathrm{m}^3
\end{array}
$$

(2) 布 掘 り

拾うコツとしては、基礎伏図（図—47）及び図—41より、共通項である根切り幅と根切り深さはあとにして、同じ断面の基礎梁ごとの総長さを先ず求める。

$$
\begin{array}{llll}
 & & (37.8-0.19\times 2) & \\
\leftrightarrow Ⓐ\sim Ⓒ_{1\sim 8} & 37.42\times 3 & = & 112.26 \\
 & & (5.4\times 4-0.19) & \\
Ⓓ_{4\sim 8} & 21.41\times 1 & = & 21.41 \\
\end{array}
$$

根切り幅控除

$$
\begin{array}{lll}
 & & \text{か所} \\
F_1 & \blacktriangle 3.44\times 8.5 & = \blacktriangle\ 29.24 \\
F_2 & \blacktriangle\ \prime\prime\ \times 7.5 & = \blacktriangle\ 25.80 \\
F_3 & \blacktriangle 3.84\times 6 & = \blacktriangle\ 23.04 \\
F_4 & \blacktriangle 3.45\times 2 & = \blacktriangle\ \ 6.90 \\
\end{array}
$$

$$
\begin{array}{llll}
 & & (16.2-0.19\times 2) & \\
\updownarrow ①\sim ③_{A\sim C} & 15.82\times 3 & = & 47.46 \\
 & & (22.5-0.19\times 2) & \\
④\sim ⑧_{A\sim D} & 22.12\times 5 & = & 110.60 \\
\end{array}
$$

根切り幅控除 $(1.0+0.77)$

$$
\begin{array}{lll}
F_1 & \blacktriangle 1.77\times 11 & = \blacktriangle\ 19.47 \\
F_1 & \blacktriangle 3.44\times 8 & = \blacktriangle\ 27.52 \\
F_3 & \blacktriangle 3.84\times 5.5 & = \blacktriangle\ 21.12 \\
\end{array}
$$

$\quad\quad\quad\quad\quad\quad\quad\quad\quad\quad\quad\quad$ 132.38

$$
\begin{array}{lll}
 & (2.55-0.19+0.77) & (0.35+0.77\times 2) \\
F_4 & \blacktriangle 3.13\times 2 = \blacktriangle\ 6.26 & \times 1.89\times 1.75 = 437.85 \\
\end{array}
$$

$$
\begin{array}{lll}
 & (5.4-0.77\times 2) & (0.35+0.74\times 2) \\
Fb_1 & 3.86 & \times 1.83\times 1.60 = 11.30 \\
 & & (0.35+0.77\times 2) \\
Fb_2 & 3.86 & \times 1.89\times 1.75 = 12.77 \\
\end{array}
$$

$\quad\quad\quad\quad\quad\quad\quad\quad\quad\quad$ 小計 $\quad$ 461.92 m³

故に $\quad\quad\quad\quad\quad\quad\quad\quad\quad$ 計 $\quad$ 1,086.60 m³
$\quad\quad\quad\quad\quad\quad\quad\quad\quad\quad\quad\quad\quad\quad\downarrow$
$\quad\quad\quad\quad\quad\quad\quad\quad\quad\quad\quad\quad$ 1,087 m³

2) 建設発生土（不用土）処理

　　ＧＬ下コンクリート量　　　83頁計算式※より　　　＝158.00

　　均しコンクリート、地業

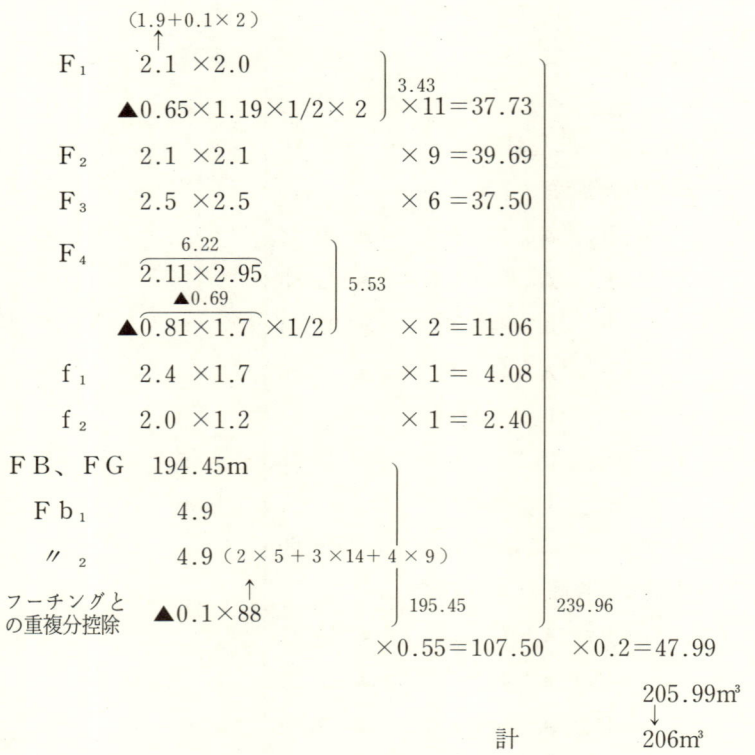

$$
\begin{array}{l}
\ \ \ \ \ \ \ \ \ \ \overset{(1.9+0.1\times2)}{\uparrow}\\
F_1\ \ \ \ \ 2.1\ \times 2.0\\
\blacktriangle 0.65\times 1.19\times 1/2\times 2
\end{array}
\left.\begin{array}{l}\ \\ \ \end{array}\right\}\overset{3.43}{\times 11}=37.73
$$

F_2　　2.1 ×2.1　　　　　×9 ＝39.69

F_3　　2.5 ×2.5　　　　　×6 ＝37.50

$$
F_4\ \left.\begin{array}{c}\overset{6.22}{\overline{2.11\times 2.95}}\\ \overset{\blacktriangle 0.69}{\blacktriangle 0.81\times 1.7}\times 1/2\end{array}\right\}\overset{5.53}{\times 2}=11.06
$$

f_1　　2.4 ×1.7　　　　　×1 ＝ 4.08

f_2　　2.0 ×1.2　　　　　×1 ＝ 2.40

ＦＢ、ＦＧ　194.45m

　Ｆb_1　　　4.9

　〃 $_2$　　　4.9（2×5＋3×14＋4×9）

フーチングと
の重複分控除　▲0.1×88　　　　　195.45　　　239.96

　　　　　　　　　　　　　　　　×0.55＝107.50　　×0.2＝47.99

　　　　　　　　　　　　　　　　　　　　　　　　　205.99m³
　　　　　　　　　　　　　　　　　　　　　　　　　　↓
　　　　　　　　　　　　　　　　　　　　　　計　　206m³

3) 埋戻し

　　　　　　　　　根切り量－建設発生土処理量
　　　　　　　　　　1,087－206　　　　　→881m³

4) 均し（捨）コンクリート

すでに均しコンクリート及び栗石面積が算出されているのでそれを転用すればよい。

　　　　　　　　239.96×0.05＝12.00　　→12.0m³

5) 砂利地業

基礎まわり　　239.96×0.15　　　　　　　　　　　　　　　　＝35.99
　　　　　　　　　　　　　　　　　　　　　　　　　　　　　　↓
　　　　　　　　　　　　　　　　　　　　　　　　　　　　　36.0m³

土間まわり　　37.68×22.38　　　　　＝　843.28 ⎫
　　　　　　▲ 16.01× 6.30　　　　　＝▲100.86 ⎪
柱型 $C_{1〜12}$　　▲0.5×0.5＜0.5m²　　　 ＝　─── ⎬ 740.46
　〃　C_3　　▲(0.5＋0.95)×1/2×1.35× 2 ＝▲1.96 ⎭ ×0.12＝88.86
　　　　　　　　　　　　　　　　　　　　　　　　　　　　　　↓
　　　　　　　　　　　　　　　　　　　　　　　　　　　　　88.9m³

III. 躯体の部
──コンクリート・型枠編

III 躯体の部―コンクリート・型枠編

1. はじめに

　小学生の電卓使用に対する賛否両論が、かつてはなやかな時代があった。世は何事もスピード時代であるので、わずらわしい手計算は機械にまかせ、その時間と能力をもっと有効なものの開発に使った方がよいという議論もなりたつ。しかし筆者は疑問をもっており、小学生の電卓使用には反対である。

　何事にも「基礎」がまず大切である。算数の加減乗除といった基礎は、小学生の時にこそしっかりと身につけさせておくべきである。こうした基礎を身につけてこそ新しい理論も生まれるし、素晴らしい発明もその上に組み立てていけるのではなかろうか。

　鉄筋コンクリート造の躯体の積算が電算化された現在、もう「手びろい」は不必要と思われそうだが、むしろそれは逆である。原点に立ち戻った「拾い」のしくみを知らずして、コンピュータのソフトの開発はできまい。また、施工現場で明日のコンクリートの打設量を求めるのに、その都度コンピュータの世話になるわけにもいかないからである。

　「コンクリート・型枠編」では、**積算基準**に添った手法と並行して、現場専従者が短時間の労力で数量を把握するのに便利なように、**「現場実戦方式」**も併記している。これはまた同時に、積算専従者が概算見積をしたり、拾いを完了した後でのチェックの参考などにして頂ければ幸いと考えている。

2. 一般事項

1) 求める数量は設計数量である。
2) 部位の順位は
　　基礎 ⇨ 柱 ⇨ 梁 ⇨ 床版 ⇨ 壁 ⇨ 階段 ⇨ その他
　とする。
3) 計測の単位は
　　長さ ⇨ m、面積 ⇨ m²、体積 ⇨ m³ とする。

4) 計測での位（くらい）取り、計算過程での位取りは、小数点以下3位を四捨五入し、2位までとする。

　　　　　長さ　　　5.678m→5.68m
　　　　　面積　　　6.789㎡→6.79㎡
　　　　　体積　　　10.123㎥→10.12㎥
　　　　　計算　　　2.34m×5.67m＝13.2678㎡→13.27㎡
　　　　　※　　　　2.34m×5.67m×8.91m＝118.216098㎥→118.22㎥

$$\left[\begin{array}{l}\text{これを } 2.34\text{m}\times 5.67\text{m}=13.2678\to 13.27\text{㎡}\\ 13.27\text{㎡}\times 8.91\text{m}=118.2357\to 118.24\text{㎥}\\ \text{の必要はなく、計算過程はそのまま続け、最後に四捨五入すればよい。}\end{array}\right]$$

5) 壁等の開口部の控除については、その内法面積が

　　　　　　　　　0.5㎡/か所　以下

は控除の対象としない。

6) 柱と梁等の仕口による型枠の控除は

　　　　　　　　型枠（仕口）　1.0㎡/か所　以下

は控除の対象としない。図―43参照

7) 基礎の「のりぶた」等、勾配による上面の型枠については、勾配が3/10を超える場合に対象とする。図―44参照

8) 鉄筋および設備用小口径の配管類の埋設によるコンクリート量の控除はしない。

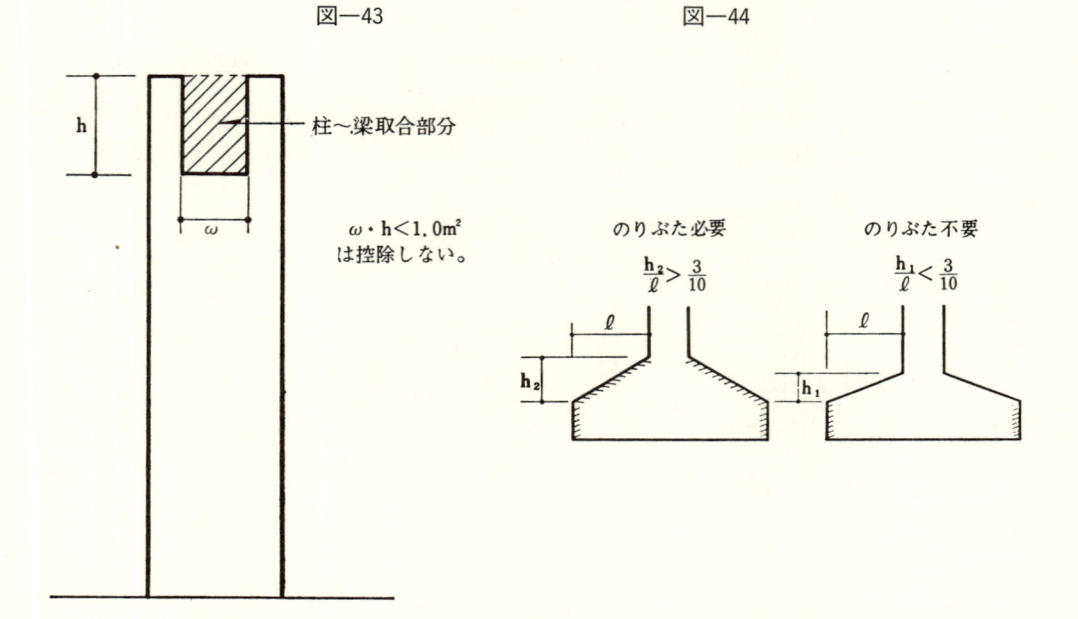

図―43　　　　　　　　　　図―44

9) 鉄骨の埋設によるコンクリート量の控除は、鉄骨量7.85tにつきコンクリート量1.0m³とする。

  例：鉄骨鉄筋コンクリート造において、鉄骨使用量345t、鉄筋量543t、コンクリートの計算数量5,170m³とすれば

  コンクリートの設計数量は

  $$5,170\text{m}^3 - 345\text{t}/7.85\text{t}/\text{m}^3 = 5,170\text{m}^3 - 43.95\text{m}^3$$
  $$= 5,126.05 \rightarrow 5,126\text{m}^3$$
  　　　　　　　　　　↑
  　　　　　100以上は小数点以下で四捨五入

10) 設備用等の大口径の埋設によるコンクリート量の控除は、実情に合わせて考慮する。

3. 基　　礎

1) 独立基礎

積算基準では、次のように述べている。なお、文章は筆者の方で簡略化している。

> コンクリートの数量は、設計寸法による体積とする。ただし、断面寸法は小数点以下第3位（mmまで）まで計測・計算する。

> 型枠の数量は、コンクリートの側面及び斜面の面積とする。接続部については接続部の面積が1.0m²以下のか所の型枠は欠除しない。また、斜面については斜面の勾配が3/10を超える場合は上面型枠を計測の対象とする。

図―46

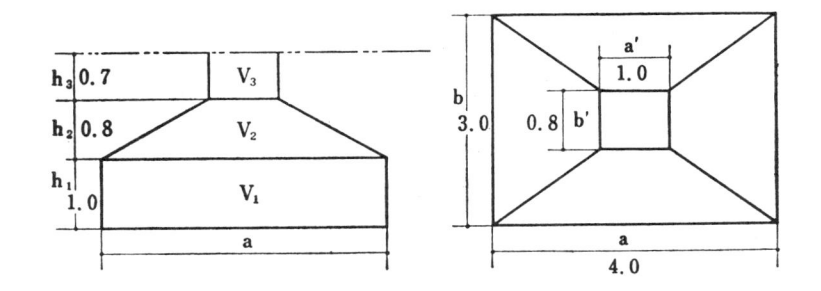

(1) コンクリート

$$V = V_1 + V_2$$
$$V_1 = abh_1$$

一般式　$V_2 = h_2/6\{(2a+a')b + (2a'+a)b'\}$ …(1)

または　　$= h_2/3(A + B + \sqrt{AB})$ …(2)

ただし $A = ab,\ B = a'b'$

略算式　　$= 2h_2/3\,ab$ …(3)

載頭錐台（せっとうすいたい）のV₂部分算出方法は、(1)の一般式が標準であるが、**積算基準**では(3)の略算式も記載している。しかし実際の数値を入れてみると、場合によっては無視できない誤差を生ずる。

(1)式では　$0.8/6\{\underset{27.0}{(2\times4.0+1.0)\times3.0} + \underset{4.8}{(2\times1.0+4.0)\times0.8}\} = 4.24$

(2)式では　$0.8/3(\underset{12.0}{4.0\times3.0} + \underset{0.8}{1.0\times0.8} + \underset{3.1}{\sqrt{4.0\times3.0\times1.0\times0.8}}) = 4.24$

(3)式では　$2\times0.8/3(4.0\times3.0) = 6.40$

ここの例では(1)、(2)式と(3)式では結構誤差がある。

(2) 型　　枠

のりぶた用型枠の要・不要をチェックする。図―46によれば何れも3/10を超えているので4面とも必要となる。

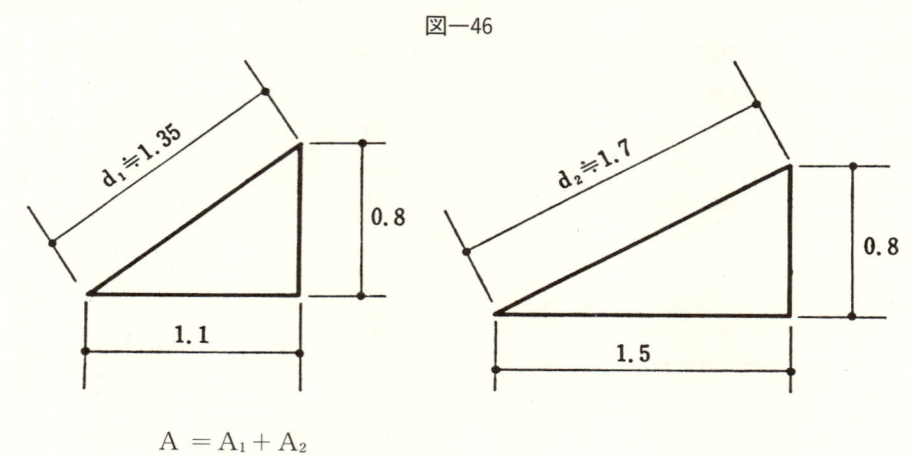

図―46

$$A = A_1 + A_2$$
$$A_1 = 2(a+b)h_1$$
$$A_2 = (a+a')d_1 + (b+b')d_2$$

実数を入れてみると

$A_1 = 2\times(4.0+3.0)\times1.0 = 14.0$
$A_2 = (4.0+1.0)\times1.35 + (3.0+0.8)\times1.7 = 13.21$ ⎱ 27.21m²

3. 基　礎　81

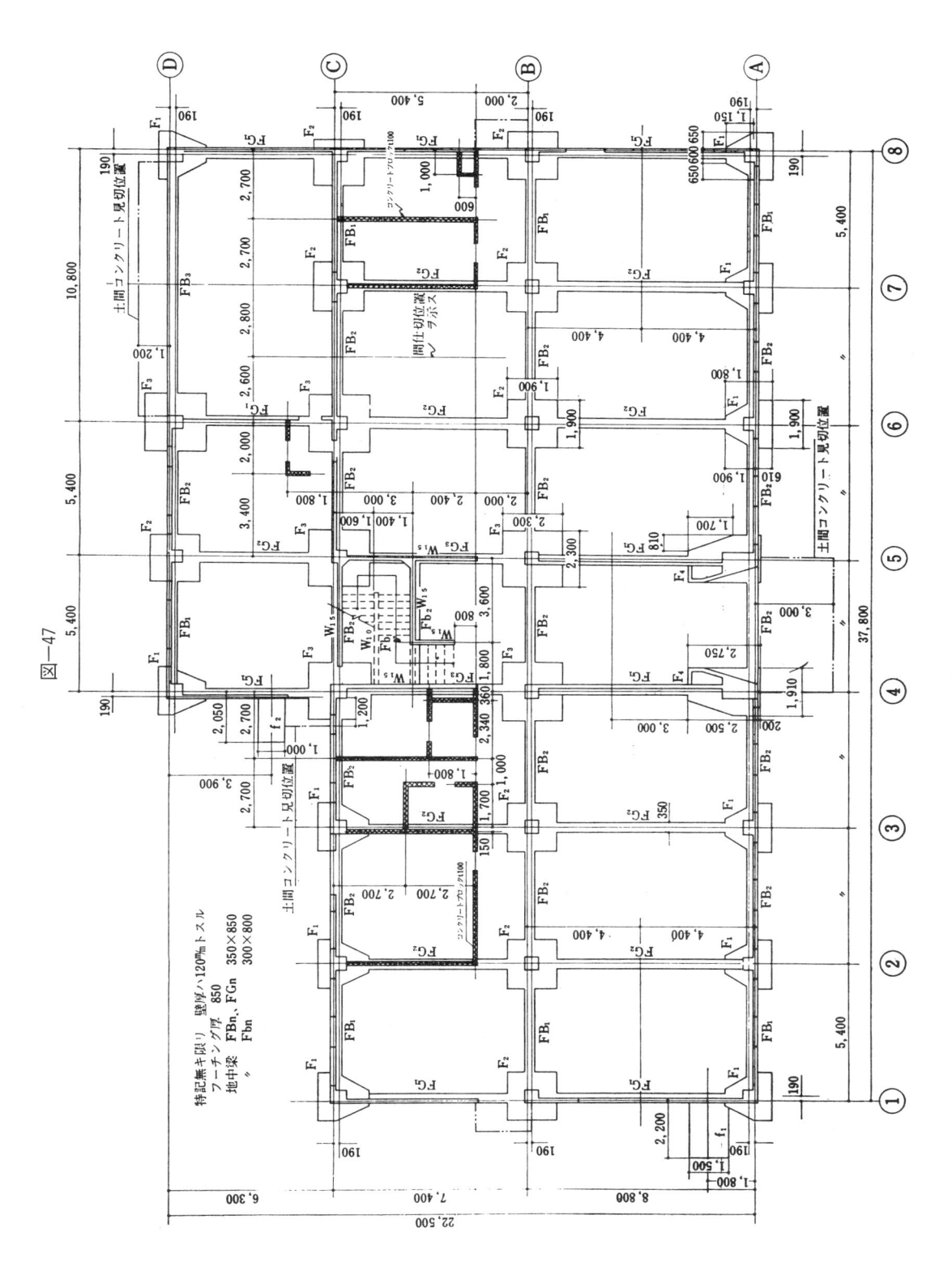

図—47

図―47の基礎伏図から基礎まわり(ＧＬ以下)のコンクリート量と型枠面積を拾ってみよう。

	コンクリート	型　　枠
基　礎 F_1	$\overset{3.42}{\overline{1.9\times 1.8}}$ $\left.\overline{\underset{\blacktriangle 0.65\times 1.19\times 1/2\times 2}{\blacktriangle 0.77}}\right\}\overset{2.65}{\times 0.85\times 11}=24.78$	$1.9+0.6$ $\left.\underset{(0.61+1.36)\times 2}{※}\right\}\overset{6.44}{\times 0.85\times 11}=60.21$
F_2	$1.9\times 1.9\times 0.85\times 9\qquad =27.62$	$1.9\times 4\times 0.85\times 9\qquad =58.14$
F_3	$2.3\times 2.3\times 0.85\times 6\qquad =26.98$	$2.3\times 4\times 0.85\times 6\qquad =46.92$
F_4	$\overset{5.25}{\overline{1.91\times 2.75}}$ $\left.\overline{\underset{\blacktriangle 0.81\times 1.7\times 1/2}{\blacktriangle 0.69}}\right\}\overset{4.56}{\times 0.85\times 2}=7.75$	$1.1+1.91$ $\left.\underset{2.75+1.05+1.88}{※}\right\}\overset{8.69}{\times 0.85\times 2}=14.77$
f_1	$2.2\times 1.5\times 0.85\times 1\qquad =2.81$	$(2.2+1.5)\times 2\times 0.85\times 1\qquad =6.29$
f_2	$1.8\times 1.0\times 0.5\times 1\qquad =0.90$	$(1.8+1.0)\times 2\times 0.5\times 1\qquad =2.80$
		地中梁の小口による欠除面積は1.0m²/か所につき控除なし。
小計	90.84m³	189.13m²

3. 基　　礎　　83

基　礎　梁			ここの例では、フーチングと基礎梁の高さが同寸法であるため、例えば④〜ⓒ通り①〜②、⑦〜⑧間の FB_1 の長さは	
$FB_{1,2}$			(イ)　(ロ)　(ハ)　(ニ)	
$FG_{1～3}$			$5.4-0.19-(1.9-0.16)\times 1/2\times 2=3.47$ となるが、この方法では種類が多くなって煩雑になる。幸い断面が同寸法なので、まず基礎梁の総延べ長さを求めるようにする。	
		$(37.8-0.19\times 2)$		
$FB_{1,2}$		↑		
④〜ⓒ$_{1～8}$	37.42×3	⎫		
ⓓ$_{4～8}$	21.41×1	⎬ 285.43	同　左	285.43
①〜③, ⑦$_{A～C}$	15.82×4	⎬		
④〜⑥, ⑧$_{A～D}$	22.12×4	⎭		
フーチング控除				
F_1	▲0.87×17	⎫ 194.27		194.27
〃	▲1.0×11	⎬		
F_2	▲0.95×32	⎬ ▲91.16	同　左	▲91.16
F_3	▲1.15×23	⎭		
	▲1.9	⎫		
F_4	▲2.36×2	⎬$\times 0.85\times 0.35 =57.80$	$\times 0.85\times 2 =330.26$	
Fb_1	$(4.9\times 1\times 0.7)$	$\times 0.35 = 1.20$	(同　左)$\times 2 = 6.86$	
Fb_2	$(4.9\times 1\times 0.85)$	$\times 0.35 = 1.46$	(同　左)$\times 2 = 8.33$	
小計		$60.46 m^3$	$345.45 m^2$	
柱　　型				
$C_{1～12}$	$0.5\times 0.5\times 0.7\times 26$	$=4.55$	$0.5\times 4\times 0.7\times 26 = 36.40$	
C_3	$(0.5+0.95)\times 1/2\times 1.35\times 0.7\times 2$	$=1.37$	$(0.5+0.95+1.35+1.41)\times 2 = 8.42$	
f_1	$1.5\times 0.5\times 0.7\times 1$	$=0.53$	$(1.5+0.5)\times 2\times 0.7\times 1 = 2.80$	
f_2	$0.3\times 0.6\times 0.7\times 2$	$=0.25$	$(0.3+0.6)\times 2\times 0.7\times 2 = 2.52$	
小計		$6.70 m^3$	$50.14 m^2$	
計		※ $158.00 m^3$	$584.72 m^2$	

2) 布基礎

1）で述べた独立基礎の場合は個々の基礎と地中梁の組合わせである。一方、布基礎ではそれらが一体となって同じ断面で連続していると考えればよい。つまり地中梁と同様総延長を求めて共通の断面積を掛ければよいことになる。問題は相互にL字形、T字形、十字形等に接続する部分の取り扱いである。（図―50）のような布基礎においてはL字形以外の、特にフーチング部分（図―51）に重複するか所が生ずるので何らかの補正が必要であろう。

厳密にいえば、フーチング部分と地中梁部分との重複長さが異なるので、補正を別個に分けて行うべきかも知れない。しかしここは、大勢に影響がないということにして、フーチング部分についてのみ控除方式で補正する手法をとった。

第51図に実数を入れてみよう。

$$V = LA - a$$

L：総延長

A：1m当たりの断面積 $= A_1 + A_2 + A_3$

a：補正値

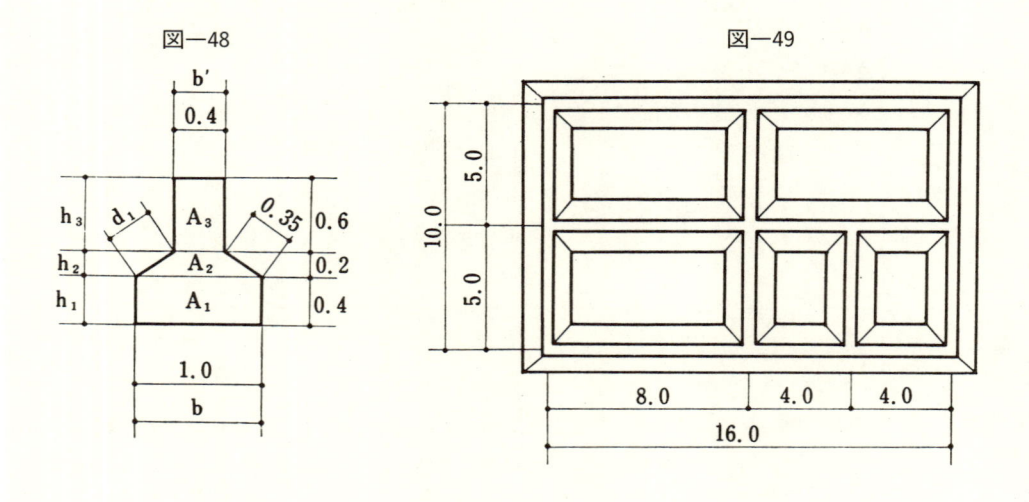

図―48

図―49

図—50

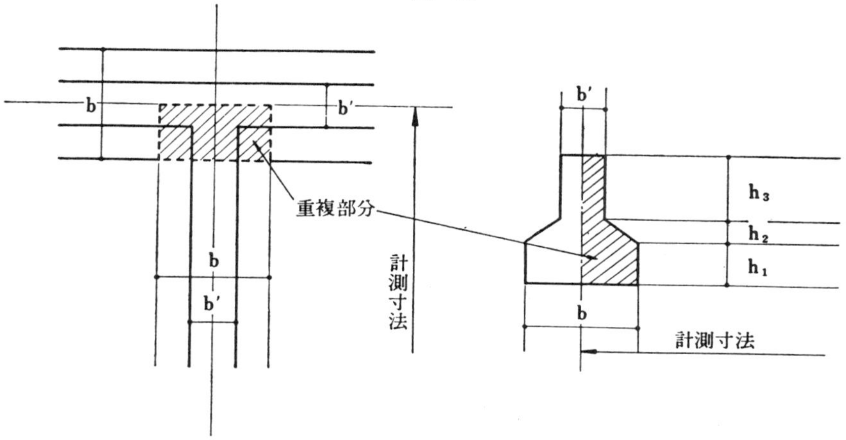
b
b′
重複部分
b
b′
計測寸法
b′
h₃
h₂
h₁
b
計測寸法

図—51

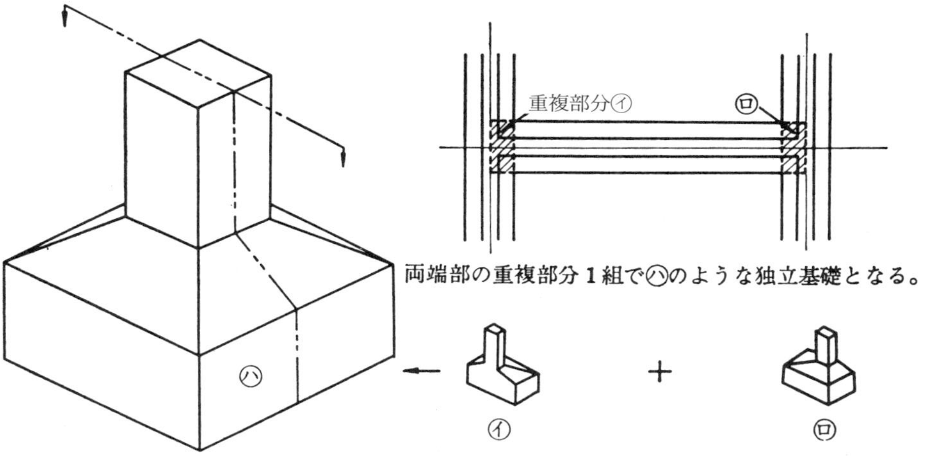
重複部分㋑
㋺
両端部の重複部分１組で㋩のような独立基礎となる。
㋩
㋑
㋺

コンクリート

L　↔16.0×３ ＝48.0
　↕10.0×３＋5.0×１ ＝35.0　｝83.0m

A　A_1　1.0×0.4 ＝ 0.4
　A_2　(1.0＋0.4)×1/2×0.2＝0.14
　A_3　0.4×0.6 ＝0.24　｝0.78㎡

∴LA　83.0×0.78 ＝64.74
　a　控除分の長さ×控除分の断面積
　＝(0.5×２×４)×(A_1＋A_2)
　＝4.0×(0.4＋0.14)　＝▲2.16　｝62.58m³

型枠
$$S = L(h_1+d_1+h_3) \times 2 - \alpha$$

$$\left.\begin{array}{l} 83.0 \times (0.4+0.35+0.6) \times 2 \\ = 83.0 \times 2.7 = 224.1 \\ \alpha \quad \blacktriangle 4.0 \times (0.4+0.35) \times 2 \\ = \blacktriangle 4.0 \times 1.5 = \blacktriangle 6.0 \end{array}\right\} 218.1 \text{m}^2$$

となる。

なお補正を厳密に行いたいのであれば、補正値を長さで捕えずに（**図—51**）のような独立基礎の形をした部分が何か所あるかを求めて控除すればよい。

したがってここでの例では

α 1組当たり　$V = V_1 + V_2 + V_3$から

$$\left.\begin{array}{ll} V_1 & 1.0 \times 1.0 \times 0.4 \qquad\qquad = 0.4 \\ V_2 & 0.2/6 \times \{(2 \times 1.0+0.4) \times 1.0 \\ & \qquad + (2 \times 0.4+1.0) \times 0.4\} = 0.104 \\ V_3 & 0.4 \times 0.4 \times 0.6 \qquad\qquad = 0.096 \end{array}\right\} 0.6 \text{m}^3$$

∴ $\alpha = \blacktriangle 0.6 \times 4 \rightarrow \blacktriangle 2.4 \text{m}^3$

4．基　礎　梁

積算基準では、次のように述べている。

1)　コンクリート

> コンクリートの数量は、設計寸法による断面積とその長さ（基礎、柱または基礎梁などの内法寸法）とによる体積とする。

ただし、他の部分（例えば基礎フーチングなど）と重複する部分は控除する。

2)　型　　枠

> 型枠の数量は、コンクリートの側面の面積とする。接続部については接続部の面積が1.0m²以下のか所の型枠の欠除はしない。

ただし、他の部分（例えば基礎フーチングなど）と重複する部分は控除する。

図―52の例によって説明してみよう。ここで気を付けなければならないことは、基礎梁の端部が基礎のフーチングに一部接している場合の取り扱いである。

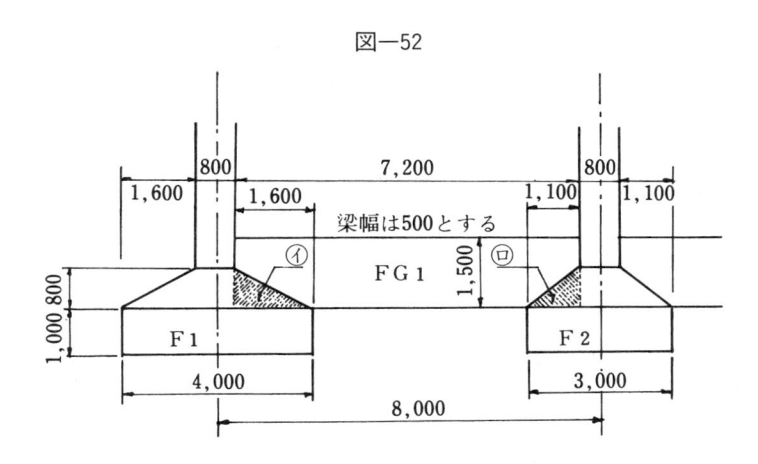

図―52

FG_1 コンクリート

$$7.2 \overset{m}{\times} 1.50 \overset{m}{\times} 1.50 \overset{m}{=} 5.40 \overset{m^3}{}$$

㋑部分 ▲$1.60 \times 0.80 \times 1/2 \times 0.50 =$ ▲0.32 ㎥ ⎫
　　　　　　　　　　　　　　　　　　　　　　　　　　　⎬ 4.86 ㎥
㋺ 〃　▲$1.10 \times 0.80 \times 1/2 \times 0.50 =$ ▲0.22 ㎥ ⎭

長さ　　梁成　　梁幅

型枠

$$7.20 \overset{m}{\times} 1.50 \overset{m}{\times} \quad 2 = 21.60 \overset{m^2}{}$$

㋑部分 ▲$1.60 \times 0.80 \times 1/2 \times 2 =$ ▲1.28 ㎡ ⎫
　　　　　　　　　　　　　　　　　　　　　　　　　⎬ 19.44 ㎡
㋺ 〃　▲$1.10 \times 0.80 \times 1/2 \times 2 =$ ▲0.88 ㎡ ⎭

ここで㋺部分の控除面積が0.88㎡、つまり片面で0.44㎡しかないことから、1.0㎡以下であるので控除の対象にならないのでは？と勘違いする人もいるかも知れない。1.0㎡／か所以下というのは部位同士の接続部（例えば小口など）のことであり、ここでは該当しない。

○接続部の検討

基礎梁 FG_1 は、その両端が柱および基礎と接しているので、仕口による型枠の欠除面積の検討が必要である。

88　Ⅲ．躯体の部―コンクリート・型枠編

　　㈥による柱型枠面積の欠除　　　　　　　$0.50\text{m} \times 0.70\text{m} = 0.35\text{m}^2 < 1.0\text{m}^2$

　　㈡　〃　基礎F_1　〃　〃　　　　　　$0.50\text{m} \times 1.79\text{m} = 0.90\text{m}^2 < 1.0\text{m}^2$
　　　　　　　　　　　　　　　　　　　　　　　　↓
　　　　　　　　　　　　　　　　　　　　　$\sqrt{1.6^2 + 0.8^2}$

　　㈭による基礎F_2の型枠面積の欠除　　　$0.50\text{m} \times 1.36\text{m} = 0.68\text{m}^2 < 1.0\text{m}^2$
　　　　　　　　　　　　　　　　　　　　　　　　↓
　　　　　　　　　　　　　　　　　　　　　$\sqrt{1.1^2 + 0.8^2}$

いずれも1.0m²/か所であることから、さきの部分の型枠からの欠除はないことになる。
　ここで注意しておきたいことは、

　　　　㈤＋㈡＝0.35m²＋0.90m²＝1.25m²＞1.0m²

としないことである。㈤と㈡はそれぞれ接する部位が異なるので、別個の検討が必要である。

図―53

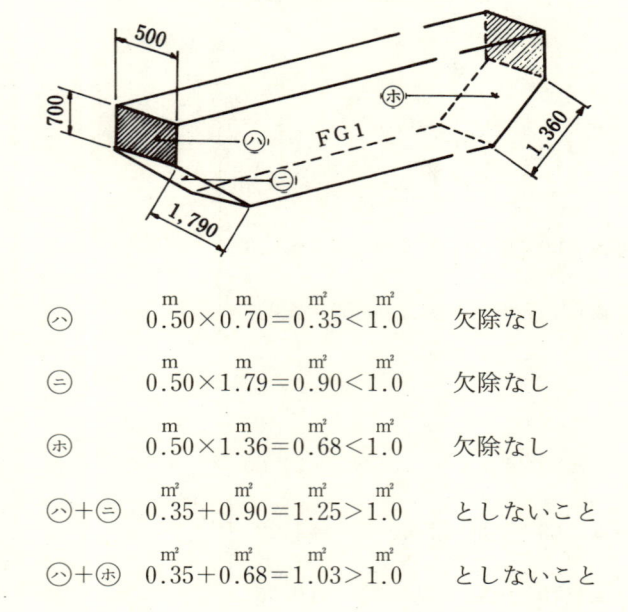

㈥　　$0.50\text{m} \times 0.70\text{m} = 0.35\text{m}^2 < 1.0\text{m}^2$　　欠除なし

㈡　　$0.50\text{m} \times 1.79\text{m} = 0.90\text{m}^2 < 1.0\text{m}^2$　　欠除なし

㈭　　$0.50\text{m} \times 1.36\text{m} = 0.68\text{m}^2 < 1.0\text{m}^2$　　欠除なし

㈥＋㈡　$0.35\text{m}^2 + 0.90\text{m}^2 = 1.25\text{m}^2 > 1.0\text{m}^2$　としないこと

㈥＋㈭　$0.35\text{m}^2 + 0.68\text{m}^2 = 1.03\text{m}^2 > 1.0\text{m}^2$　としないこと

5．底盤（べた基礎）

　底盤（べた基礎）を拾うのに当たって積算基準では、図54―aに示すように底盤も床板も地中梁の内法の位置で境界を定めている。この考え方は後述する一般床板と梁との関係でも全く同じである。
　積算基準の基本的な考え方というものは、電算処理に都合のよいように決めている。つまり、コンクリート・型枠と並行して鉄筋も同時に処理しやすいようルールを確立している。
　図54―bは、スピードを要求される現場での手拾いに重点をおいた私案の部位別境界線であ

5．底盤（べた基礎）　89

る。図—55の基礎伏図を例として両方式により拾ってみた。いずれの方が実戦向きか検討した上で参考にされたい。

図54—a
積算基準方式
⑤二重スラブ
③ ④ ①

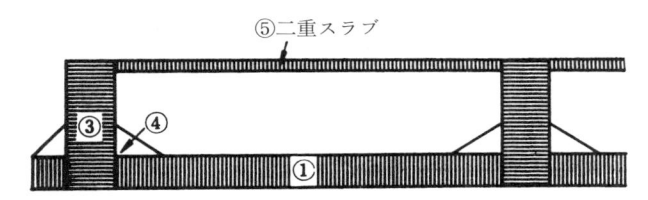

図54—b
現場実戦方式
⑤
③ ④ ①

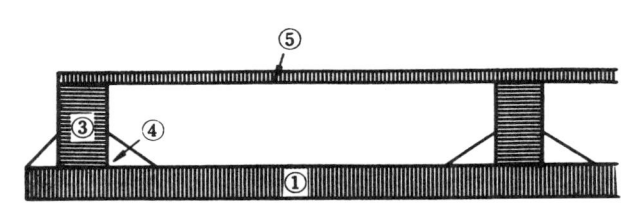

図—55

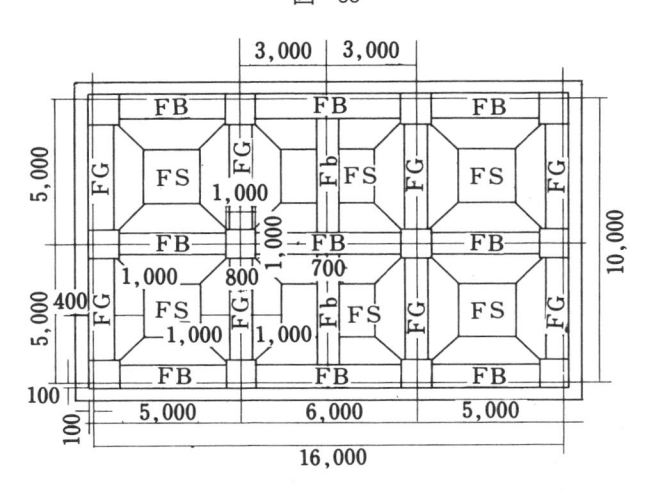

図—56

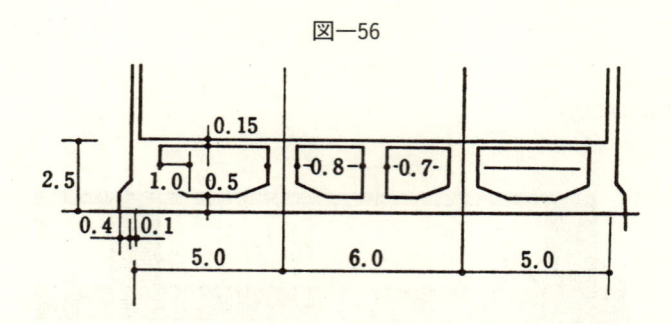

各部位の寸法
　　FS（底盤の厚さ）〜0.5m
　　C　（柱　の　断　面）〜1.0m×1.0m
　　FG（基礎梁の断面）〜0.8m×2.5m
　　FB（　　〃　　　）〜0.7m×2.5m
　　S　（床板の厚さ）〜0.15m

図—57

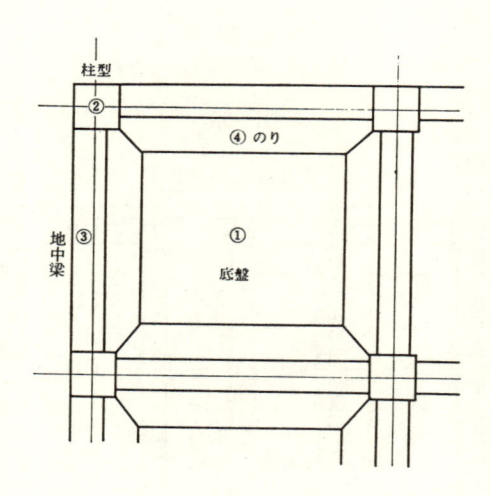

5．底盤（べた基礎）

●積算基準方式による計算例

	コンクリート	型　枠
柱 地中梁小口に よる欠除 　　　　　計	幅　幅　高さ　か所 $1.0 \times 1.0 \times 2.5 \times 12 = 30.00\,m^3$ $30.00\,m^3$	幅　面　高さ　か所 $1.0 \times 4 \times 2.5 \times 12 = 120.00\,m^2$ $2.0 > 1.0$ ▲$0.8 \times 2.5 \times 2 \times 17 = $▲$68.00$ $52.00\,m^2$
基礎梁↔ 　〃 　↕ Fb　〃 同上小口控除 　　　　　計	長さ　か所 3.6×6 ⎫ 　　　　⎬ 延m　高さ　幅　　　m³ 5.0×3 ⎭ $65.4 \times 2.5 \times 0.8 = 130.80$ 3.6×8 $(5.0 + 0.1 - 0.8 - 0.8/2)$ $3.9 \times 2 \times 2.5 \times 0.7 = 13.65$ $144.45\,m^3$	$3.6 \times 4 \times (1.6 + 1.45) = 43.92$ $〃 \times 2 \times 1.45 \times 2 = 20.88$ $5.0 \times 2 \times (1.6 + 1.45) = 30.50$ $〃 \times 1 \times 1.45 \times 2 = 14.50$ $3.6 \times 4 \times (1.6 + 1.45) = 43.92$ $〃 \times 4 \times 1.45 \times 2 = 41.76$ $3.9 \times 2 \times 1.85 \times 2 = 28.86$ ▲$0.7 \times 1.45 \times 2 \times 2 = $▲$4.06$ $1.02 > 1.0$ $220.28\,m^2$
底盤 外周部分 法部分	$\overset{60.84}{3.9 \times 3.9 \times 4}$ $\overset{35.1}{4.5 \times 3.9 \times 2}$ ⎫ $117.7 \times 0.5 = 58.85$ $\overset{187.0}{17.0 \times 11.0}$ ▲$\overset{165.24}{16.2 \times 10.2}$ $3.9 \times 3.9 \times 0.4 = 6.08$ 　　　　$\overset{37.83}{}$ ▲$0.4/6 \{ (2 \times 3.9 + 1.9) \times 3.9$ ⎫ 2.58×4 　　　$\overset{14.63}{}$　　　　　　　　　⎬ $= 10.32$ $+ (2 \times 1.9 + 3.9) \times 1.9 \} = $▲$3.50$ ⎭	$(17.0 + 11.0) \times 2 \times 0.5 = 28.0$ △ $400 > 3/10$ 1.000

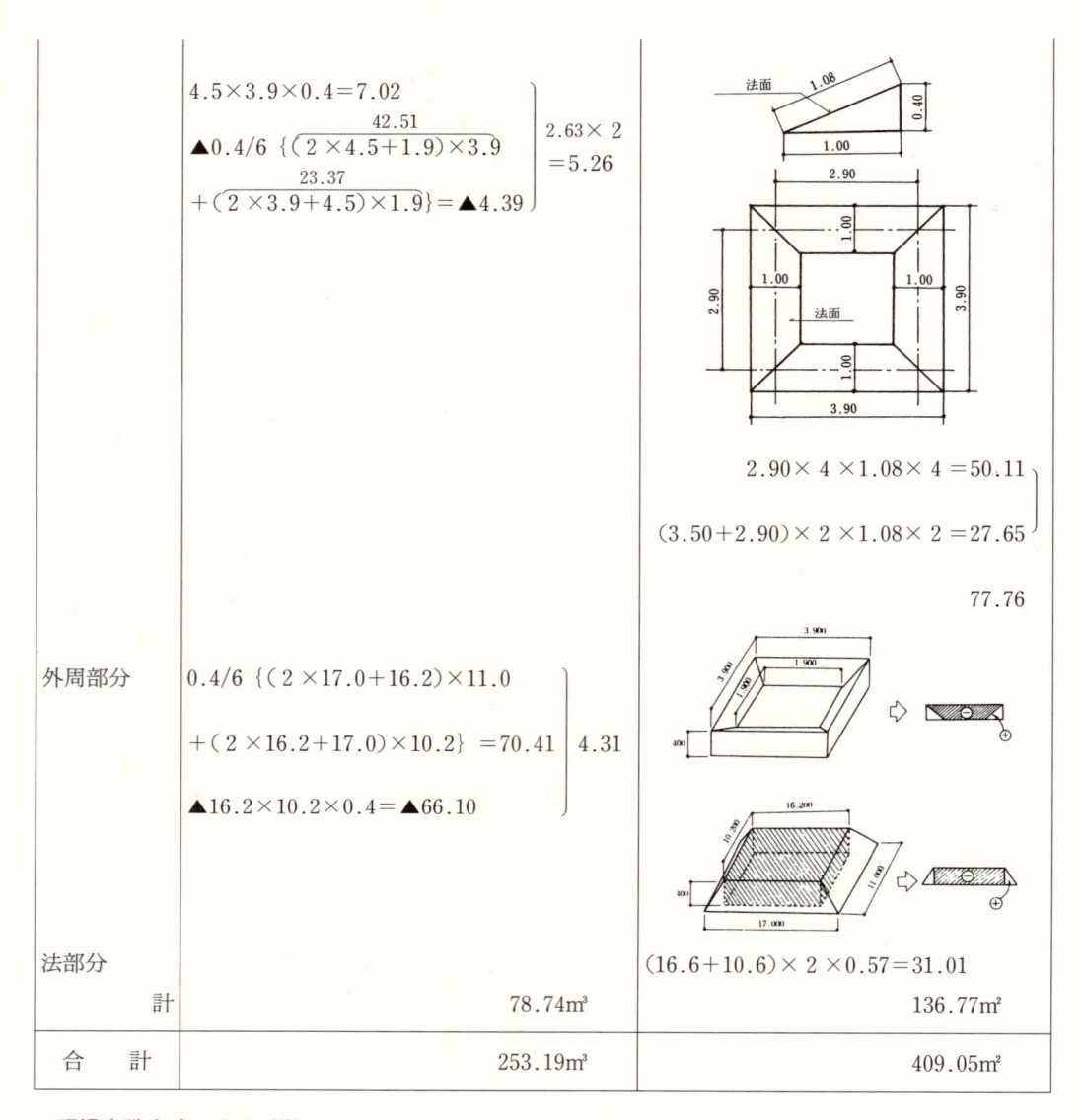

	$4.5 \times 3.9 \times 0.4 = 7.02$ $\blacktriangle 0.4/6 \{(\overset{42.51}{2 \times 4.5+1.9}) \times 3.9$ $+(\overset{23.37}{2 \times 3.9+4.5}) \times 1.9\} = \blacktriangle 4.39$	$\left.\begin{array}{l}\\ \\ \end{array}\right\} \begin{array}{l}2.63 \times 2 \\ =5.26\end{array}$

$2.90 \times 4 \times 1.08 \times 4 = 50.11$
$(3.50+2.90) \times 2 \times 1.08 \times 2 = 27.65$

77.76

外周部分	$0.4/6\{(2 \times 17.0+16.2) \times 11.0$ $+(2 \times 16.2+17.0) \times 10.2\} = 70.41$ $\blacktriangle 16.2 \times 10.2 \times 0.4 = \blacktriangle 66.10$	4.31
法部分	$(16.6+10.6) \times 2 \times 0.57 = 31.01$	
計	78.74m³	136.77m²
合　計	253.19m³	409.05m²

● **現場実戦方式による手順**

	コンクリート	型　枠
①底盤 ⇩	面積を求めて共通の厚みを掛ける。	外周の立上り面積だけでよい。
②柱型 ⇩	断面積の計を求め高さを掛ける。	柱周長の計に高さを掛ける。
③基礎梁 ⇩	断面別に総長さを求め断面積を掛ける。	断面別の総長さに成(せい)を掛けて2倍する。
④底盤法 ⇩		
⑤二重スラブ	床面積を求め厚みを掛ける。 ただし、床板の部位で求める。	床面積から地中梁の面積を控除する。 同　左

5．底盤（べた基礎）

●現場実戦方式による計算例

	コンクリート		型　枠	
①底盤	←→方向　↕方向　厚 17.0×11.0×0.5	＝93.5	(17.0＋11.0)×2×0.5	＝ 28.00
②柱	高さ　か所 1.0×1.0×1.85×12	＝22.2	1.0×4×1.85×12	＝ 88.80
基礎梁 小口控除			▲0.8×1.85×2×17 ＞1.0	＝▲50.32
				38.48
③地中梁←→	3.6×6			
〃	5.0×3　延長さ　成　幅 　　　　65.4×1.85×0.8＝96.79		同左　65.4×1.45×2	＝189.66
↕	3.6×8			
Fb	3.9×2×1.85×0.7	＝10.10	3.9×2×1.85×2	＝ 28.86
同上小口による欠除			▲0.7×1.85×2×2 ＞1.0	＝▲ 5.18
④法部分		106.89		213.34
	積算基準方式に同じ	19.89		136.77
合　　計		242.48m³		416.59m²

積算基準方式と現場実戦方式との数量の差は、二重スラブのうちの地中梁上部相当分の差によるものである。したがって二重スラブ部分まで加算して比較すれば、

●積算基準方式

	コンクリート		型　枠	
⑤床板	60.84 3.9×3.9×4　　95.94×0.15＝14.39 35.1 4.5×3.9×2		同　左　95.94→95.94	
合　　計		267.58m³		504.99m²

●現場実戦方式

	コンクリート	型　枠
⑤床板	16.2×10.2×0.15＝24.79	積算基準方式に同じ　95.94
合　　計	267.27m³	512.53m²

6. 柱

積算基準では、コンクリート・型枠それぞれについて次のように述べている。

1) コンクリート

> コンクリートの数量は、設計寸法による断面積とその長さ（床板を含めた高さ、つまり一般的には階高寸法に相当）とによる体積とする。

2) 型　枠

> 型枠の数量は、コンクリートの側面（高さ寸法はコンクリートと同様階高寸法を用うる）の面積とする。接続部についてはその面積が1.0m²以下のか所の型枠の欠除はしない。

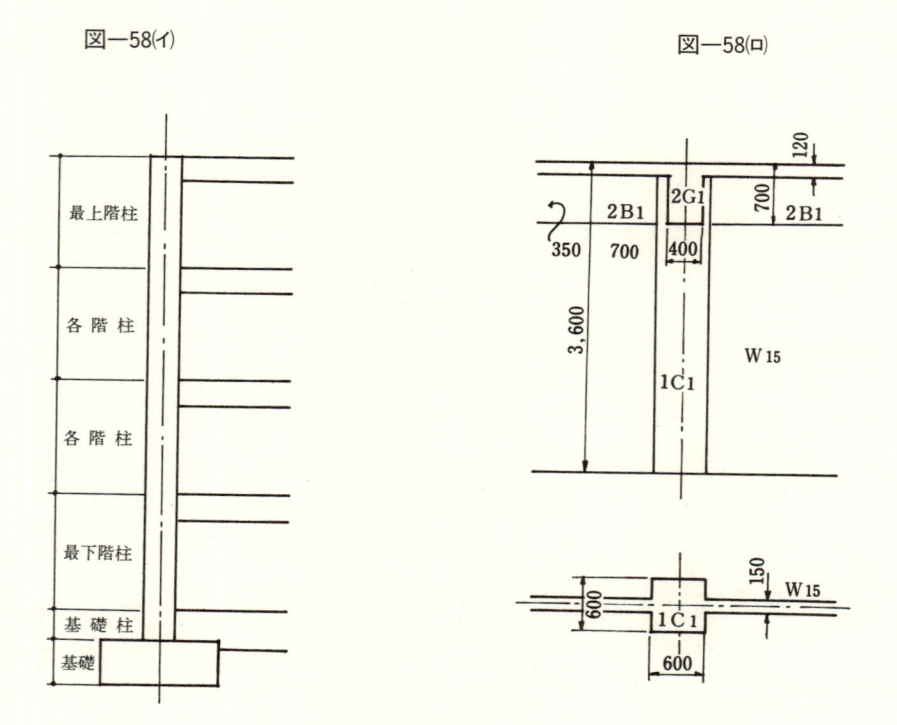

図―58(イ)　　　　　　　　図―58(ロ)

コンクリート

$$0.6 \times 0.6 \times 3.6 = 1.296 \rightarrow 1.30 \, \text{m}^3$$

型枠

$$0.6 \times 4 \times 3.6 = 8.64 \quad\quad 8.64\text{m}^2$$

$\begin{cases} 2G_1\text{による欠除} & 0.4 \times 0.7 = 0.28 < 1.0 \rightarrow \text{欠除なし} \\ 2B_1 \quad \text{〃} & 0.35 \times 0.7 = 0.25 < 1.0 \rightarrow \quad \text{〃} \\ W_{15} \quad \text{〃} & 0.15 \times 2.9 = 0.44 < 1.0 \rightarrow \quad \text{〃} \end{cases}$

また柱の各部分の名称について積算基準では次のように述べている。

柱

基礎上面から屋上階床板上面までの柱の部分を、下部から基礎柱、各階柱、最上階柱に区分する。

基礎柱は、独立基礎上面から基礎梁上面までとし、各階柱は各階床板上面間の柱とする。各階柱のうち最下階の柱は、基礎梁上面から直上階床板上面までとする。最上階柱は、最上階床板上面から屋上床板上面までとする。

したがって、柱は各階層別に分け、コンクリートはその断面に階高を掛ければよい。型枠については、階高を高さとしてその側面の総面積を先ず求め、柱を「さきの部分」として「あとの部分」に相当する梁、壁による接続部の欠除面積が欠除の対象になるかどうかのチェックをすればよい。

柱にとって「あとの部分」である梁、壁による接続部の欠除は、いずれも1か所当たりの欠除面積が1.0m²以下であるので欠除は無いことになる。ただし、図—59の例のように、地階外壁の壁厚の厚い場合は検討の必要がある。

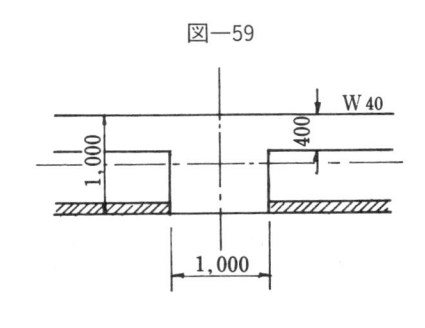

図—59

階高　5,000
梁　　500×1,000
壁厚　400

柱の型枠

$1.0\text{m} \times 4 \times 5.0\text{m} = 20.00\text{m}^2$

梁による欠除　$0.5\text{m} \times 1.0\text{m} = 0.5\text{m}^2 < 1.0\text{m}^2 \rightarrow$ 欠除なし

壁による欠除　$0.4\text{m} \times 4.0\text{m} = 1.6\text{m}^2 > 1.0\text{m}^2 \rightarrow$ 欠除の対象

∴　▲$0.4\text{m} \times 4.0\text{m} \times 2 =$ ▲3.20m^2

計　　　　　　　　　　　　　16.80m²

96　Ⅲ．躯体の部─コンクリート・型枠編

では図—60、図—61の伏図から柱について拾ってみよう。

		コンクリート		型　　枠	
1 F	$C_{1～2}$ ⎫ $C_{4～11}$ ⎭	$0.5×0.5×4.0×26$	$=26.0$	$0.5× 4 ×4.0×26$	$=208.0$
	C_3	$(0.5+0.95)×1/2×1.35×4.0×2$	$=7.83$	$(0.5+0.95+1.35+1.41)×4.0×2$	$=33.68$
2 F	Ⓐ通り	$0.5×0.5×3.97×8$	$=7.94$	$0.5× 4 ×3.97×8$	$=63.52$
	Ⓑ 〃	$0.5×0.5×3.79×8$	$=7.58$	$0.5× 4 ×3.79×8$	$=60.64$
	Ⓒ 〃	$0.5×0.5×3.65×8$	$=7.3$	$0.5× 4 ×3.65×8$	$=58.4$
	Ⓓ 〃	$0.5×0.5×3.78×3$	$=2.84$	$0.5× 4 ×3.78×3$	$=22.68$
			59.49m^3		446.92m^2

　この計算は、ごく一般的な手法である。もっと手ぎわよく、効率化を図るには、共通項はまとめて後で処理する方がよい。2階の場合は断面がすべて同じであるところに目を付けて次のようにしてはどうか。

	コンクリート		型　　枠	
	長さ　か所			
Ⓐ通り	$3.97× 8$			
Ⓑ 〃	$3.79× 8$	⎫ ⎬ 102.62m ⎭ $×0.5×0.5=25.66$	同　左	⎫ ⎬ 102.62m ⎭ $×0.5× 4 =205.24$
Ⓒ 〃	$3.65× 8$			
Ⓓ 〃	$3.78× 3$			

　つまり、同じ断面をもつ柱の総長さを先に求めておき、あとで共通項である断面積を掛けた形をとったわけである。
　コンクリートの計算過程だけで当初の掛け算12回分が半分の6回ですんでいる。型枠においては、たったの2回ですませることができる。拾った過程が本人にしか分からないような計算書では困るが、誰が見ても理解し得る計算書であれば、計算式は簡単な程よいと言えよう。特に掛け算、割り算はその都度端数の扱いがでてくるので、回数が多い程誤差や違算の起こる確率が高くなるので工夫してほしい。

6. 柱　97

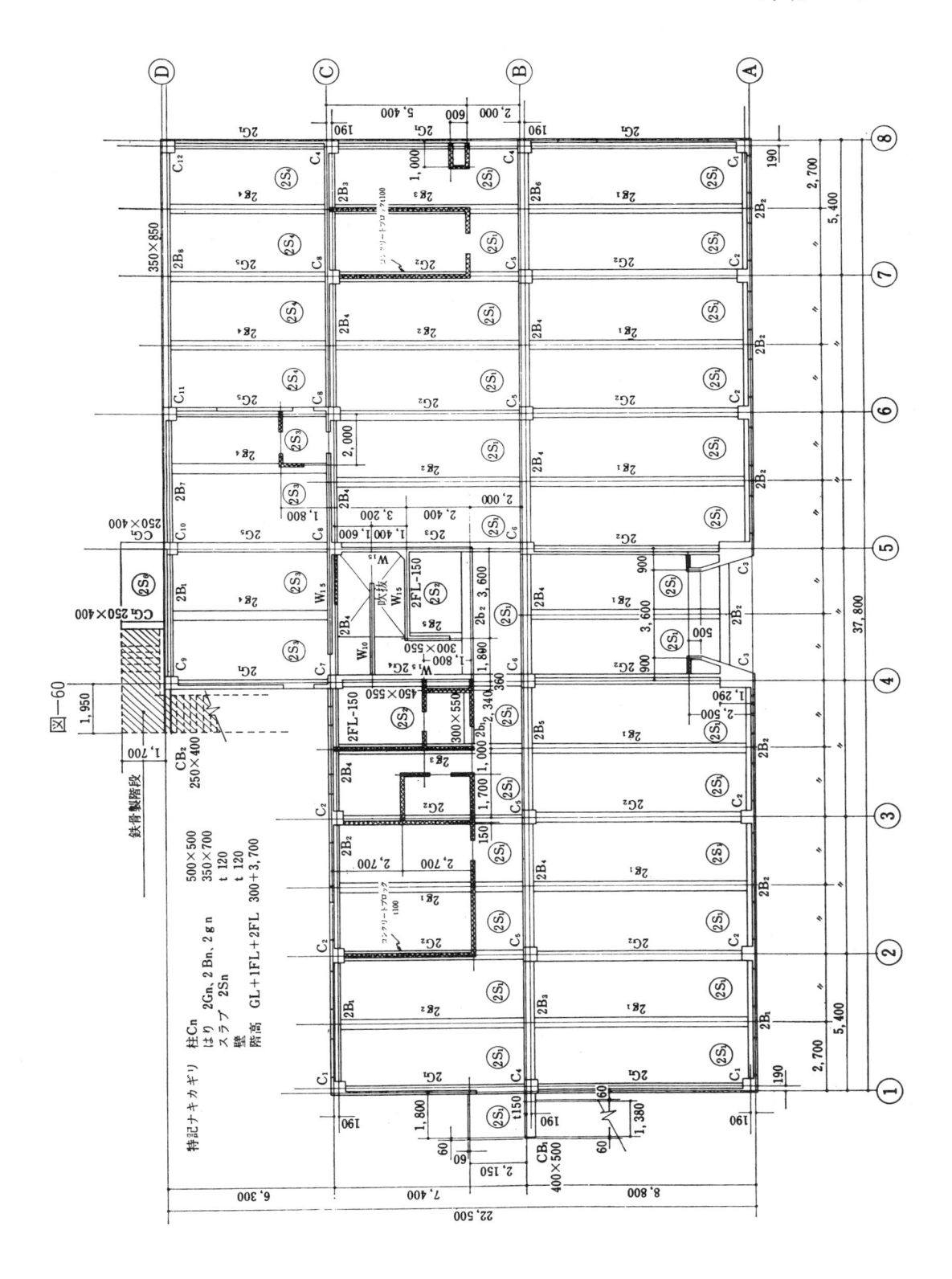

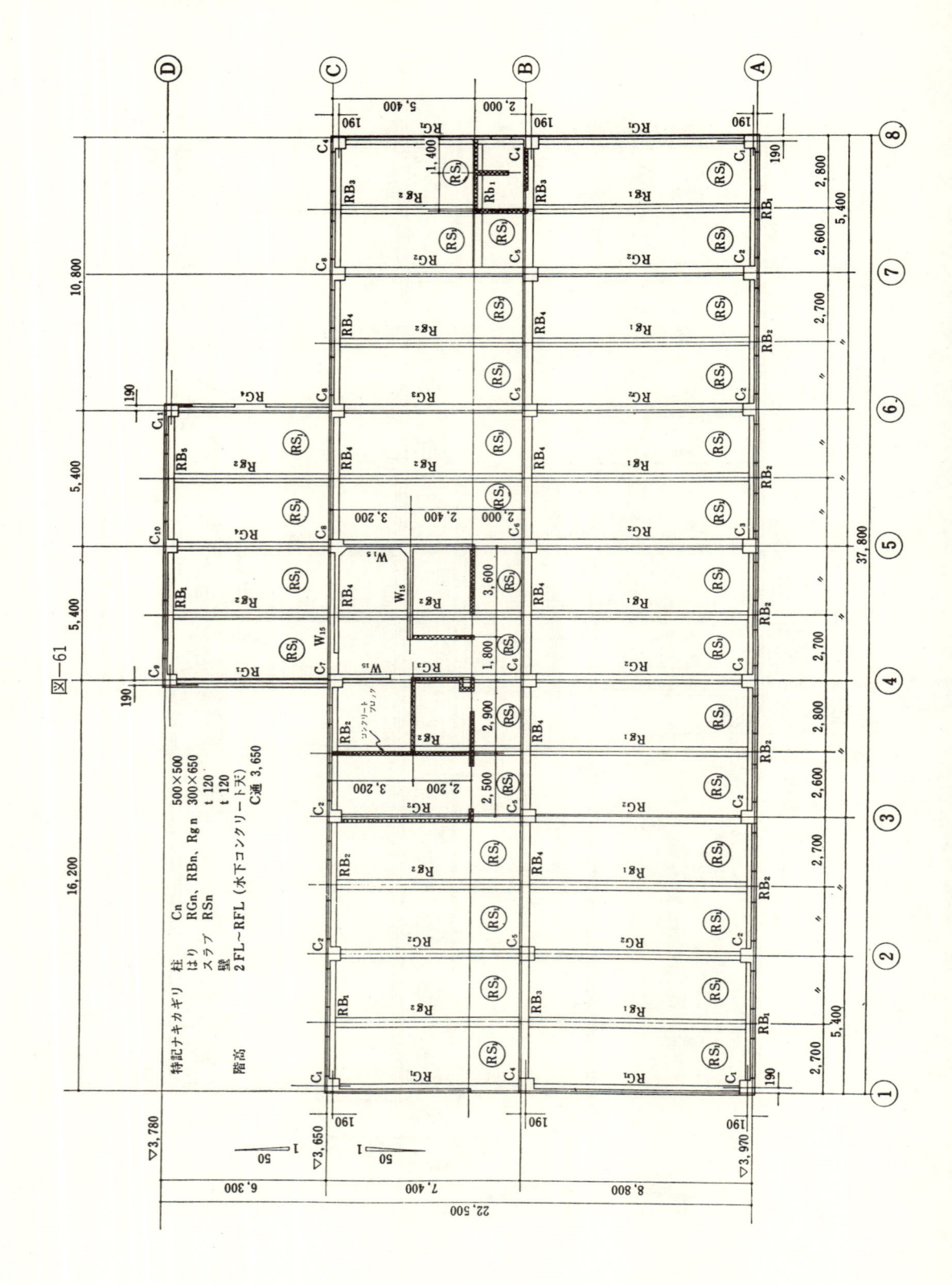

III. 躯体の部―コンクリート・型枠編

図―61

7. 梁

梁について積算基準では、次のように述べている。

1) コンクリート

> コンクリートの数量は、設計寸法による断面積とその長さによる体積とする。

2) 型　枠

> 型枠の数量は、コンクリートの側面（床板と接する場合は床板厚を除いた部分）及び底面の面積とする。ただし、ハンチのある場合の面積の伸びはないものとみなす。
> 接続部については、その面積が1.0㎡以下のか所の型枠の欠除はしない。

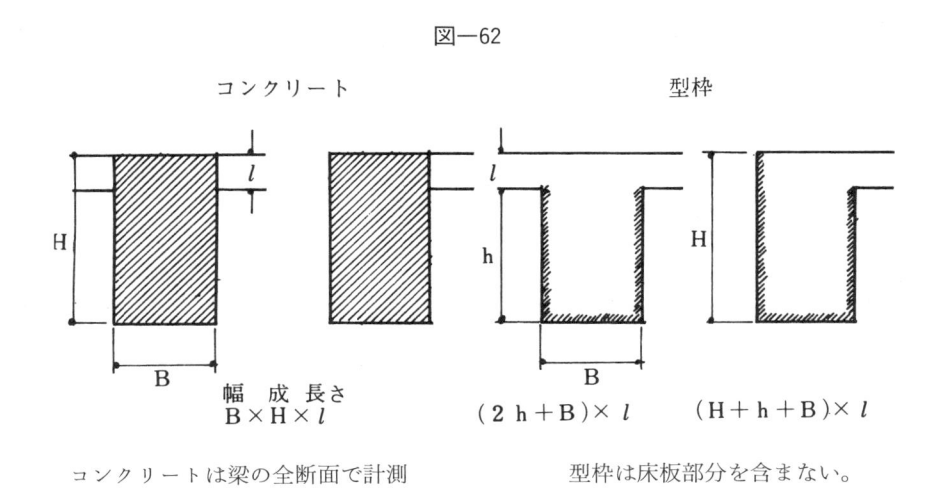

図―62

コンクリート　　　　　　　　　　　型枠

幅　成　長さ
$B \times H \times l$　　　　　　　　$(2h+B) \times l$　　　$(H+h+B) \times l$

コンクリートは梁の全断面で計測　　　　型枠は床板部分を含まない。

　設計寸法による断面積とは、床板部分も含む構造断面を指している。コンクリートについてはこの断面積をそのまま用いるが、型枠については通則に基づき床板部分を含まない梁側面と梁底の部分が計測の対象になる。ただし外端にある梁の側面については、床板部分も含めた寸法になることに注意されたい。
　図―61の梁伏図から実際に拾ってみることにしよう。

III．躯体の部—コンクリート・型枠編

		コンクリート		型 枠	
RB$_{1\sim4}$	$\begin{array}{c}18.84\\ \overline{4.71\times 4}\\ 49.00\\ \overline{4.9\times 10}\end{array}$	67.84	$\times 0.65\times 0.3=13.23$	同　左	$67.841.48$ $\times(\overline{0.65+0.53+0.3})=100.40$
RB$_{3,4}$　一般 〃	$\begin{array}{c}9.42\\ \overline{4.71\times 2}\\ 34.30\\ \overline{4.9\times 7}\end{array}$	43.72	$\times 0.65\times 0.3= 8.53$	同　左	$43.721.36$ $\times(\overline{0.53\times 2+0.3})= 59.46$
RG$_1$　外端 〃 RG$_{1,4}$　〃	$\begin{array}{c}15.84\\ \overline{7.92\times 2}\\ 13.80\\ \overline{6.9\times 2}\\ 11.60\\ \overline{5.8\times 2}\end{array}$	41.24	$\times 0.65\times 0.3= 8.04$	同　左	$41.241.48$ $\times(\overline{0.65+0.53+0.3})= 61.04$
RG$_2$　一般 〃 〃	$\begin{array}{c}47.52\\ \overline{7.92\times 6}\\ 41.40\\ \overline{6.9\times 6}\\ 5.80\\ \overline{5.8\times 1}\end{array}$	94.72	$\times 0.65\times 0.3=18.47$	同　左	$94.721.36$ $\times(\overline{0.53\times 2+0.3})=128.82$
Rb$_1$ Rg$_1$ Rg$_2$ 〃	$\begin{array}{c}4.91\\ \overline{4.91\times 1}\\ 58.24\\ \overline{8.32\times 7}\\ 42.60\\ \overline{7.1\times 6}\\ 5.11\\ \overline{5.11\times 1}\end{array}$	110.86	$\times 0.65\times 0.3=21.62$	同　左	$110.861.36$ $\times(\overline{0.53\times 2+0.3})=150.77$
計			69.89m³	※	500.49m²

　以上が積算基準に基づく積算方法の例である。この方法では床板がすべて梁によって寸断されるため，後で述べる床板の拾いにおいて，特にコンクリート，型枠の拾いに手間がかかり過ぎることに気付くはずである。したがって現場での実戦型としては次のような方法もあるので参考までに披露しておこう。

図—63

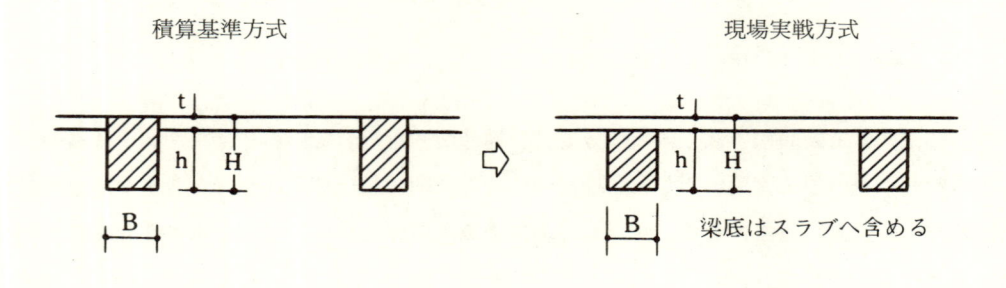

積算基準方式　　　　　　　　　　　　　現場実戦方式

梁底はスラブへ含める

7．梁　101

●現場実戦方式

	コンクリート	型　枠
RB$_{1\sim4}$	28.26 4.71×6 83.30 4.9×17	
〃		
RG$_{1\sim4}$	63.36 7.92×8	247.52 ×0.53×0.3＝39.36 ／ 247.52 ×0.53×2＝262.37
〃	55.20 6.9×8	
〃	17.40 5.8×3	
Rb$_1$	4.91 4.91×1	
Rg$_1$	58.24 8.32×7	110.86 ×0.53×0.3＝17.63 ／ 100.86 ×0.53×2＝117.51
Rg$_2$	42.60 7.1×6	
〃	5.11 5.11×1	
計	56.99m³	379.88m²

　積算基準方式と現場実戦方式の数量の差は、コンクリート量で後者が床板部分を含んでいないこと、また型枠において後者は梁底を床板の方に含め梁側のみであるという違いからきている。

　梁のみの積算作業での両者の違いはそれ程目立たないかも知れないが、次の床板の拾いで両者の違いがはっきりしてくる。

　また、もし梁底の面積も含めた型枠の面積が必要であれば、梁底の幅の寸法別に、それぞれの総長さに梁幅を掛けて加算すれば簡単にすんでしまう。

　ここの例では幸いなことにすべての梁底の幅が同寸法の300mmであるので梁の総長さにまとめて梁幅寸法を掛けて梁側面積に加算すればよい。

　　　梁　　側　　　　　　　　　　　　　　＝379.88m²
　　　梁　　底（247.52m＋110.86m）×0.3　＝107.51m²
　　　外周スラブ小口（37.92＋22.62）×2　｝109.08
　　　柱　　分　　▲0.5×24　　　　　　　　　×0.12＝13.09

　　　　　　計　　　　　　　　　　　　m²
　　　　　　　　　　　　　　　　500.48≒500.49　　（100頁※印）

　結果は、ご覧のようにドンピシャとなったであろう。

8. 床板（スラブ）

床板について、積算基準では次のように述べている。

1) コンクリート

> コンクリートの数量は、設計寸法による板厚と梁等に接する内法面積とによる体積とする。ただし、柱との取り合い部分（床板の出隅に飛び出す柱型を指す）の床板の欠除はしない。（図—64参照）

2) 型　　枠

> 型枠の数量は、コンクリートの底面の面積とする。ただし、ハンチのある場合の底面積の伸びはないものとし、（図—65参照）また梁の水平ハンチによる底面の欠除はしない。

前述の梁と同様に、図—61の梁伏図から床板のコンクリート量と型枠面積を拾ってみよう。等スパン割りのスッキリした割り付けにもかかわらず、梁の位置がまちまちのため寸法的に分けると15種類にもなってしまう。

8．床板（スラブ）

	コンクリート		型　　枠	
RS$_1$	$\overline{38.44}$ $2.31 \times 8.32 \times 4$			
	$\overline{59.90}$ $2.4 \times 8.32 \times 3$			
	$\overline{95.68}$ $2.3 \times 8.32 \times 5$			
	$\overline{62.40}$ $2.5 \times 8.32 \times 3$			
	$\overline{21.63}$ $2.6 \times 8.32 \times 1$			
	$\overline{16.40}$ $2.31 \times 7.1 \times 1$			
	$\overline{51.12}$ $2.4 \times 7.1 \times 3$			
	$\overline{53.25}$ $2.5 \times 7.1 \times 3$	$573.25 \times 0.12 = 68.79$	同　　左	573.25
	$\overline{65.32}$ $2.3 \times 7.1 \times 4$			
	$\overline{18.46}$ $2.6 \times 7.1 \times 1$			
	$\overline{11.75}$ $2.3 \times 5.11 \times 1$			
	$\overline{11.80}$ $2.31 \times 5.11 \times 1$			
	$\overline{8.30}$ $4.91 \times 1.69 \times 1$			
	$\overline{30.0}$ $2.5 \times 6.0 \times 2$			
	$\overline{28.80}$ $2.4 \times 6.0 \times 2$			
計		68.79m^3		573.25m^2

図―64　　　　　　　　　　　　　　　図―65

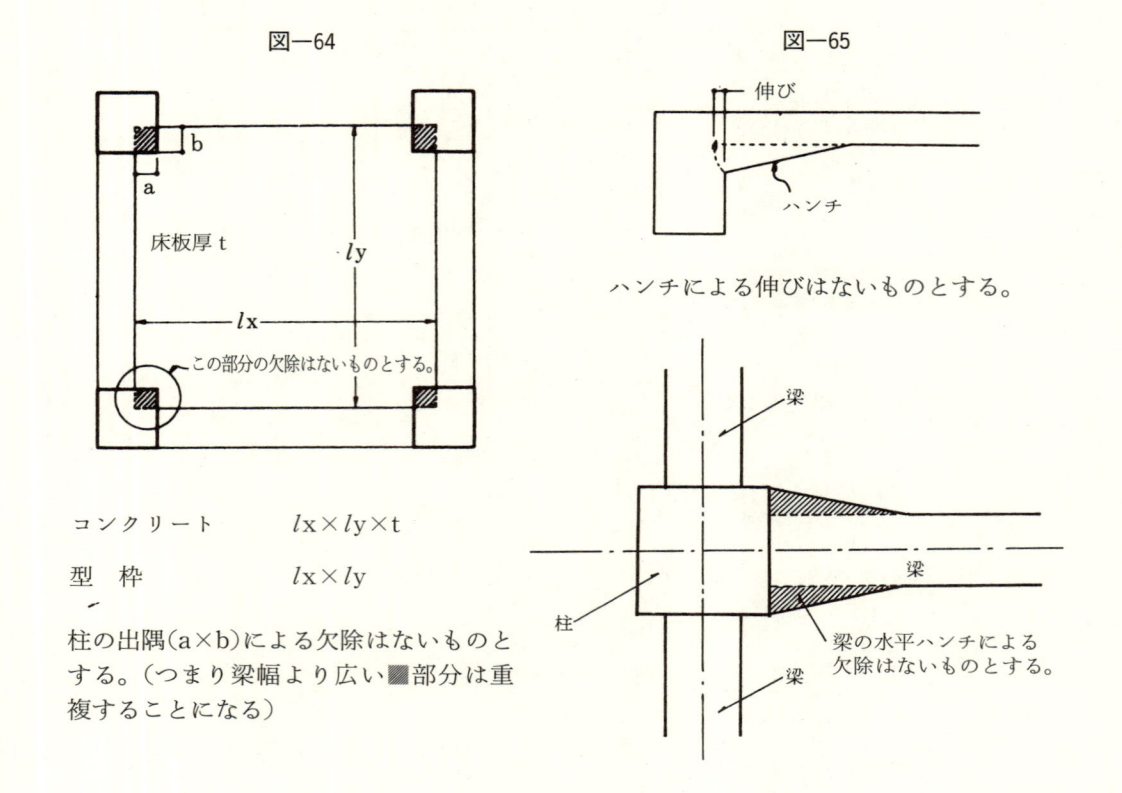

コンクリート　　　$lx \times ly \times t$

型　　枠　　　　　$lx \times ly$

柱の出隅($a \times b$)による欠除はないものとする。（つまり梁幅より広い■部分は重複することになる）

ハンチによる伸びはないものとする。

梁の水平ハンチによる欠除はないものとする。

● 現場実戦方式

	コンクリート	型　枠
RS₁	$\begin{array}{l}\overbrace{37.92 \times 22.62}^{857.75} \\ \blacktriangle 100.86 \\ \blacktriangle 16.01 \times 6.3 \\ \blacktriangle 66.84 \\ \blacktriangle 10.61 \times 6.3\end{array}\Bigg\} \begin{array}{l}690.05 \\ \times 0.12 = 82.81\end{array}$	$690.05 = 690.05$
スラブ小口		$(37.92 + 22.62) \times 2 \times 0.12 = 14.53$
計	82.81m³	704.58m²

　両者の数量の差は、部位の境界線の違いによるものである。積算基準方式の方には床板厚を含めた階高を用いるために生ずる柱の型枠面積の過剰分があり、現場実戦方式の方には柱断面積に相当する床板の型枠面積の過剰分がある。これらを補正して両者を比較したものが次表である。

8．床板（スラブ） 105

	基 準 方 式		現 場 実 戦 方 式	
	コンクリート	型　枠	コンクリート	型　枠
梁	69.89	500.49	56.99	379.88
床　板	68.79	573.25	82.81	704.58
※	(イ)	(ロ)		(ハ)
柱部分補正	0.78	6.24		▲ 6.50
計	139.46m³	1,079.98m²	139.80m³	1,077.96m²

※　　　　　　　　　　　　　　高さ　か所
　　(イ)　$0.5 \times 0.5 \times 0.12 \times 26 = 0.78$m³
　　(ロ)　$0.5 \times 4 \times 0.12 \times 〃 = 6.24$m²
　　(ハ)　$0.5 \times 0.5 \times 〃 = ▲6.50$m²

コンクリートと型枠だけについての拾いとなれば、後者の現場実戦方式の方が圧倒的に早い。この例では床板の厚みが一率に120mmであったので一層簡単であった。仮にその一部の厚みが異なっていたとしても、型枠面積については全く同じであり、コンクリート量にしてもその一部補正だけで、ことは簡単にすんでしまう。例をあげて説明してみよう。

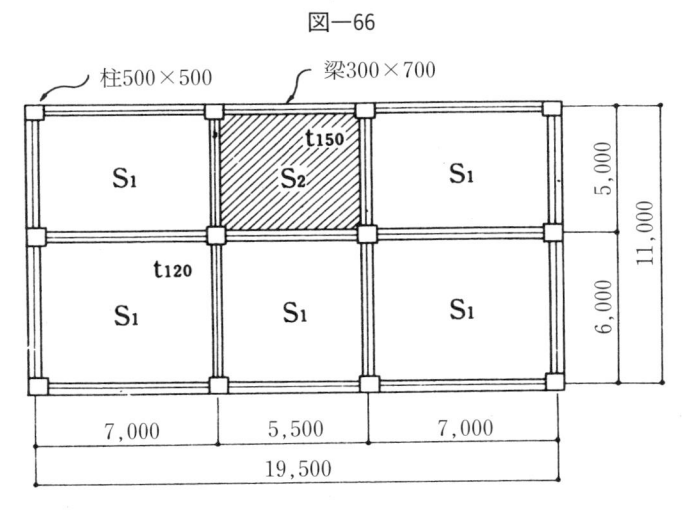

図―66

階高 3,600

106　III．躯体の部—コンクリート・型枠編

● 積算基準方式

	コンクリート	型　枠
柱	$0.5 \times 0.5 \times 3.6 \times 12 = 10.80 \text{m}^3$	$0.5 \times 4 \times 3.6 \times 12 = 86.40 \text{m}^2$
梁	$6.5 \times 0.7 \times 0.3 \times 4 = 5.46$	$6.5 \times (0.7 + \underbrace{0.58}_{1.58} + 0.3) \times 4 = 41.08$
	〃 × 〃 × 〃 × 2 = 2.73	〃 × $(\underbrace{0.58 \times 2}_{1.46} \times 0.3) \times 2 = 18.98$
	$5.0 \times$ 〃 × 〃 × 2 = 2.10	$5.0 \times (0.7 + 0.55 + 0.3) \times 2 = 15.50$
	〃 × 〃 × 〃 × 1 = 1.05	〃 × $(0.58 \times 2 + 0.3) \times 1 = 7.30$
	$5.5 \times$ 〃 × 〃 × 2 = 2.31	$5.5 \times (0.7 + 0.58 + 0.3) \times 2 = 17.38$
	〃 × 〃 × 〃 × 2 = 2.31	〃 × $(0.58 \times 2 + 0.3) \times 2 = 16.06$
	$4.5 \times$ 〃 × 〃 × 2 = 1.89	$4.5 \times (0.7 + 0.58 + 0.3) \times 2 = 14.22$
	〃 × 〃 × 〃 × 2 = 1.89	〃 × $(0.48 \times 0.45 + 0.3) \times 2 = 11.07$
小計	19.74m^3	141.59m^2
床板	$6.8 \times 5.8 \times 0.12 \times 2 = 9.47$	$6.8 \times 5.8 \times \times 2 = 78.88$
	$5.2 \times 5.8 \times$ 〃 $\times 1 = 3.62$	$5.2 \times 5.8 \times \times 1 = 30.16$
	$6.8 \times 4.8 \times$ 〃 $\times 2 = 7.83$	$6.8 \times 4.8 \times \times 2 = 65.28$
	$5.2 \times 4.8 \times 0.15 \times 1 = 3.74$	$5.2 \times 4.8 \times \times 1 = 24.96$
小計	24.66m^3	199.28m^2
計	55.20m^3	427.27m^2

● 現場実戦方式

	コンクリート	型　枠
柱	$0.5 \times 0.5 \times 3.48 \times 12 = 10.44 \text{m}^3$	$0.5 \times 4 \times 3.48 \times 12 = 83.52 \text{m}^2$
梁	$\left.\begin{array}{l}6.5 \times 6\\5.0 \times 3\\5.5 \times 4\\4.5 \times 4\end{array}\right\} \underset{94.0}{} \times 0.58 \times 0.3 = 16.36 \text{m}^3$	$\left.\phantom{\begin{array}{l}x\\x\\x\\x\end{array}}\right\} \underset{94.0}{} \times 0.58 \times 2 = 109.04 \text{m}^2$
床板	$20.0 \times 11.5 \times 0.12 = 27.60$	$20.0 \times 11.5 = 230.00$
S_2増し打ち	$5.2 \times 4.8 \times 0.03 = 0.75$	▲$(5.2 \times 4.8) \times 2 \times 0.03 =$ ▲0.60
外周小口		$(20.0 + 11.5) \times 2 \times 0.12 = 7.56$
柱　控除	$= 28.35 \text{m}^3$	▲$0.5 \times 0.5 \times 12 =$ ▲3.00
		233.96m^2
計	55.15m^3	426.52m^2

ここでも両方式の手法を比べた場合、後者の現場実戦方式の方が効率がよい。しかも数量においては正真正銘の設計数量を示していることにもなるわけである。

両者の誤差の原因を示せば、

●積算基準方式

柱コーナー部分のコンクリートのだぶり。

$$\left.\begin{array}{l} 0.2 \times 0.2 \times 4 \\ 0.2 \times 0.1 \times 2 \times 6 \\ 0.1 \times 0.1 \times 4 \times 2 \end{array}\right\} \times 0.12 = ▲0.06 \text{m}^3$$

柱上部床板厚み相当分の型枠のだぶり。

$$0.5 \times 4 \times 0.12 \times 12 \qquad = ▲2.88 \text{m}^2$$

このように誤差を修正すれば両者は全く同じ数値になってしまう。

ではなぜ積算基準方式はわざわざ手間のかかるように考えたのだろうか？

これは前にも触れたように、やはり時代の趨勢でもあるコンピュータ優先という思想にその原因がある。つまり、コンクリート・型枠と並行して鉄筋も同時に拾うようにソフトを開発するのが自然の理というものだからである。

ここで私流の日頃の持論を述べても詮方ないことかも知れないが、コンクリート・型枠の二者は切っても切れない縁の関係にあるが、こと鉄筋に関しては継手、定着の問題をも同時に考慮せねばならないから、前者のグループとはかなり質を異にしているのではないか？

したがって、現場で手拾いするにはやはり両者のグループを別々に分けて拾う方が効率がよいという私の思想は今もって変っていないのである。

9．壁

壁について、積算基準では次のように述べている。

1) コンクリート

> コンクリートの数量は、設計寸法による壁厚と柱、梁、床板等に接する内法面積とによる体積とする。ただし、梁、床板のハン等との取り合い部分の壁の欠除はないものとする。開口部については、1 通則(1)4)（窓、出入口等の開口部によるコンクリートの欠除は、原則として建具類等の開口部の内法寸法とコンクリートの厚さとによる体積とする。ただし、開口部の内法の見付面積が 1 か所当たり 0.5m² 以下の場合は、原則として開口部によるコンクリートの欠除はしない）による。

2) 型　枠

> 　　型枠の数量は、コンクリートの側面の面積とする。接続部については**1通則(2)2)**（その面積が1.0m²以下のか所のはしない）**により、開口部については1通則(2)3)**（窓、出入口等の開口部による型枠の欠除は、原則として建具類等の内法寸法とする。なお、開口部の内法の見付面積が1か所当たり0.5m²以下の場合は、原則として型枠の欠除はしない。また、開口部の見込部分の型枠は計測の対象としない）**による。ただし、階段スラブによる壁の型枠の欠除はしない。**

図—67から実際に拾いながら解説をすることにする。

コンクリート

$$
\begin{array}{llll}
 & \underset{\downarrow}{(7.0-0.6)} & \underset{\downarrow}{(4.0-0.7)} & \\
 & 6.40 & \times 3.30 & = 21.12 \\
SD_1 & \blacktriangle 0.90\times 2.00\times 1 & & =\blacktriangle 1.80 \\
AW_1 & \blacktriangle 0.70\times 0.70\times 2 & & = \ - \\
 & \blacktriangle 0.49<0.5m^2 & & \\
AW_2 & \blacktriangle 1.40\times 0.70\times 1 & & =\blacktriangle 0.98 \\
SG_1 & \blacktriangle 0.50\times 0.50\times 1 & & = \ - \\
\end{array}
$$

$18.34m^2 \times 0.15 = 2.75m^3$

型　枠

$$
\begin{array}{llll}
 & 6.40\times 3.30 & & = 21.12 \\
SD_1 & \blacktriangle 0.90\times 2.00\times 1 & & =\blacktriangle 1.80 \\
AW_1 & \blacktriangle 0.70\times 0.70\times 2 & & = \ - \\
 & \blacktriangle 0.49<0.5m^2 & & \\
AW_2 & \blacktriangle 1.40\times 0.70\times 1 & & = \ 0.98 \\
SG_1 & \blacktriangle 0.50\times 0.50\times 1 & & = \ - \\
 & \blacktriangle 0.25<0.5m^2 & & \\
\end{array}
$$

m²
$18.34\times 2 = 36.68m^2$

図―67

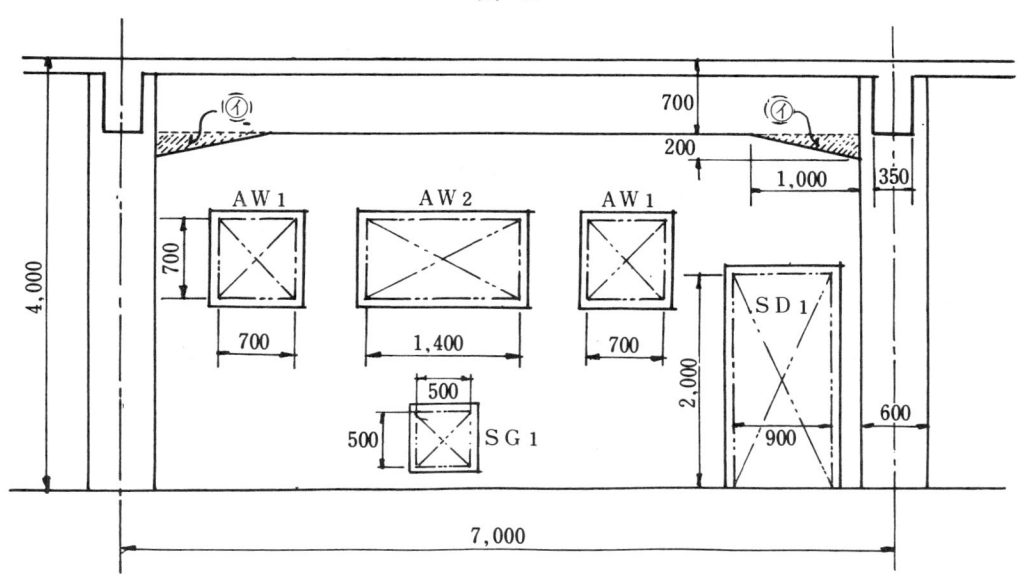

次に図―68から壁の面積を算出してみる。型枠の開口部として、(イ)では単窓3か所、(ロ)ではその3か所分を一つにした3連窓の形式をとっている。さて、これら開口部分の面積を取り除いた残りの壁の面積は(イ)(ロ)共に同じになるはずである。しかし積算基準のルールに則ればこれが全く異なってくる。

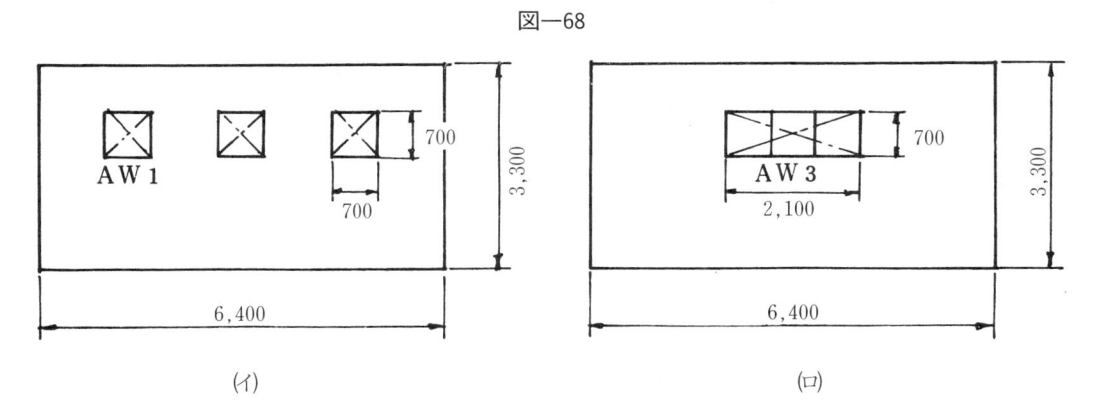

図―68

(イ)　　　　　　　　　　　　(ロ)

なぜなら(イ)での開口部1か所当たりの欠除面積は、

$$0.7\mathrm{m} \times 0.7\mathrm{m} = 0.49\mathrm{m}^2 < 0.5\mathrm{m}^2$$

となって1か所当たり0.5m²以下なので、1通則(1)4)により欠除はないものとみなされる。一方(ロ)の方の3連窓については

$$2.1\mathrm{m} \times 0.7\mathrm{m} = 1.47\mathrm{m}^2 > 0.5\mathrm{m}^2$$

となって欠除の対象となる。開口部の総面積が同じで扱いが違うのは矛盾したように思うかも知れない。しかし実際の施工の難易度をあわせて考えれば、極端に公平さを欠いているとは考えにくい。世の中の規則とか基準にはこうした若干の矛盾はあるものとして飲み込む器量が必要であろう。

さて、壁は積算基準によれば柱、梁、床板から見て「あとの部分」である。したがって、これら「さきの部分」に対して「あとの部分」である壁による取合部分の型枠の欠除面積がどうであるかをチェックすべきである。

- ●柱に対しては
  壁厚　　高さ
  $0.15m \times 3.3m = 0.5m^2 < 1.0m^2 \rightarrow$ 欠除なし
- ●梁に対しては
  長さ　　壁厚
  $6.4m \times 0.15m = 0.96m^2 < 1.0m^2 \rightarrow$ 欠除なし

柱に対しても、また梁に対しても、何れも$1.0m^2$以下であるので欠除の対象にはならないことになる。

この場合に限らないが、積算基準の解釈で注意しておきたいことは、部位と部位の接続部分1か所当たりの欠除面積が$1.0m^2$以下ということである。つまり先の例での「あとの部分」の壁が「さきの部分」である柱、梁等に接する欠除総面積

即ち $\left. \begin{array}{l} 0.15m \times 3.3\ m \times 2\text{か所} = 1.0\ m^2 \\ 6.4m \times 0.15m \times 1\text{か所} = 0.96m^2 \end{array} \right\}$ $1.96m^2 > 1.0m^2$

ということではないということである。

次に、開口部の抱き部分の型枠の扱いについては、図－69に示すように、開口部による欠除面積を求めるための計測の位置を建具の内法寸法で押さえているので、実際の抱き部分はその余長で相殺できるという判断に立っているので改めて計測、計算しないことに決められている。

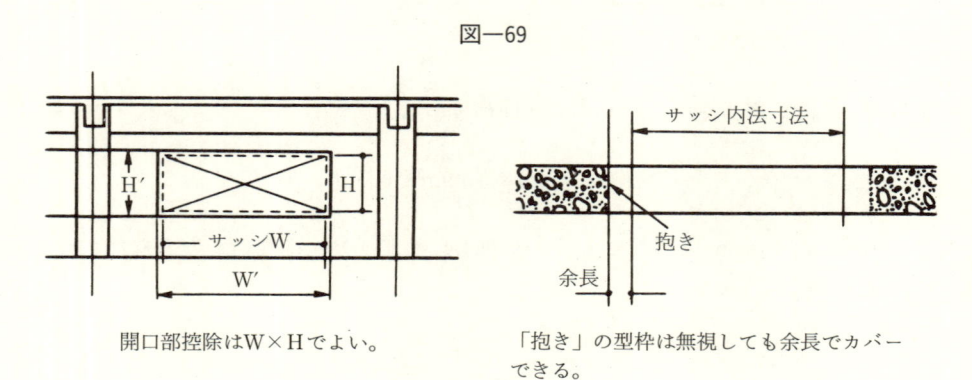

図－69

開口部控除はW×Hでよい。　　「抱き」の型枠は無視しても余長でカバーできる。

10. 階　　段

　階段室の壁は壁の部位で拾っておき（ただし手摺壁のようなものは階段に含む）、壁を除く以外の部分についてはあとで分解して拾うことになる。したがってスラブを拾う時点での階段室は「開口部」の扱い方にして一先ず控除しておく。

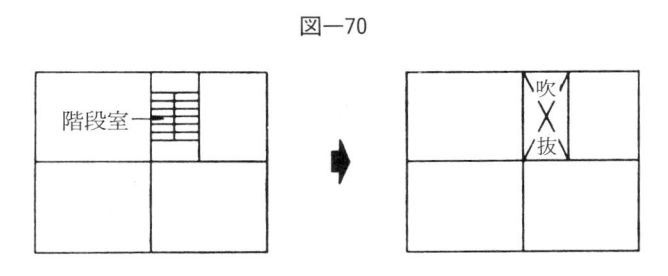

図—70

階段室の壁以外は吹抜とする

　型枠においても、階段をまとめることができてはじめて一人前の型枠大工といわれるように、積算の拾いにおいても階段を要領よく拾うことができればまず一人前といえよう。拾いの手法にこれが絶対的というのは無いが、それぞれの階段の型式に合わせて一番楽でミスの少ない方法を選択して拾うことである。階段まわりを拾った原稿を見れば、大体その人の拾いの力や要領の良さがわかるものである。

　今、図—71のような公団型のような階段を拾ってみよう。さて、階段というものを図—72のように考えてみたらどうだろう。一見複雑と思われる階段も「頭の整理」をすればすこぶる簡単である。踊り場スラブ2枚分と段型スラブ2枚分を1組と考え、段型スラブも一般スラブの変形と考えれば公団型タイプの階段室では、踏面幅に「のび」を見込んだスラブにすぎない。そしてこれらを1組にしたものの重層と考えればよい。

　「のび率」については、普通の踏面、け込みの階段では20%前後であるので、踏面総幅寸法に「のび率20%」を掛けて求めればよいことになる。図—71では踏面総幅寸法は$0.3 \times 6 = 1.8$mであるので、

$$1.8 \times 1.2 = 2.16 \text{m}$$

が段型スラブの寸法となるわけである。

　なお、「のび率」の正確な求め方は、踏面の寸法と、蹴上げ寸法から求められる。図—71から「のび率」を求めると、

III. 躯体の部—コンクリート・型枠編

$$\sqrt{0.3^2+0.2^2}=\sqrt{0.09+0.04}=\sqrt{0.13}=0.36$$
　　　　↓　　　　↓
　　　踏面　　蹴上げ

$$0.36/0.3=1.2 \Rightarrow のび率20\%$$

例えば1層分について拾ってみよう。

主 階 段	コ ン ク リ ー ト		型　　　枠	
段スラブ	$\left.\begin{array}{l}4.35\\0.3\times 6\times 0.2\end{array}\right\}4.71\times 2.35\times 0.12$	$=1.33$	$\}4.71\times 2.35$	$=11.07$
段　　型	$2.35\times 1/2\times 0.3\times 2.8\times 1/2$	$=0.49$	$2.35\times 1/2\times 2.8$	$=3.29$
手すり型	$\left.\begin{array}{l}2.1\times(2.8-0.12)\\▲1.1\times 1.6\times 1/2\times 2\end{array}\right\}3.87\times 0.1$	$=0.39$	$\}3.87\times 2$	$=7.74$
計		$2.21m^3$		$22.1m^2$

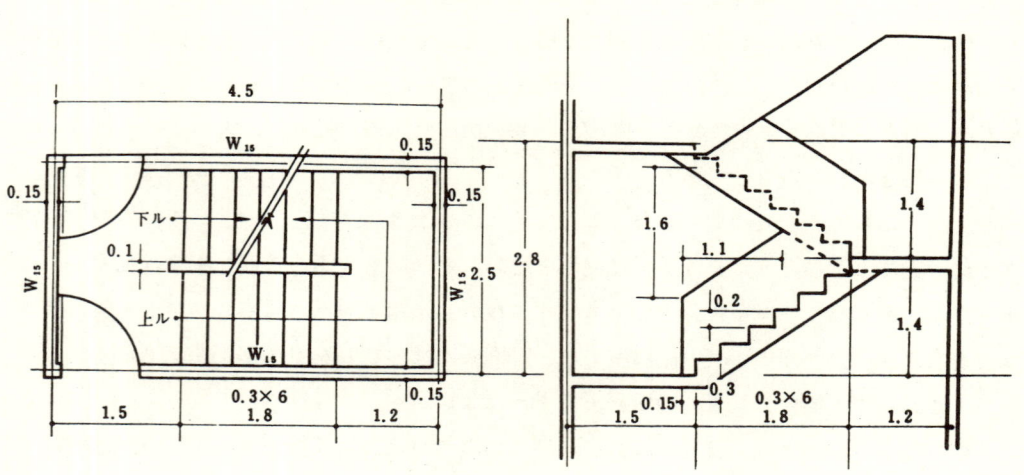

図—71

10. 階　段　113

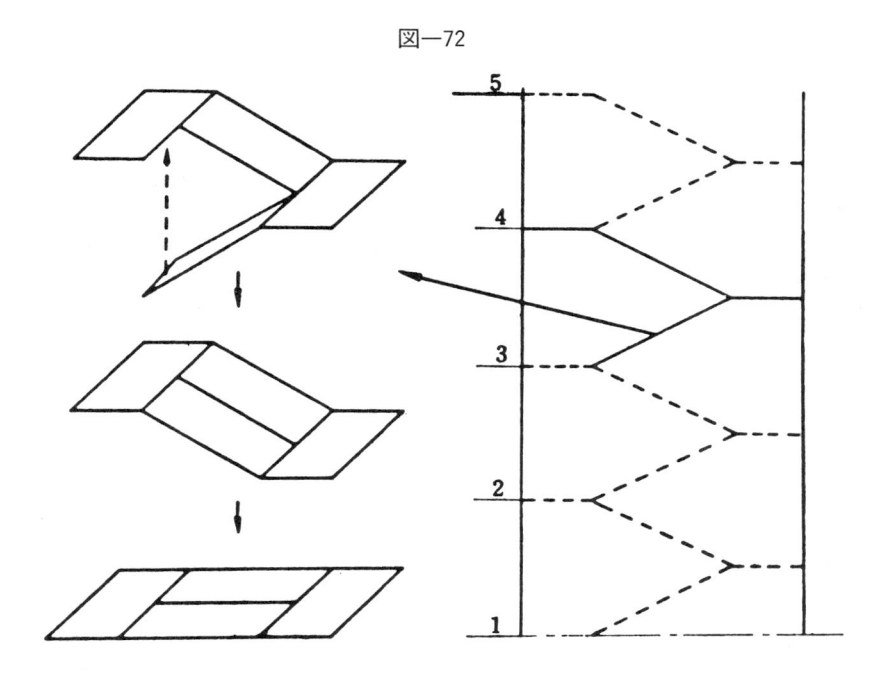

図—72

さきの要領で図—74から某本社ビルの主階段も拾ってみよう。

主 階 段	コ ン ク リ ー ト			型 　 枠	
段スラブ					
1 F〜踊①	1.3　　0.22　　　　1.52				
ノビ	0.28× 4 ×0.2 ｝×1.48＝2.25				
踊①〜2 F	5.05　　0.39　　　　5.44　　　　16.61				
ノビ	0.28× 7 ×0.2 ｝×2.64＝14.36 ｝×0.12＝1.99			16.61	＝16.61
段型①	0.28×1.48×0.88×1/2		＝0.18	1.48×0.88	＝ 1.30
〃 ②	0.28×2.64×1/2×2.82×1/2		＝0.52	2.64×1/2×2.82	＝ 3.72
手すり壁	18.24				
	3.8×4.8				
	1.96				
	1.4×1.4	17.53	×0.1＝1.75	17.53　×2	＝35.06
	▲1.47				
	▲2.1×1.4×1/2				
	▲1.2				
	▲1.5×0.8				
計			4.44m³		56.69m²

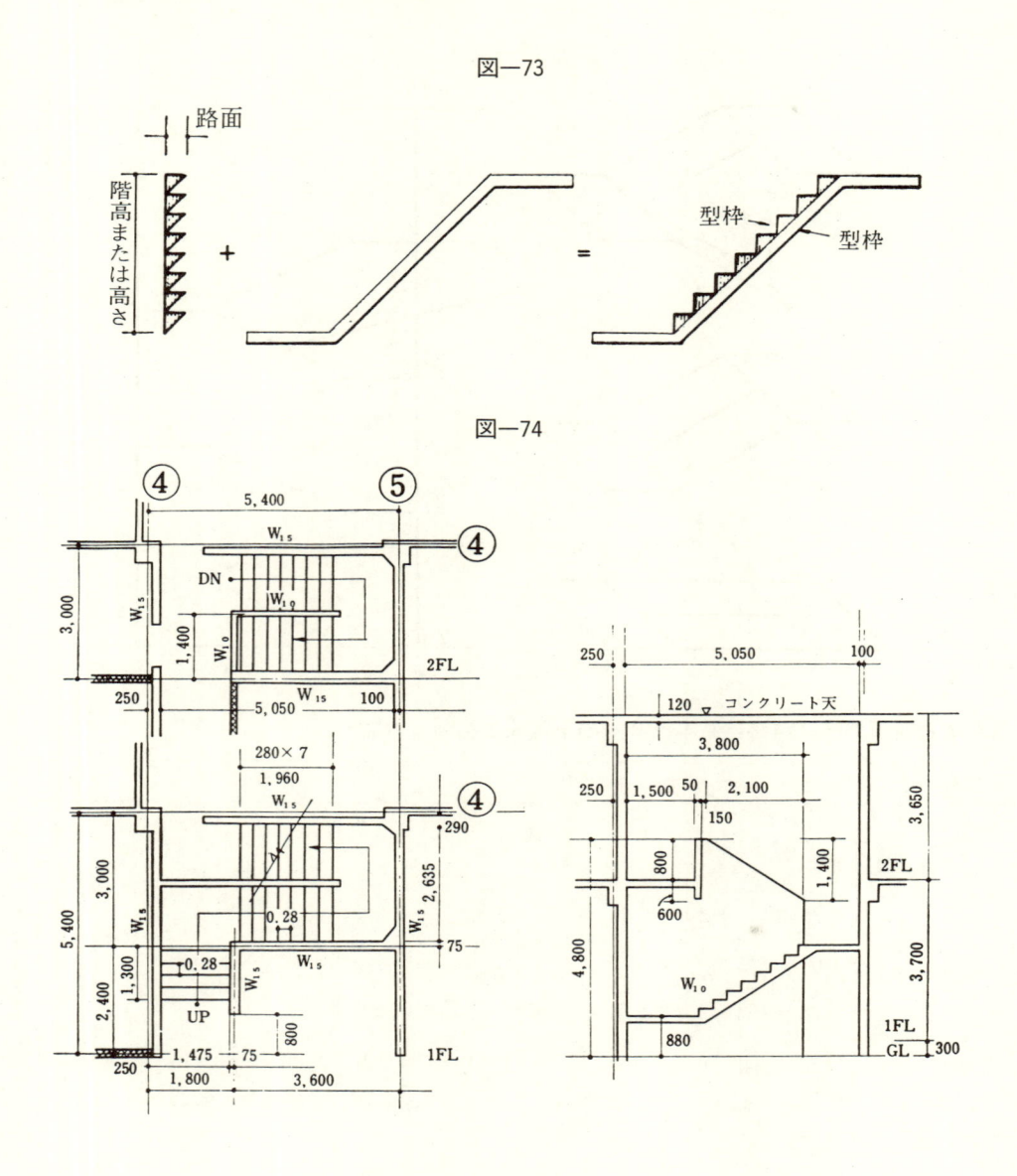

114　III. 躯体の部―コンクリート・型枠編

図―73

図―74

11. そ の 他

1) パラペット・雨押え

　断面別に延長さを求め、1m当たりの断面積を掛ければコンクリート量であり、面積を掛ければ型枠面積となる。今某本社ビルのパラペットまわりを図―75に示した。計算は次のようになる。

11. その他　115

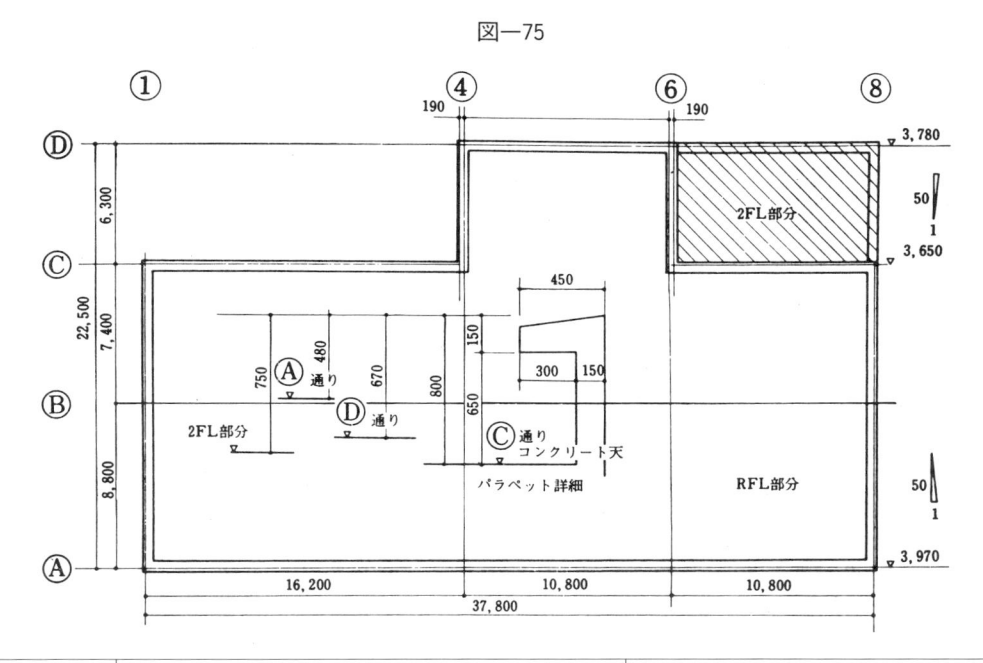

図—75

パラペット	コンクリート	型　枠
RF Ⓐ通	$37.8 \times \overbrace{(0.48 \times 0.45 - 0.33 \times 0.3)}^{0.12} = 4.54$	$3.78 \times \overbrace{(0.48 \times 2 + 0.3)}^{1.26} = 47.63$
Ⓒ〃	$\left.\begin{array}{r}37.8\\ ▲11.18\end{array}\right\}\overset{26.62}{} \times \overbrace{(0.8 \times 0.45 - 0.65 \times 0.3)}^{0.16} = 4.26$	$\overset{26.62}{\Big\}} \times \overbrace{(0.8 \times 2 + 0.3)}^{1.9} = 50.58$
Ⓓ〃	$11.18 \times \overbrace{(0.67 \times 0.45 - 0.52 \times 0.3)}^{0.15} = 1.68$	$11.18 \times \overbrace{(0.67 \times 2 + 0.3)}^{1.64} = 18.34$
①, ⑧〃	$16.2 \times 2 \times \overbrace{(0.64 \times 0.45 - 0.49 \times 0.3)}^{0.14} = 4.54$ ↓ Ⓐ通、Ⓒ通の平均 $(0.8+0.48) \times 1/2$	$16.2 \times 2 \times \overbrace{(0.64 \times 2 + 0.3)}^{1.58} = 51.19$
④, ⑥〃 2F	$6.3 \times 2 \times \overbrace{(0.74 \times 0.45 - 0.59 \times 0.3)}^{0.16} = 2.02$ ↓ $(0.8+0.67) \times 1/2$	$6.3 \times 2 \times \overbrace{(0.74 \times 2 + 0.3)}^{1.78} = 22.43$
↔ ↕	$\left.\begin{array}{r}10.61\\ 6.3\end{array}\right\}\overset{16.91}{} \times \overbrace{(0.75 \times 0.45 - 0.6 \times 0.3)}^{} = 2.71$	$\overset{16.91}{\Big\}} \times \overbrace{(0.75 \times 2 + 0.3)}^{1.8} = 30.44$
計	19.75m³	220.61m²

　以上をもって、躯体の部—コンクリート・型枠編を終りとする。建築積算での数式は小学生の範囲を出ることはまずないであろう。加減乗除さえできれば誰にでも務まるはずである。要は、それらの計算過程をいかに数少なくして全体像を早く正確につかむかにある。つまりは「段取」の勝負となるわけで、本著で述べた内容も手法の一つであって、これがすべてでもなければ最高のものとも思っていない。各人それぞれが回を重ねる度に創意工夫をこらし、より良い手法を生み出されんことを希望してやまない。

12. 演　　習

　計算書右肩上のC−101は、コンクリートと型枠の設計数量を部分別に分けた集計表である。C−102以下について若干の補足説明をすることにする。

1) 基礎（C−102）

　この建物の基礎は独立基礎でF_1からF_4までの4種類である。しかしフーチングの厚みがいずれも0.7mで共通であるところに目を付け、コンクリートにおいては基礎フーチングの面積の合計、型枠においてはフーチング側面積を求めるのに必要な辺の長さの総長さを先に求め、それぞれに共通項である高さ0.7mをまとめて掛けて数量を算出した。

2) 基礎梁（C−102〜C−103）

　幸いなことに、配筋の種類は多いが、コンクリート断面はすべて同じである。これを鉄筋の拾いも並行して作業するとなると、少なくとも断面リストに挙がっているだけの種類に分けて拾うことになる。筆者が主張する「手拾いでは鉄筋は切り離して拾った方がよい」という理由はここにある。

　基礎梁の延長ささえ求まればよい。つまりⒶ〜Ⓒ通りすべてが同じ条件であるので②〜⑤通り間の18.5mに壁厚の半分にあたる0.075mをまず加え、②通では柱の半分を、③〜⑤通りでは柱分を差し引いた長さの16.48mがⒶ〜Ⓒ通り1列の長さになる。

　一方②〜⑤についても条件はやはり同じである。Ⓐ〜Ⓒ通りの間の10.5mに壁厚分をまず加えて柱外面間の寸法を出し、その間に0.6mの柱2個と0.55m1個分を差し引けば、②〜⑤通り1列分の基礎梁の延長さが求まる。

　そして全体の総長さ85.04mに、コンクリートでは梁成の寸法1.0mと、梁幅の0.45mを、型枠では梁成を掛けて2倍すれば答が出てしまう。

　あとは基礎フーチングによる基礎梁の欠除部分を出せばよい。ここでも共通項は極力あとでまとめて掛ける工夫をして効率化を図っている。

3) 柱（C−103）

　基礎フーチングの方法と全く同じである。コンクリートにおいては断面積の総面積を、型枠では柱側面の辺の総長さを先に求め、あとで共通項の高さを掛けている。

　柱にとって「あとの部分」である梁の小口による欠除は、いずれも1か所の面積が1m²以下であるので必要ない。

4) 梁（C-104）

基礎梁に準ずればよいので省略する。

5) 床板（C-105）

厚みがすべて同じであるので、全体の床面から梁を除いた面積を求めれば、それがそのまま型枠の面積になり、その総面積に床板の厚さを掛ければコンクリート量になる。

6) 壁（C106）

壁の厚さ別に開口部面積を除いた面積を求め、共通項の厚さを掛ければコンクリート量になり、2倍すれば型枠の面積になる。

開口部 SW_6 は1か所の欠除面積が $0.48m^2$ で $0.5m^2$ 以下であるので欠除の対象とならない。

1階階段下の倉庫〜廊下間の10cm厚の壁は、階段の壁と一緒に拾ってもよかったが、一応壁の仲間に入れておいた。

7) 階段（C-107）

階段まわりが要領よく拾えれば一人前である。一般的な手法としては階段室の壁は、壁の方で拾っておき、手摺壁のようなものは階段に入れる。

そうすると手摺壁以外のほとんどは床板か踊り場か、段型スラブということになる。段型スラブから段そのものを除けば、踊り場も段スラブもすべて床板もしくはその変形となり、思う程厄介ではない。段スラブの勾配による伸び率は、踏面幅と蹴上げの寸法から割り出せば簡単に求まる。

例えば、踏面260、蹴上げ180とすれば、

$$伸び率 = \sqrt{0.26^2 + 0.18^2}/0.26 = 0.32/0.26 \rightarrow 1.23$$

したがって踏面数が8であれば、

$$0.26 \times 8 \times 1.23 = 2.56m$$

がその段スラブの長さとなる。

8) その他（C-108）

III. 躯体の部—コンクリート・型枠編

コンクリート・型枠集計表　　　　　　　　　　　　　　　　　　　　　　　　C—101

	コンクリート	型　枠
基　　礎	26.62㎥	62.72㎡
基 礎 梁	29.83	132.56
柱	29.62	208.89
梁	48.89	301.59
床　　板	43.68	364.00
壁	49.31	647.86
階　　段	6.99	90.02
そ の 他	8.64	104.52
合　計	243.60㎥	1,912.16㎡

型枠㎡/コンクリートm³→7.85㎡/m³

C—102

基　礎	コンクリート				型　枠		
独立基礎		か所					
F_1	2.2×2.2	×2 ⎫			2.2×4×2 ⎫		
F_2	1.8×1.8	×5 ⎪			1.8×4×5 ⎪		
F_3	1.8×1.8	⎬	38.03	高さ	1.8×4×3 ⎬ 89.6		
	▲0.9×▲0.9	×3 ⎪		↑			
F_4	2.7×0.9	×2 ⎭	×0.7	=26.62㎥	(2.7+0.9)×2×2 ⎭ ×0.7		=62.72㎡
基 礎 梁							
$FB_{1～9}$	18.5+0.15/2×2 ⎫	列			85.04 ⎫		
	▲0.3+0.6×3 ⎬ ×3	85.04			左＝同ジ ⎬		
$FB_{1～6}$	10.5+0.15 ⎫	梁成　梁幅			梁成 内外 ⎫		
	▲0.6×2+0.55 ⎬ ×4	×1.0×0.45	=38.27㎡		×1.0×2 ⎬	=170.08㎡	
基礎当たり欠除							

12. 演　習　119

F_1	▲0.8 ×8 ⎫	
$F_{2,3,4}$	▲1.05× 6 ⎪	
$F_{2,3}$	▲0.98× 8 ⎬ 左ニ同ジ	
F_2	▲0.6 ×10　▲26.8 ⎪	▲26.8
F_4	▲0.13× 2 ⎭ ×0.7×0.45＝▲8.44m³	×0.7× 2 ＝▲37.52m²
計	29.83m³	132.56m²

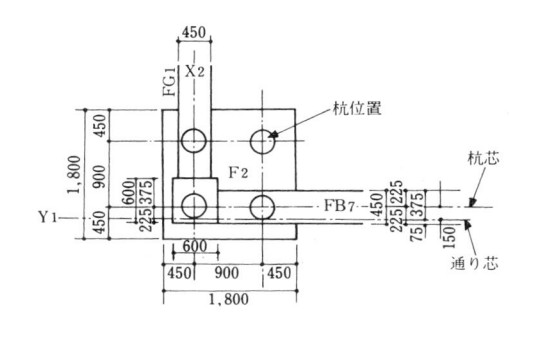

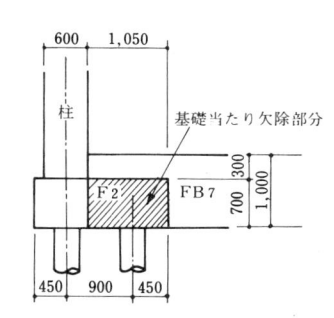

C—103

柱	コンクリート	型　枠
1 F	0.6 ×0.6 × 8 ⎫	0.6× 4 × 8 ⎫
	0.6 ×0.55× 4 ⎬ 4.37	(0.6＋0.55)× 2 × 4 ⎬ 30.1
シャッター用	0.3 ×0.55× 1 ⎭ ×3.87＝16.91	(0.3＋0.55)× 2 × 1 ⎭ ×3.87＝116.49
2 F	0.55×0.55×12 　×3.50＝12.71	0.55× 4 ×12 　×3.50＝92.40
計	29.62m³	208.89m²

C—104

梁	コンクリート	型　枠
2 B$_{1,2}$	5.4 × 4 ⎫ 32.96　　梁成　梁幅	⎫ 32.96　外側面 内側面 梁底
$_3$	5.68× 2 ⎭ 　　　×0.7 ×0.3 ＝ 6.92	⎭ 　× (0.7 ＋0.58＋0.3) ＝ 52.08
2 B$_{4,5}$	5.4 × 2 ⎫ 16.48	⎫ 16.48
$_6$	5.68× 1 ⎭ 　　　×0.7 ×0.3 ＝ 3.46	⎭ 　× (0.58× 2 　＋0.3) ＝ 24.06
2 C B$_1$	2.45× 2 　　×0.65×0.3 ＝ 0.96	2.45× 2 　× (0.65＋0.53＋0.3) ＝ 7.25
$_2$	〃 × 1 　　×〃 ×〃 ＝ 0.48	〃 × 1 　× (0.53× 2 　＋0.3) ＝ 3.33

III. 躯体の部—コンクリート・型枠編

2 G$_{1,3}$	6.15×3	×0.65×0.35= 4.20	6.15×3 ×(0.53×2 +0.35) = 26.01
5	〃×1	× 〃 × 〃 = 1.40	〃×1 ×(0.65+0.53+0.35) = 9.41
2 G$_{2,4}$ ハンチ	2.75×0.6 0.7 ×0.1×1/2×2 } 1.72	×3×0.35= 1.81	2.75×(0.48×2 ×0.35) 0.7 × 0.1 ×1/2×2×2 } 3.74 ×3 = 11.22
6 ハンチ	} 1.72	×1× 〃 = 0.60	2.75×(0.6 +0.48+0.35) 0.7 × 0.1 ×1/2×2×2 } 4.07 ×1 = 4.07
2 b$_{1,2}$	6.75×3	×0.6 ×0.25= 3.04	6.75× 3 ×(0.48×2 +0.25) = 24.50
2	6.75×1 3.0 ×1 } 9.75	× 〃 × 〃 = 1.46	} 9.75 ×(0.6 +0.48+0.25) = 12.97
3	3.0 ×1	×0.45×0.25= 0.34	3.0 ×1 ×(0.33×2 +0.25) = 2.73
小 計		╱24.67m³	╱117.63m²
R B$_1$	5.45×2		
2	5.4 ×2 } 33.26		} 33.26 外側面 内側面 梁底
3	5.78×2	×0.7 ×0.3 = 6.98	×(0.7 +0.58+0.3) = 52.55
4	5.45×1		
5	5.4 ×1 } 16.63		} 16.63
6	5.78×1	×0.7 ×0.3 = 3.49	×(0.58 ×2 +0.3) = 52.55
		端部 先端 (0.7+0.6)×1/2	
R C B$_1$	2.33×2	×0.65×0.3 = 0.91	2.33×2 ×(0.65+0.53+0.3) = 6.90
2	〃 ×1	× 〃 × 〃 = 0.45	〃 ×1 ×(0.53×2 +0.3) = 3.17
R G$_{1,3}$	6.25×3	×0.7 ×0.3 = 3.94	6.25×3 ×(0.58×2 +0.3) = 27.38
5	〃 ×1	× 〃 × 〃 = 1.31	〃 ×1 +(0.7 +0.58+0.3) = 9.88
R G$_{2,4}$ ハンチ	2.75×0.6 0.7 ×0.1×1/2×2 } 1.72	×3×0.3 = 1.55	2.75×(0.48×2 +0.3) 0.7 × 0.1 ×1/2×2×2 } 3.61 ×3 = 10.83
R G$_6$ ハンチ	} 1.72	×1×0.3 = 0.52	2.75×(0.6 +0.48+0.3) 0.7 × 0.1 ×1/2×2×2 } 3.94 ×1 = 3.94
R b$_1$	6.75×3	×0.6 ×0.25= 3.04	6.75× 3 ×(0.48×2 +0.25) = 24.50
2	6.75×1 3.0 ×1 } 9.75	× 〃 × 〃 = 1.46	} 9.75 ×(0.6 +0.48+0.25) = 12.97
小 計		╱23.65m³	╱176.40m²

12. 演　習　121

PRb₄	$5.4 \times 2 \quad \times 0.35 \times 0.15 = 0.57$	壁梁につき梁底なし $5.4 \times 2 \times (0.35 \times 2 + 0) = 7.56$
小　計	／ 0.57m³	／ 7.56m²
計	48.89m³	301.59m²

C−105

床　板	コ　ン　ク　リ　ー　ト	型　　枠
2 S₁ Y₁~₅ × X_{A~B}	$(21.0+0.15-0.35\times 4 -0.25\times 4)$ 　　　↑ 　　$(7.2+0.15-0.3\times 2)$ 　　　　↑ 　　$18.75 \times 6.75 = 126.56$	
Y₂~₃ × X_{B~C}	$(6.0+0.6-0.35\times 2)$ 　　↑ 　$(3.3-0.3)$ 　　↑ 　$5.9 \times 3.0 = 17.70$	
2 S₂ Y₁~₂ × X_{B~C}	$(2.5+0.15/2+0.3-0.25-0.35)$ 　　　↑ 　$(7.2+0.15-0.3\times 2)$ 　　　↑ 　$2.28 \times 6.75 = 15.39$　178.10	178.10
Y₄~₅ × X_{B~C}	$(6.5+0.6-0.35\times 2 -0.25)$ 　　　↑ 　$(3.3-0.3)$ 　　↑ 　$6.15 \times 3.0 = 18.48$　スラブ厚共通 　　　　　　　　　×0.12	
小　計	／ = 21.37m³	／ 178.10m²
RS₁ Y₁~₅ × X_{A~B}	Y₁~₅通り心 　↑　壁厚　大梁幅　小梁幅 　　　↑　　↑　　↑ $(21.0+0.15-0.3\times 4 -0.25\times 4)$ 　　　↑ 　$(7.2+0.15-0.3\times 2)$ 　　　↑ 　$18.95 \times 6.75 = 127.91$	
Y₂~₃ × X_{B~C}	$(6.0-0.3/2)$ 　↑ $(3.3-0.3)$ 　↑ $5.85 \times 3.0 = 17.55$	
RS₂ Y₄~₅ × X_{B~C}	$(6.0-0.3/2-0.3)$ 　↑ $(3.3-0.3)$ 　↑ $5.78 \times 3.0 = 17.34$　168.89	168.89
RS₂ Y₁~₂ × X_{B~C}	$(2.5+0.15/2-0.25-0.3)$ 　↑ $(3.3-0.3)$ 　↑ $2.03 \times 3.0 = 6.09$　×0.12	
小　計	／ = 20.27m³	／ 168.89m²
PRS₁	$5.4 \times 3.15 \quad \times 0.12$	$5.4 \times 3.15 = 17.01$
小　計	／ = 2.04m³	／ 17.01m²
計	43.68m³	364.00m²

壁	コンクリート		型　　枠	
1W$_{18}$	5.4×3.17× 2 =34.24			
SW$_6$	▲1.2 ×0.4 × 1 =――			
SD$_2$	▲0.83×1.8 × 1 =▲1.49	31.15	31.15	
WD$_2$	▲0.8 ×2.0 × 1 =▲1.60	×0.18=5.61m³	×2 =62.30m²	
1W$_{15}$	5.4 × 3			
	5.68× 2			
	2.64× 1			
	6.15× 2			
	2.7 × 1　×3.17=143.28			
AW$_1$	▲ 6.06×2.7 × 1 =▲16.36			
SW$_1$	▲ 1.8 ×1.75× 5 =▲15.75			
SW$_3$	▲ 1.8 ×0.9 × 2 =▲ 3.24			
SW$_4$	▲ 1.2 ×0.9 × 1 =▲ 1.08			
WD$_2$	▲ 0.8 ×2.0 × 1 =▲ 1.60			
WD$_9$	▲ 2.64×2.7 × 1 =▲ 7.13			
下り壁	2.45×1.0 × 2 = 4.90			
2CB$_1$	▲ 2.28×0.7 × 2 =▲ 3.19	102.94	102.94	
西面下り壁	10.35×0.3 × 1 = 3.11	×0.15=15.44m³	×2 =205.88m²	
1W$_{12}$	2.75×3.46 = 9.57	2.31	2.31	
AD$_1$	▲ 2.69×2.7 × 1 =▲ 7.26	×0.12= 0.28m³	×2 = 4.62m²	
1W$_{12}$	階段下 (0.95+5.55)×1/2×3.48 　= 11.31	9.96	9.96	
WD$_3$	▲ 0.75×1.8 × 1 =▲ 1.35	×0.1 = 1.00m³	×2 = 19.92m²	
小　計		╱22.33m³	╱292.72m²	
2W$_{18}$	5.4 ×2.8 × 2 = 30.24			
	2.75×2.85× 1 = 7.84			
SW$_6$	▲ 1.2 ×0.6 × 1 =▲ 0.72	34.92	34.92	
SD$_1$	▲ 1.2 ×2.03× 1 =▲ 2.44	×0.18= 6.29m³	×2 = 69.84m²	

12. 演　習　123

2 W₁₅	5.45× 2			
	5.4 × 1			
	5.78× 2　34.11			
	6.25× 1　×2.8 = 95.51			
	2.75×1 ×2.9 = 7.98			
	2.5 ×2 ×2.85 = 14.25			
AW₂	▲10.19×1.65× 1 =▲16.81			
SW₁	▲ 1.8 ×1.75× 2 =▲ 6.30			
SW₂	▲ 1.8 ×1.3 × 4 =▲ 9.36			
SW₃	▲ 1.8 ×0.9 × 1 =▲ 1.62			
SW₄	▲ 1.2 ×0.9 × 1 =▲ 1.08　81.85			81.85
SW₅	▲ 1.2 ×0.6 × 1 =▲ 0.72　×0.15=12.28㎥			×2＝163.70㎡
2 W₁₂	6.25×2.8 × 1 = 17.50			
	2.75×2.9 × 1 = 7.98　22.78			22.78
WD₃	▲ 0.75×1.8 × 2 =▲ 2.70　×0.12= 2.73㎥			×2＝ 45.56㎡
小　計	／21.30㎥			／279.10㎡
PW₁₅	5.4 ×2.15× 2 = 23.22			
	3.45×2.5 × 2 = 17.25			
SW₅	▲ 1.2 ×0.6 × 1 =▲ 0.72　38.02			38.02
SD₃	▲ 0.85×2.03× 1 =▲ 1.73　×0.15= 5.70㎥			×2＝ 76.04㎡
小　計	／ 5.70㎥			／ 76.04㎡
計	49.33㎥			647.86㎡

C—107

階　段	コ　ン　ク　リ　ー　ト	型　　枠
主階段		
2 F床板	1.76×3.12　　　= 5.49	
	▲0.52×1.25　　　=▲0.65	
2〜RF踊場	1.3 ×3.12　　　= 4.06	
RF床板	1.76× 〃 　　　 = 5.49	
1〜2F段スラブ	4.68×1.24×1.7 = 9.87　33.05	33.05
2〜踊 　〃	2.34× 〃 ×1.33 = 3.86　×0.12=3.97㎥	＝33.05㎡

	コンクリート	型　枠
段　型	0.26×3.6　×1.7　　＝ 1.59 ⎫ 〃　　　〃　×1.75×1.33　＝ 0.61 ⎬ 〃　　　〃　×　〃　×1.7　　＝ 0.77 ⎭ ×1/2 ＝1.49m³	(0.26×18＋3.6)×1.7 ＝14.08 ⎫ (0.26×9 ＋1.75)＋1.33＝ 5.44 ⎬ (　　〃　　　)×1.7 ＝ 6.94 ⎭ ＝26.47m²
手すり壁	(3.2＋2.2＋2.9)×1.05 ＝ 8.72 ⎫	
〃	(1.05＋3.1)×1/2×1.35＝ 2.80 ⎬	
〃	(1.55＋3.1)×1/2×1.15＝ 2.67 ⎭ 15.25	15.25
ＰＦ陸手すり	1.33　　　×0.8 ＝ 1.06 ⎭ ×0.1＝1.53m³	×2 ＝30.50m²
計	6.99m³	90.02m²

C—108

その他	コンクリート	型　枠
ＲＦ他 パラペット		
そで壁	3.05×1.22×2　＝ 7.44 ⎫	
西　面	10.35　　　　×1.0＝10.35	
一　般	18.2 ×2 ⎫	
	10.5 ×1 ⎬ 41.2	
ＰＨ	▲ 5.7 ⎭ ×0.6＝24.72	46.05	46.05
ペントハウス	(5.55＋3.3)×2×0.2＝ 3.54 ⎭ ×0.15＝6.91m³	×2 ＝92.10m²
防水押え	20.85×2 ⎫	
	10.35×2 ⎬	
	3.3 ×2 ⎭ 68.15	68.15
ＳＤ₃	▲0.85×1 ⎭ ×0.15×0.15　　＝1.53m³	×0.15　　＝10.22m²
非常階段		
踊　場	1.13×1.5×0.12　　＝0.20m³	1.13×1.5　　＝1.70 ⎫
小　口		(1.13＋1.5×2)×0.12＝0.50 ⎭ 2.20m²
計	8.64m³	104.52m²

基礎伏図　図-C-101

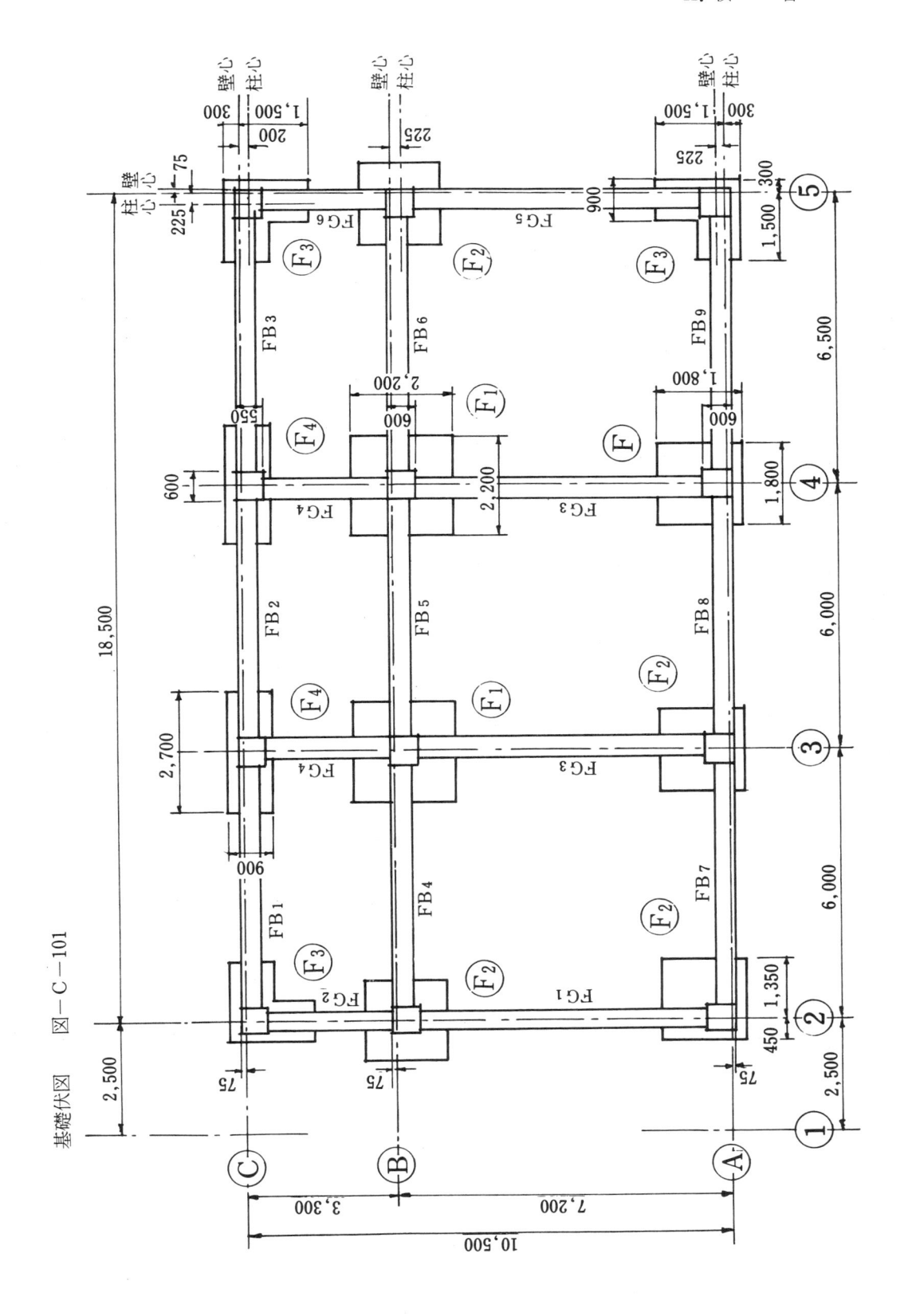

基礎梁リスト　図-C-102

特記なき限り 腹筋 2-D10、幅止め D10@600

記号	位置	上端筋	下端筋	スタラップ
FB1	2端	4-D22	3-D22	D10@200
FB1	中央	3-D22	3-D22	D10@200
FB1	3端	3-D22	3-D22	D10@200
FB2	3端	3-D22	3-D22	D10@200
FB2	中央	3-D22	3-D22	D10@200
FB2	4端	3-D22	3-D22	D10@200
FB3	4端	3-D22	3-D22	D10@200
FB3	中央	4-D22	3-D22	D10@200
FB3	5端	6-D22	3-D22	D10@200
FB4	2端	3-D22	2-D22	D10@200
FB4	中央	3-D22	2-D22	D10@200
FB4	3端	2-D22	2-D22	D10@200
FB5	3端	2-D22	2-D22	D10@600
FB5	中央	2-D22	2-D22	D10@600
FB5	4端	2-D22	2-D22	D10@600

記号	位置	上端筋	下端筋	スタラップ
FB6	4端	3-D22	2-D22	D10@200
FB6	中央	2-D22	2-D22	D10@200
FB6	5端	3-D22	2-D22	D10@200
FB7	2端	10-D25	7-D25	D10@200
FB7	中央	7-D25	7-D25	D10@200
FB7	3端	7-D25	7-D25	D10@200
FB8	3端	3-D25	3-D25	D10@200
FB8	中央	3-D25	3-D25	D10@200
FB8	4端	7-D25	3-D25	D10@200
FB9	4端	3-D25	3-D25	D10@200
FB9	中央	5-D25	3-D25	D10@200
FB9	5端	5-D25	3-D25	D10@200

記号	位置	上端筋	下端筋	スタラップ
FG1	A端	5-D22	5-D22	D10@200
FG1	中央	3-D22	3-D22	D10@200
FG1	B端	3-D22	3-D22	D10@200
FG2	B端	5-D22	5-D22	D13@125
FG2	中央	4-D22	4-D22	D13@125
FG2	C端	6-D22	4-D22	D13@125
FG3	A端	5-D22	5-D22	D10@200
FG3	中央	3-D22	3-D22	D10@200
FG3	B端	4-D22	4-D22	D10@200
FG4	B端	4-D22	4-D22	D13@125
FG4	中央	4-D22	4-D22	D13@125
FG4	C端	4-D22	4-D22	D13@125
FG5	A端	7-D22	5-D22	D10@200
FG5	中央	3-D22	3-D22	D10@200
FG5	B端	3-D22	3-D22	D10@200
FG6	B端	4-D22	5-D22	D13@125
FG6	中央	3-D22	5-D22	D13@125
FG6	C端	5-D22	5-D22	D13@125

梁断面 1,000 × 450

12. 演 習 127

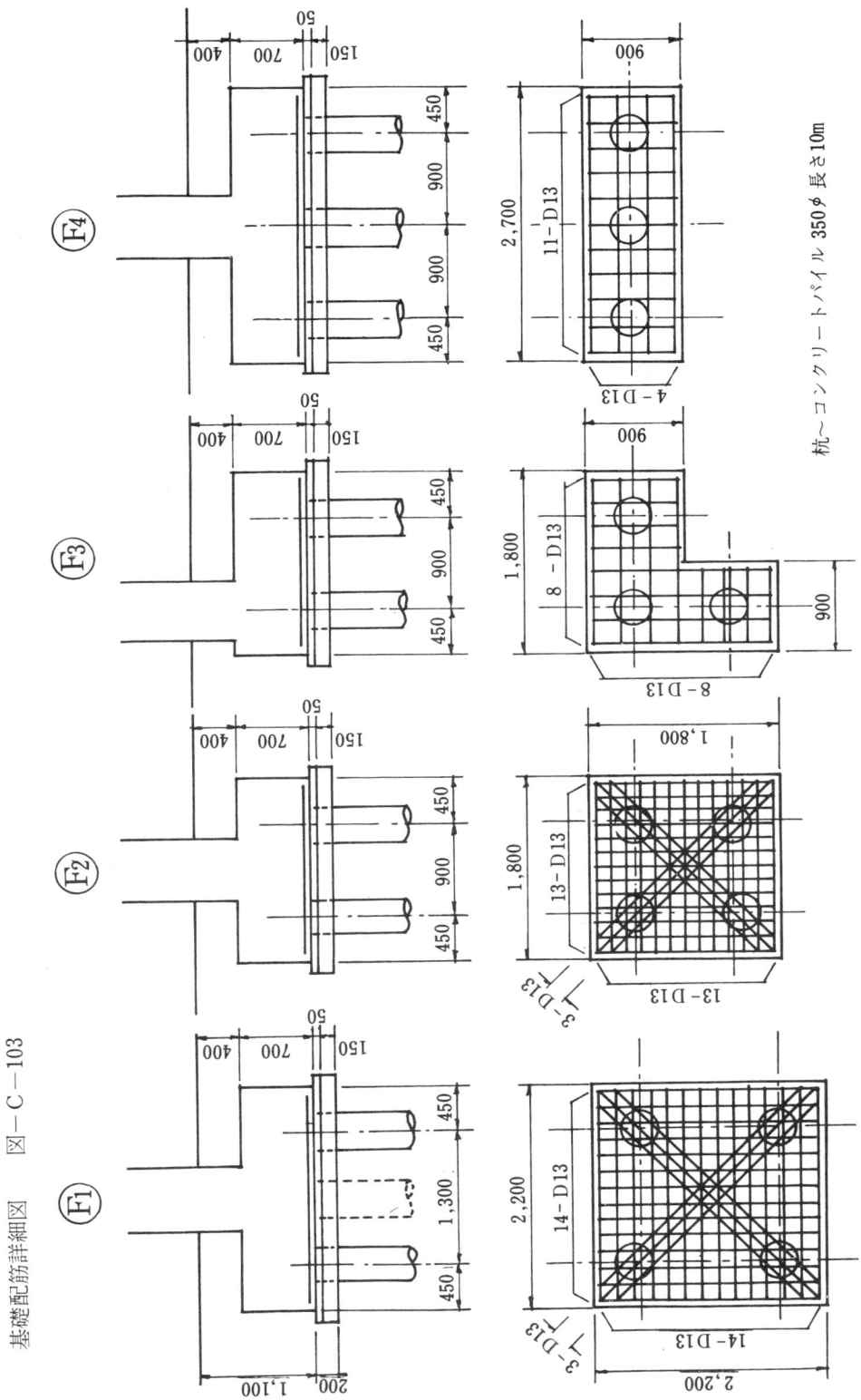

基礎配筋詳細図　図−C−103

杭〜コンクリートパイル 350φ 長さ10m

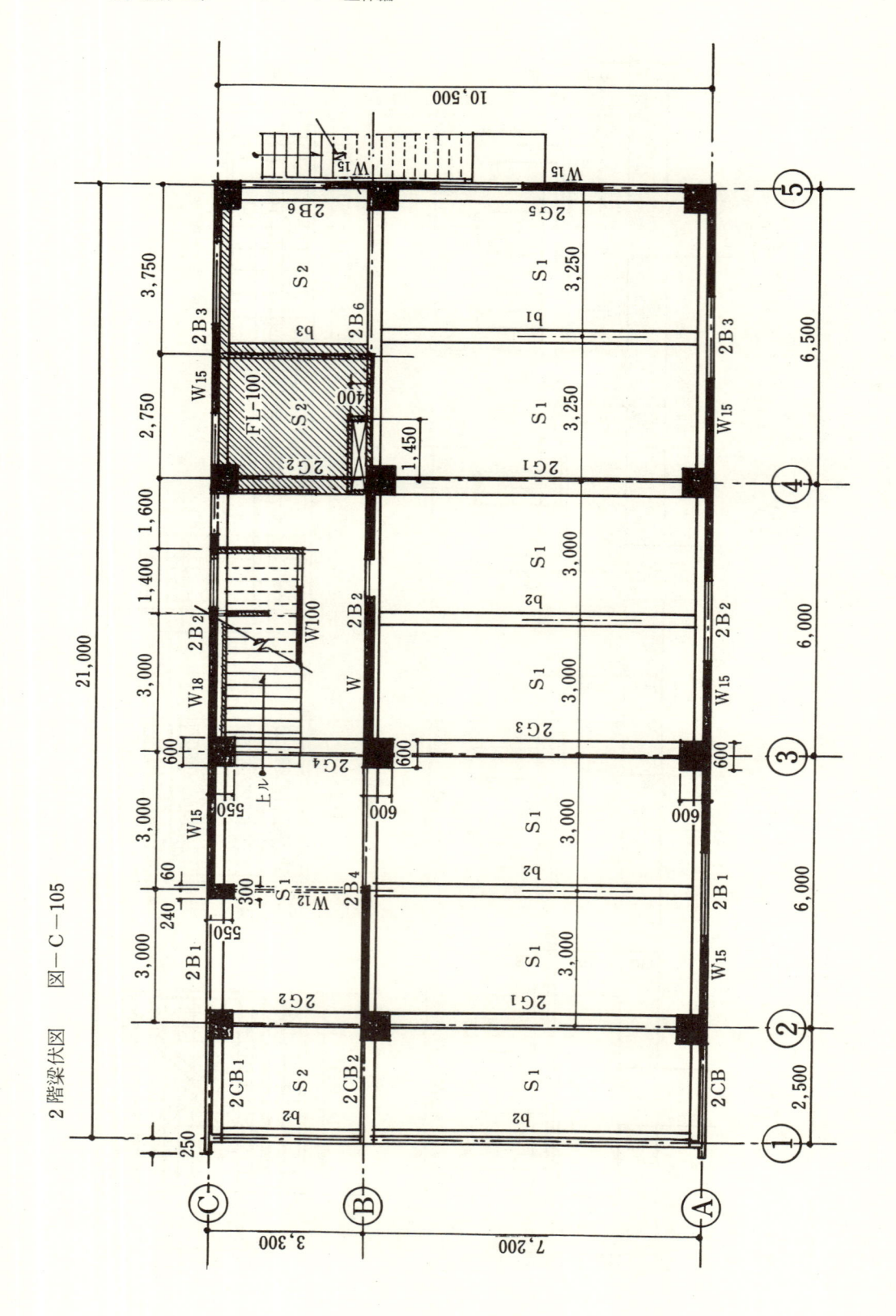

128　Ⅲ．躯体の部―コンクリート・型枠編

2階梁伏図　図―C―105

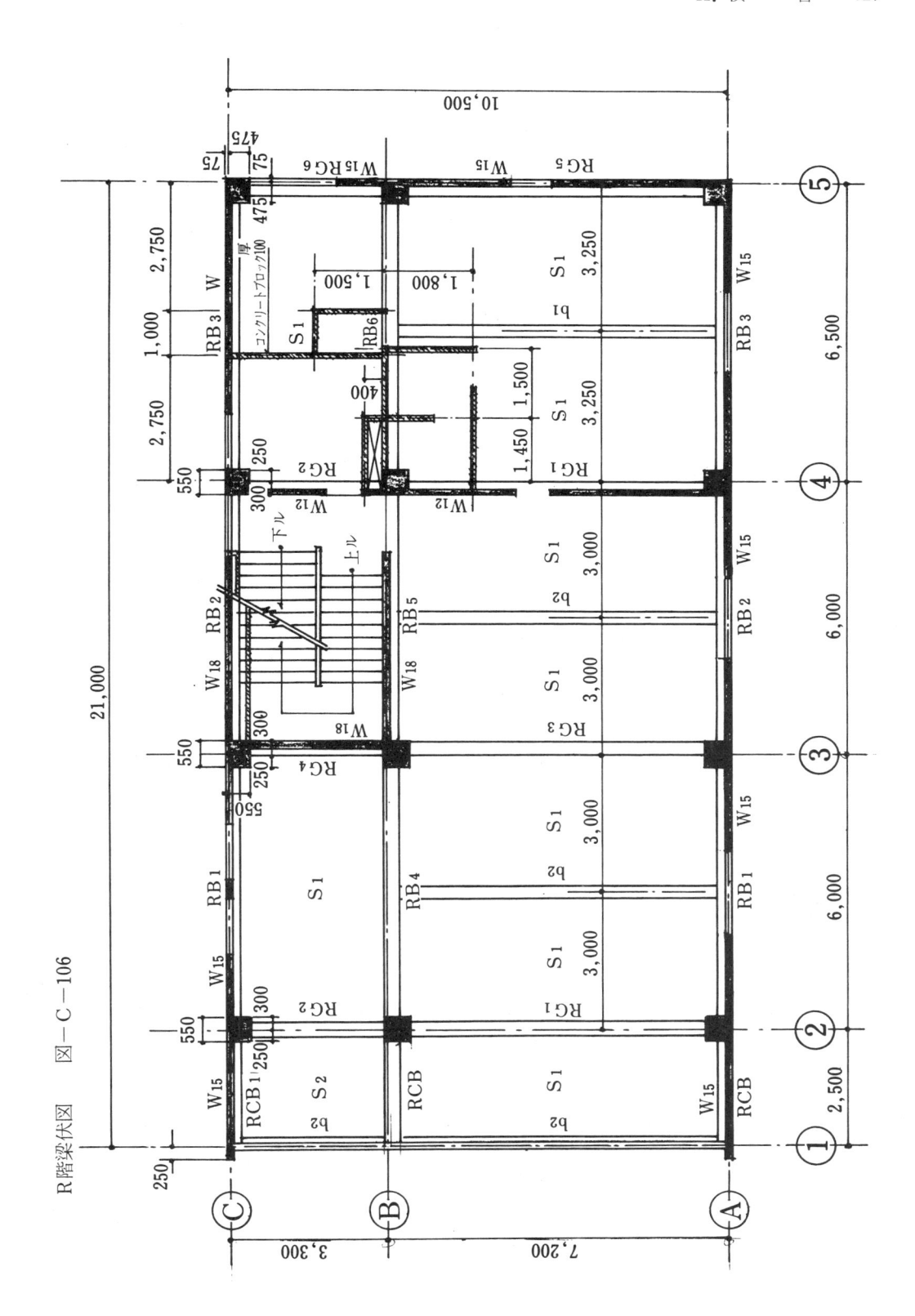

12. 演習

R階梁伏図　図-C-106

大梁リスト(1)　　特記なき限り 腹筋D10, 幅止めD10@600, コンクリートFc=180kg/cm², 鉄筋SD30

記号	CB₁			B₁			B₂			B₃			CB₂	
2F (断面)	600×700			300×700			300×700			300×700			600×700	
上端筋	3-D22	5-D22		5-D22	3-D22	3-D22	3-D22	2-D22	3-D22	3-D22	2-D22	4-D22	4-D22	6-D22
下端筋	3-D22	5-D22		5-D22	3-D22	3-D22	3-D22	2-D22	3-D22	3-D22	2-D22	4-D22	4-D22	6-D22
スタラップ	D10@200			D10@250			D10@250			D10@250			D10@200	

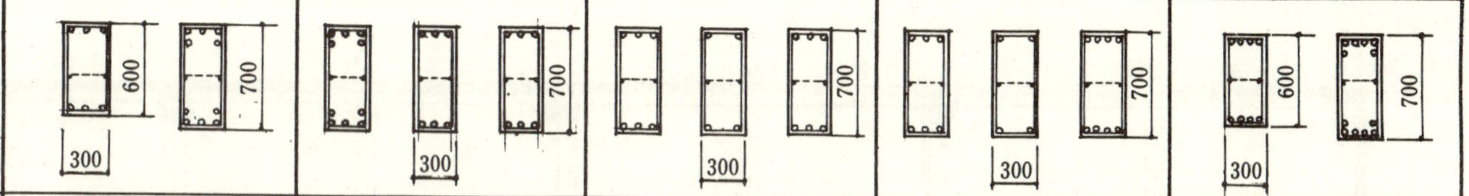

記号	B₄			B₅			B₆				G₁		
2F (断面)	300×700			300×700			300×700				350×700		
上端筋	6-D22	3-D22	2-D22	2-D22	3-D22	3-D22	2-D22	3-D22	6-D22		7-D22	4-D22	6-D22
下端筋	6-D22	3-D22	2-D22	2-D22	3-D22	3-D22	2-D22	3-D22	2-D22		6-D22	4-D22	5-D22
スタラップ	D10@250			D10@250			D10@250				D10@250		

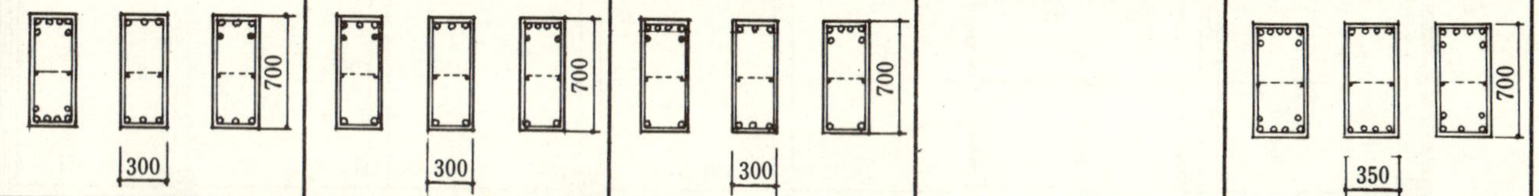

記号	G₂			G₃			G₄			G₅			G₆		
2F (断面)	350×600			350×700			350×600×700			350×700			350×600×700		
上端筋	6-D22	4-D22	6-D22	7-D22	4-D22	7-D22	7-D22	4-D22	4-D19	6-D22	3-D22	5-D22	5-D22	3-D22	5-D22
下端筋	5-D22	5-D22	6-D22	6-D22	4-D22	4-D22	4-D22	2-D19	4-D22	5-D22	3-D22	4-D22	4-D22	3-D22	5-D22
スタラップ	D13@100			D10@250			D13@100			D10@250			D13@100		

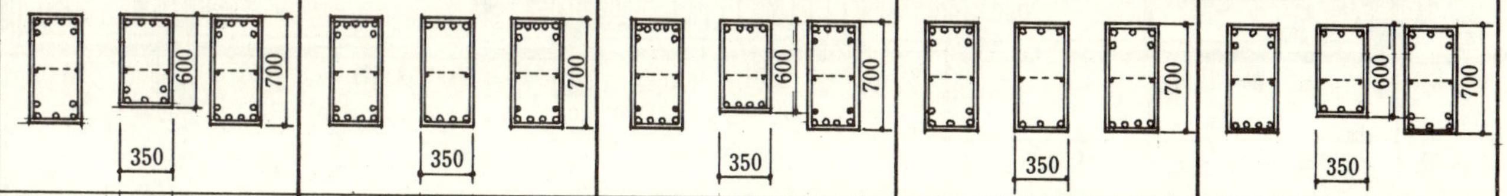

図-C-107

12. 演習　131

大梁リスト(2)　　特記なき限り 腹筋 D10, 幅止め D10@600, コンクリート Fc=180kg/cm², 鉄筋 SD30　　図-C-108

記号	CB₁		B₁			B₂			B₃			CB₂	
RF	700 / 600 (300)		700 / 300 / 700			700 / 300 / 700			700 / 300 / 700			700 / 600 (300)	
上端筋	3-D22	5-D22	5-D22	2-D22	2-D22	2-D22	2-D22	2-D22	2-D22	2-D22	3-D22	4-D22	6-D22
下端筋	3-D22	2-D22	5-D22	2-D22	2-D22	2-D22	2-D22	2-D22	3-D22	2-D22	3-D22	4-D22	6-D22
スタラップ	D10@200		D10@250									D10@200	

記号	B₄			B₅			B₆					G₁	
RF	700 / 300 / 700			700 / 300 / 700			700 / 300 / 700					700 / 300 / 700	
上端筋	6-D22	3-D22	4-D22	4-D22	3-D22	5-D22	5-D22	3-D22	5-D22			6-D22	3-D22	5-D22
下端筋	6-D22	3-D22	2-D22	2-D22	2-D22	2-D22	2-D22	3-D22	2-D22			6-D22	3-D22	5-D22
スタラップ	D10@250											D10@200	

記号	G₂			G₃			G₅			G₆		
RF	700 / 600 (300)			700 / 300 / 700			700 / 300 / 700			700 / 600 (300)		
上端筋	5-D22	3-D22	5-D22	6-D22	3-D22	5-D22	6-D22	3-D22	4-D22	5-D22	3-D22	3-D22
下端筋	4-D22	3-D22	5-D22	6-D22	3-D22	3-D22	4-D22	3-D22	3-D22	3-D22	3-D22	3-D22
スタラップ	D13@100			D10@250			D10@250			D13@100		

柱リスト

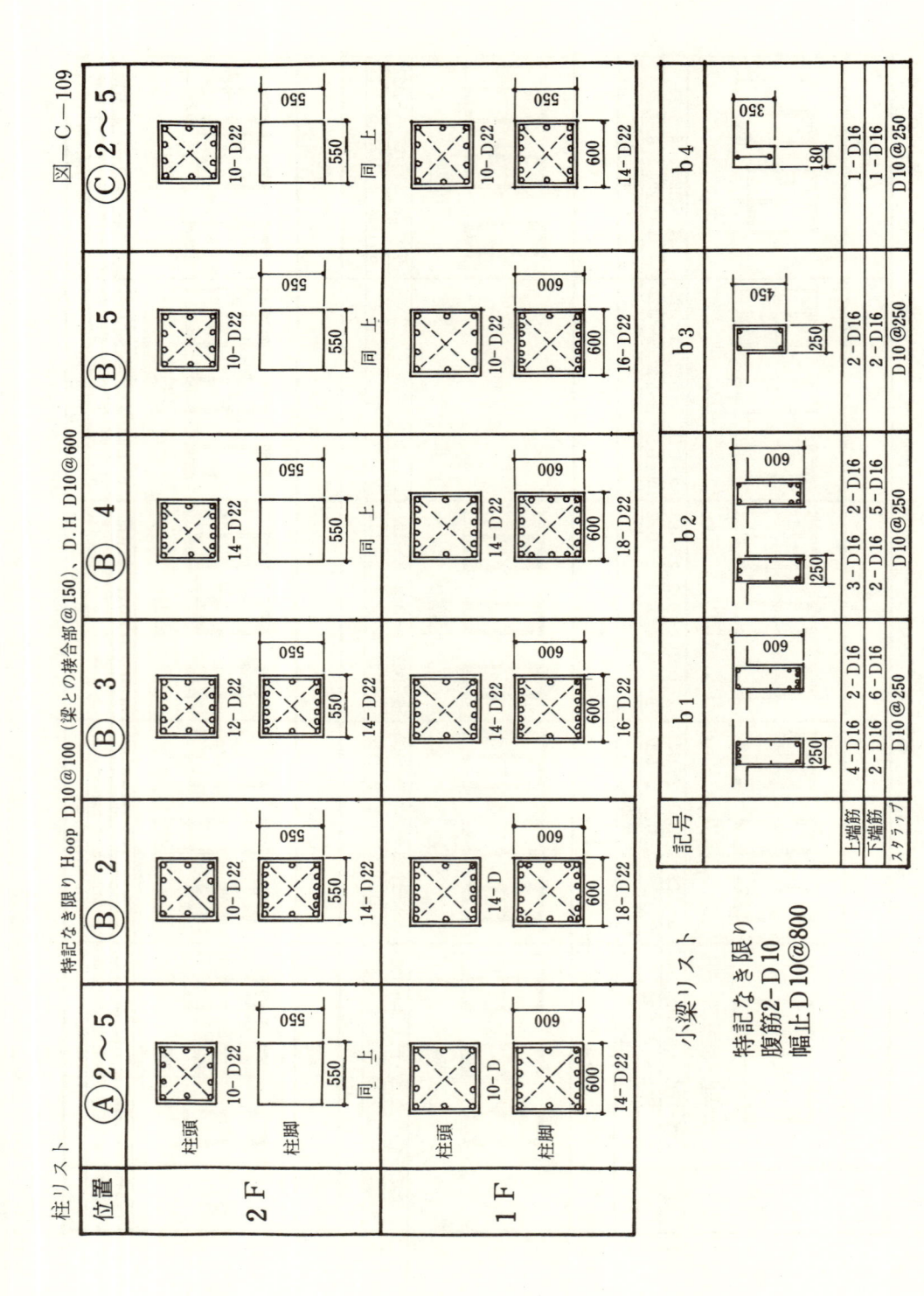

特記なき限り Hoop D10@100 (梁との接合部@150), D.H D10@600

位置		A 2〜5	B 2	B 3	B 4	B 5	C 2〜5
2F	柱頭	10-D22 (550×550)	10-D22 (550×550)	12-D22 (550×550)	14-D22 (550×550)	10-D22 (550×550)	10-D22 (550×550)
	柱脚	同上	同上	同上	同上	同上	同上
1F	柱頭	10-D (600×600)	14-D (600×600)	14-D22 (600×600)	14-D22 (600×600)	10-D22 (600×600)	10-D22 (600×600)
	柱脚	14-D22 (600×600)	18-D22 (600×600)	16-D22 (600×600)	18-D22 (600×600)	16-D22 (600×600)	14-D22 (600×600)

図−C−109

小梁リスト

特記なき限り
腹筋2-D10
幅止 D10@800

記号	b1	b2	b3	b4
上端筋	4-D16 / 2-D16	3-D16 / 2-D16	2-D16	1-D16
下端筋	2-D16 / 6-D16	2-D16 / 5-D16	2-D16	1-D16
スタラップ	D10@250	D10@250	D10@250	D10@250

(b1: 600×250, b2: 600×250, b3: 450×250, b4: 350×180)

③通り 配筋詳細図　図-C-104

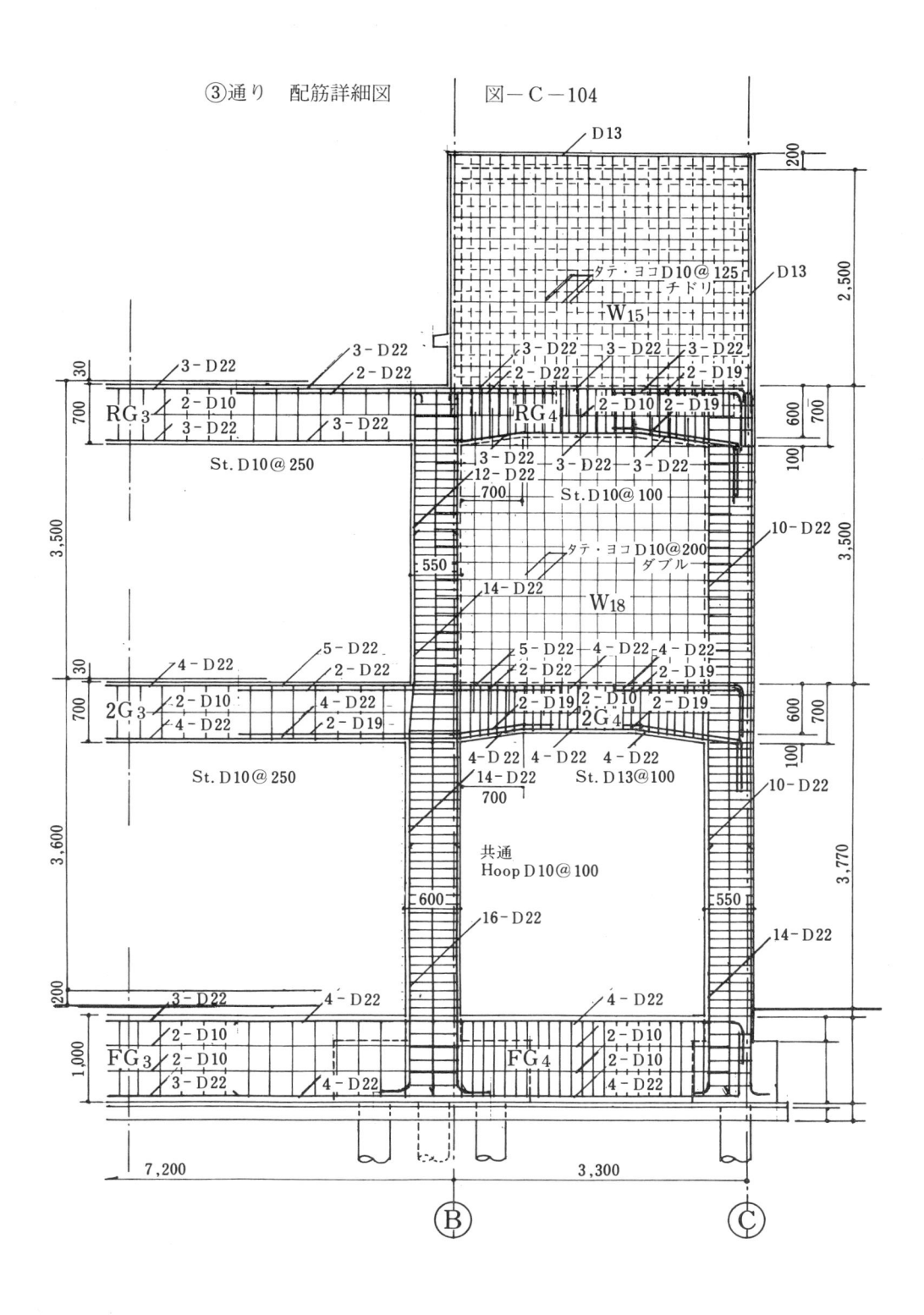

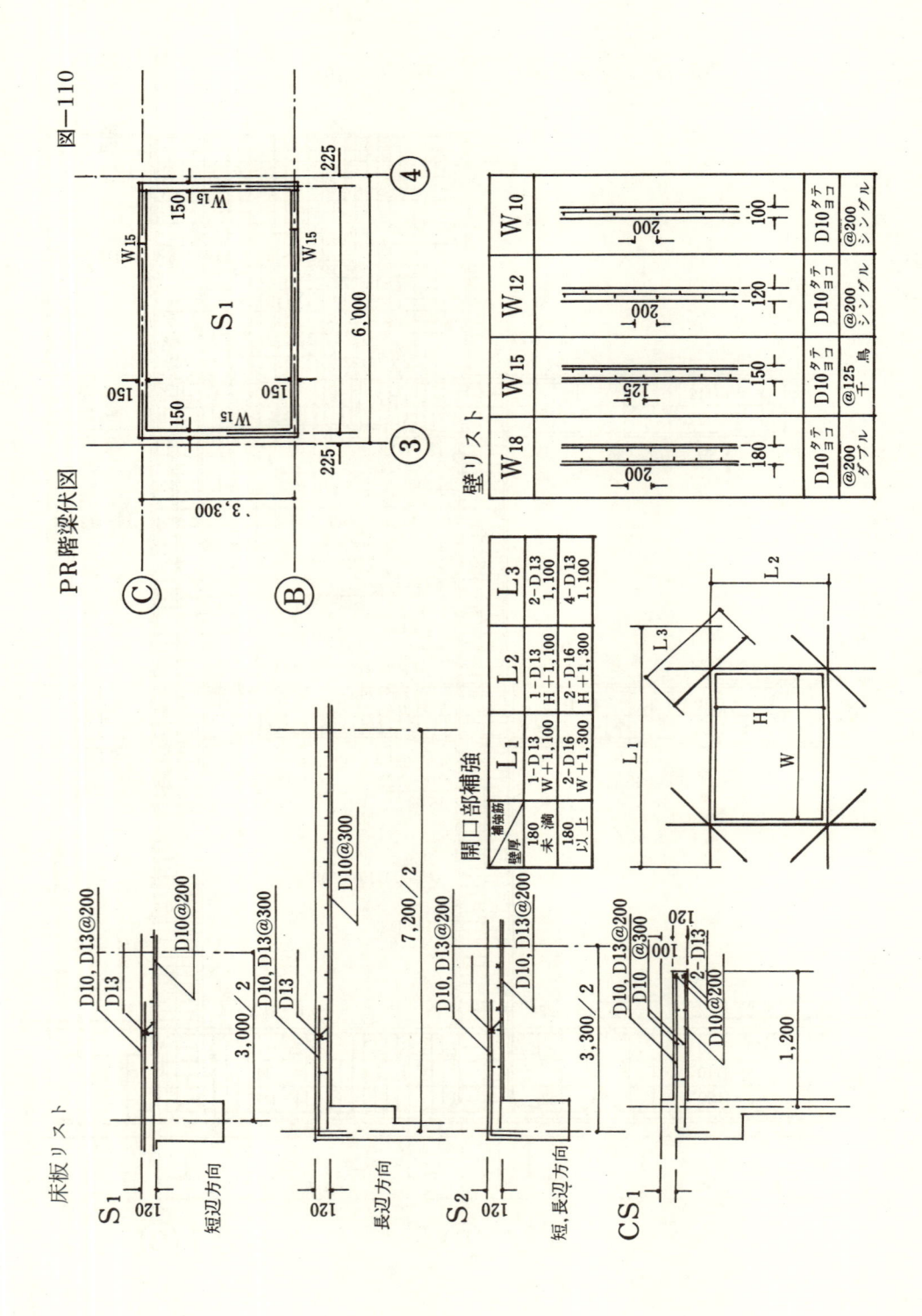

134　Ⅲ．躯体の部—コンクリート・型枠編

図—110

PR階梁伏図

Ⅳ. 躯体の部―鉄筋編

Ⅳ 躯体の部―鉄筋編

1. はじめに

　筆者が社会人になった頃（昭和26年）からしばらくの間、鉄筋と言えばほとんど先端が鉤（かぎ）型に曲がっていた。他人の物を黙って失敬する不埒（ふらち）な者を指して人は指先を曲げる。先の曲ったもの、つむじの曲った人を大抵の人は敬遠しがちなものだ。

　したがって筆者の若い頃は、できれば鉄筋係に当たらないよう願ったり、避けて通った人が多い。ところが、何も分からないまま、生まれて初めての現場で上司から鉄筋係を申し渡された。新入社員としての若さと純心さで力不足をカバーしつつ鉄筋と取り組み、不思議なもので、以来鉄筋と深い仲になったのである。

　さて、積算という語彙（ごい）も知らないまま、自分が担当している建造物の鉄筋を拾うことになった。毎日々々先輩や鉄筋職の親方に、手取り足取り教えて貰っているうちに、どうも大抵の人は鉄筋について苦手な人が多いということに気付いた。またできることなら鉄筋と関わりたくないというのも大方の人の本音らしいということも分かってきた。

　仕事となると、恐らく楽なものはこの世に一つもないのだろう。他人から見れば暢気で楽そうな職業も、その当事者にとってはどうして、どうしてそう楽なものはなさそうである。そう

は言っても、仕事に対する取り組み方、ものの考え方というものは人により千差万別ではなかろうか？

　世間というものはどうかすると、深刻な顔付きをし、苦労して取り組んでいる風に見られない限り、真面目に仕事をしていると取らない人が意外と多い。筆者はこうしたものの考え方にはどちらかと言えば反対である。結果や効果の程が同じなら、楽しくやってしかも楽に仕事は片付けた方がよいと考えている一人だ。私のことを「極楽トンボ」と陰口を叩く仲間もいるようだが……。

　苦手なものを相手にして嫌々ながら付き合うよりも、逆にむしろ好きになって付き合った方がよっぽど良いのではないか。多くの人が苦手としたり、毛嫌いしている鉄筋の拾いを好きになる手立てはないものか？　好きになれないとしても、その前に苦手意識をなくす方法はないものか？　と考えた。

　鉄筋と名が付けば、先が曲がっていたり、途中に継手があったり、梁の途中から本数が変化したりしてややこしい。これらをただ黙々と拾うだけでは確かに面白いはずはなかろう。しかし、ものは考えようだ。例がやや不謹慎になるかも知れないが、消しゴム大の四角四面の白いれんが風のものに、数字や絵を画いたブロックがあるとする。これを子供が積み木をするように、大の男が朝から晩まで積んでは壊し、壊しては積まされていたとしたら、恐らく大抵の人は半日で気違いになるだろう。しかしこれが麻雀パイだとしたら、好きな人は一晩中やっていても飽くことを知らないのである。

　「仕事にもゲーム性を持て！」これが筆者の最近到達したものの考え方の一つである。言葉が足りないと誤解を招くかも知れない。しかし、楽しく仕事をしている時は士気も上がるし、意欲にも燃えている。図面から癖の多い鉄筋を一本一本拾い出し、四則演算の繰り返しだけの作業の連続で終わるとすれば、こんな味気ないつまらない仕事もないだろう。

　しかし振り返って見て、筆者自身は大変楽しく仕事をした思い出の方が多い。そのコツとは？　一口に言えば「賭け」である。「賭け」と言っても別に金を賭けるわけではない。つまり、これから自分が拾う建造物の鉄筋総量を、自分の体験と経験により培かった勘での「賭け」をすすめたい。「賭け」という語彙がまずければ「予測」と言い替えても同じである。表現が違うだけで根のところは全く同じだ！

　筆者のような人間は、ギャンブルにはスリルと興奮を覚えるのが正直なところだろう。自分が前もって予測した数値が、手間ひまかけて拾い上げた数値にピッタリ合った時のこの快感、これぞ積算の醍醐味というものだろう。

　仕事も人間関係も要は同じだ。苦手なものをつくらないことが、人生を楽しく生きていく術だと常日頃考えている。前講釈が長すぎたようだ。では、本論に入ろう。

2. 一般事項

積算基準から必要最小限の一般的な事項を引き出し、若干の解説を加えながら進めていくとしよう。

1) 数量は原則として設計数量である

積算に用いる数量には**設計数量、計画数量**及び**所要数量**の三通りがあることは前にも述べたが、大切な事項であるので、ここに繰り返して説明しておく。

設計数量とは、設計図書に表示された寸法（物指により読みとれる寸法を含む）及び表示された寸法から計算することのできる寸法を用いて求めた数量を指す。いわゆる市場寸法による切り無駄や施工上止むを得ない損耗、ロスなどを見込まない数量を指して言う。

つまり、コンクリートの打設で、型枠のはらみ、こぼれによるロス含みや、生コン車1台当たりの積載量からくる所要数量のことではない。これは設計図書の設計寸法から算出した理論上の数量、いわゆる正味の数量を指すことになる。

次に**計画数量**とは、文字通り施工計画に基づく数量のことを言う。一口に言えば、仮設や土工事にからむものが多いと言えよう。例えば地下建造物の根切りの施工では、切梁、山留工法等は施工者によってまちまちであり、一定していない。シートパイルの打込み位置一つで、当然根切りの土量が異なってくる。このように施工計画に基づいて計測、算出する数量を指して**計画数量**と言っている。

最後に**所要数量**とは、一定の市場寸法がある木材、鉄骨、鉄筋のような建材を、施工時に発生する切り無駄、ロス含みの形で扱う場合の数量を言う。しかし**積算基準**の思想は、切り無駄、ロスなどは単価の方で調整し、極力**設計数量**に統一してもらいたいと考えている。

しかし発注者側はともかく、施工を担当する受注者側としては、材料の手配、施工上の納まりから出る切り無駄やロスを考えれば、**設計数量**一本でいくにはまだまだ現状では無理があるのではないか。こうした背景への配慮から、**所要数量**で表示することが一部認められているようである。

2) 計測数値はm単位とし、原則として小数点以下第3位を四捨五入する

設計図書に基づいて計測する寸法はm単位とし、合わせて小数点以下第2位でよいと言っている。

つまりmm以下については四捨五入し、cmまででよいことを意味している。

例　　　┌四捨五入　　　　┌四捨五入
　　　6.345 → 6.35　　7.673 → 7.67

3) 長さ、面積、体積及び質量の単位は、それぞれm、㎡、㎥及びtとし、演算の過程を除いて、演算、集計も同様小数点以下第2位とする

※ただし、木材の場合は特則があり、これについては後述する。

　面積や体積の四則演算過程で、小数点第2位同士の数値を掛け合わせれば、小数点以下3乃至4桁まで端数がついてまわることになる。**積算基準**ではこうした場合も小数点以下は第2位まででよいとしている。

　　　　例　　㋑　6.34×5.27＝33.4118→33.41
　　　　　　　　　　　　⇩
　　　　　　　㋺　6.34×5.27×8
　　　　　　　　　　└─────┘
　　　　　　　　　　33.41　×8　　→267.28

　　　　　　　㋩　6.34×5.27×8＝267.2944
　　　　　　　　　　　　　　　　　→267.29

　㋑は小数点以下第2位で計測した寸法同士を掛け合わせた面積の演算式である。小数点以下第3位を四捨五入し、33.41としている。

　㋺は同寸法で構成され、同じ面積を持つ形のものが8か所あることを示し、1か所の面積を一先ず㋑の形で求めた後に8倍している。

　㋩同じ条件のものを、全部順次掛け合わせた数値をあとでまとめて小数点以下第3位を四捨五入にした形である。

　つまり、昔のように手計算やソロバンで演算していた時代ならばともかく、手軽に安価な電卓が入手できる今日この頃、演算過程で生じる桁数が何桁になろうと何ら問題はない。㋺のように演算過程でいちいち小数点以下に改めてから、更に演算を続ける方が、却ってわずらわしいということになろう。

　小数点以下が何桁になろうとも、電卓の方は一向平気で苦もなく勝手に働いてくれる。途中の演算の方は電卓を信頼してまかせておき、結果の数値だけを注意すればよいことだ。

　しかし、㋺の方法と㋩の方法とでは、結果の数値に0.01の差が生じるではないか？　と言ったところで（これは枝葉末節の話であって）大勢に影響を与えるような数値ではない。

4) 内訳書の細目数量は、小数点以下第1位とする。ただし、100以上の場合は整数とする

　この項の意味は、内訳明細書などに数量を計上する場合の単位の扱いについてである。例えばA室のじゅうたんの面積が36.52㎡、B室が82.21㎡、C室の床タイルの面積が48.32㎡であったとする。

じゅうたん　36.52＋82.21＝118.73→119　m²

床タイル　　　　　　　　＝　48.32→　48.3m²

となって、じゅうたんの合計面積は100以上になるので小数点以下第1位を四捨五入して119 m²に、床タイルの方は100未満であるから、小数点以下第2位を四捨五入した数値48.3m²を計上することになる。

3．鉄筋の区分と名称

積算基準の条文に出てくる主な用語について説明をしておくことにする。

各部分……建物を構成している骨組の部分、つまり、基礎、柱、梁、床板、壁、階段、その他といった各部分を言う。

さきの部分、あとの部分……上記部分の順位にしたがい、柱は梁の「さきの部分」となり、基礎に対して「あとの部分」となるように、拾う手順も同時に示していることになる。

小梁は梁の仲間であり、順位は大梁のあとになる。つまり大梁は小梁にとって「さきの部分」であり、小梁は大梁に対して「あとの部分」となる。

基礎梁は基礎の一部分であるから、フーチングが基礎梁の「さきの部分」となり、基礎梁はフーチングの「あとの部分」となる。

ベタ基礎における基礎底盤は床板の仲間と考えて、これは梁の仲間である基礎梁に対し「あとの部分」と考えて拾うことになる。

以上のことから鉄筋も、コンクリート、型枠同様に、拾う順序は同じでいく。これを改めて図示すれば次のようになる。

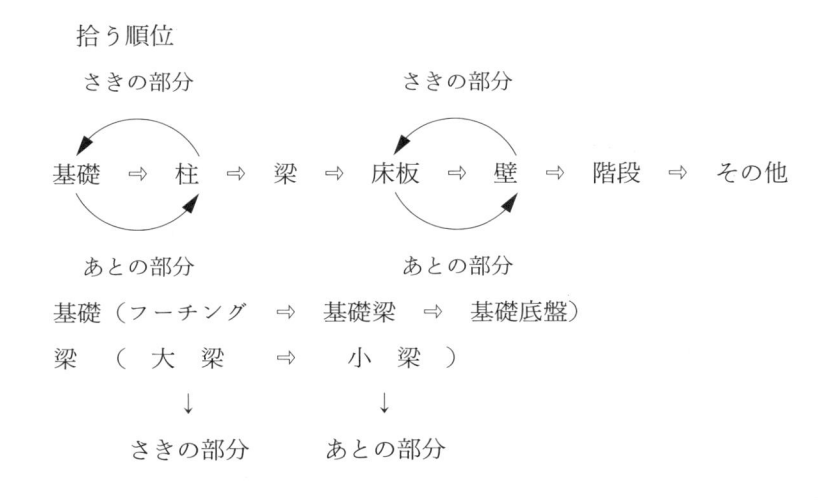

```
          拾う順位
         さきの部分              さきの部分
           ↶                      ↶
      基礎 ⇒ 柱 ⇒ 梁 ⇒ 床板 ⇒ 壁 ⇒ 階段 ⇒ その他

         あとの部分              あとの部分
      基礎（フーチング ⇒ 基礎梁 ⇒ 基礎底盤）
      梁　（　大　梁　 ⇒ 　小　梁　）
              ↓              ↓
           さきの部分      あとの部分
```

図—76

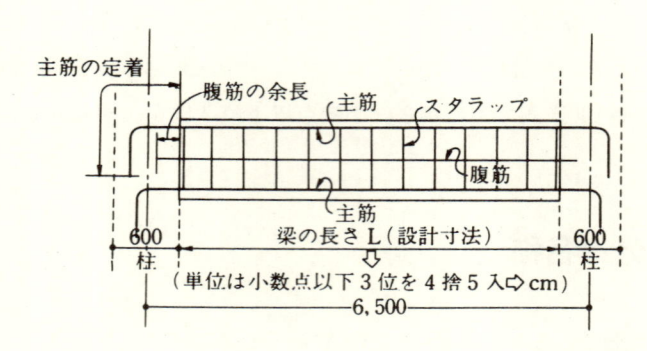

主筋の定着　腹筋の余長　主筋　スタラップ
腹筋
主筋
600　梁の長さL（設計寸法）　600
柱　（単位は小数点以下3位を4捨5入⇨cm）　柱
6,500

図—77

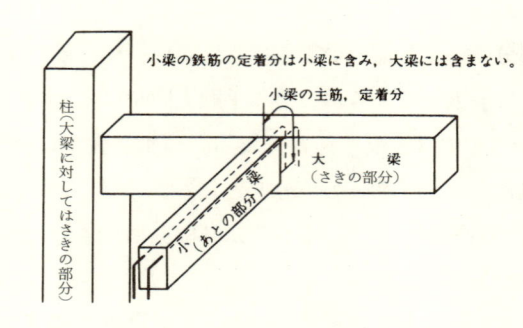

柱（大梁に対してはさきの部分）
小梁の鉄筋の定着分は小梁に含み，大梁には含まない。
小梁の主筋，定着分
大　梁（さきの部分）
小梁（あとの部分）

　コンクリート、型枠の場合であれば、梁の長さは設計寸法L、つまり5.9m（単位はmとし、小数点以下第3位を四捨五入、つまりcm単位で計測することになる）でよいが、鉄筋の場合は他の部位、ここでは「さきの部分」である柱への定着が必要になる。求める鉄筋の長さは、柱への定着分も含めた形になる。つまり梁部分に内蔵された鉄筋の他に、定着相当分が他の部分（ここではさきの部分である柱）に存在している。
　他の部分に及んでいるということは、他の部分の定着分が逆に侵入していることもあるわけで、つまり大梁に小梁が更に接続しているとすれば、「さきの部分」としての大梁に、「あとの部分」である小梁の鉄筋の定着や余長が入り込んでいることになる。しかし、大梁の鉄筋の拾いでは小梁の定着分などは、計測も計算も必要としないということをここでは意味しているわけである。

4．鉄筋の計測・計算と通則

　さきに述べた「設計数量」、つまり正味の数量と「実際の数量」とは意味が違うことに触れてみたい。
　建造物ができ上がった時点では、それに要した材料も手間も、また経費も、実績を見れば数

量的にも工事費の上でも真実は一つしかない。打ち込まれたコンクリート、その過程でのこぼれや型枠のはらみによるロスも含めてその量を示す数値は一つしかあり得ない。労務費にしても、10人ぐらいでできるつもりのところが、倍の20人かかってしまったという工種もあるだろう。こうした実際の数量を、着工以前の段階で設計図書から計測し、かつ計算して出すことは到底できる相談ではない。

　これらの予測値が、今まで余りにも各社、名人がバラバラで、発注者、受注者側は勿論として、同じ部署にいながら人により、同じ人でも気分次第ででてくる数値が一定せずにまちまちであったということが問題なのである。

　要するにこれは、計測したり、計算したりする流儀、手法や、思想がバラバラであったことにその原因のほとんどがあった。これらの思想、手法の統一を図るために**積算基準**がまとめられたわけである。しかしこのルールは、あくまで「積算」という世界での原則的な約束ごとであって、実際の「施工」とは違うところも多々あるという認識が同時に必要だ。筆者がいた勤務先で例年実施されている積算の社内研修の時もそうだが、受講生の現場専従者の中には、施工時の細かい納まり一つひとつに至るまでを気にするため、積算の作業が中断したり、スピードが鈍くなったりする人がままいる。

　施工と積算は別の世界であるということ、また同時に「割り切る」ことが大切だと申し上げたい。この一つの例を、鉄筋の継手の上で説明してみよう。

図—78

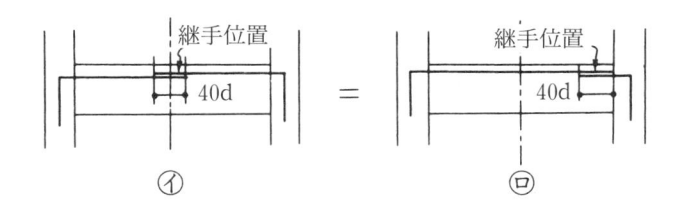

　梁の主筋の継手位置は、施工上ではコンクリートの圧縮側、つまり図—78のように上端筋であればⓘの位置が好ましい。ⓡの位置は継手を十分に取ったとしても、原則としては避けたいところであろう。

　しかしながら積算上は、継手に必要な長さが同じであれば、ⓘの場合もⓡの場合も鉄筋の必要量は全く変わらない。結果が同じで、楽に早くまとめる方法があるのならば、施工上のことは少々無視しても拾うというのが、また積算の考え方でもある。

　積算基準の精神は、市場寸法の影響を受けている鉄筋についても、原則として図面上の設計寸法に基づき計測し、計算するよう求めている。所要長さが計算上6.15mとなり、市場寸法からみて当然これは6.5mの定尺ものから加工せねばならないと分かっていても、積算上は6.15mを設計長さとして扱うことになる。これ1本だけで考えれば、6.5mものから取れば0.35m

144　Ⅳ．躯体の部―鉄筋編

もの切り無駄を生じ、ロス率は5.4%あることになる。やや気にかかるかも知れないが、ここでは余計な神経は使わず目をつむろう。

建物に使用される鉄筋は、その規格、形状、寸法は当然まちまちである。梁の主筋1本1本、太さが異なれば当然その定着長さもそれぞれ異なってくる。この条文はそれに触れている。

今図―79において、主筋の定着長さをその径の40倍つまり40ｄ、腹筋においては余長を15ｄとすれば、それぞれ主筋は両端で80ｄ、腹筋は30ｄを必要とする。したがって、

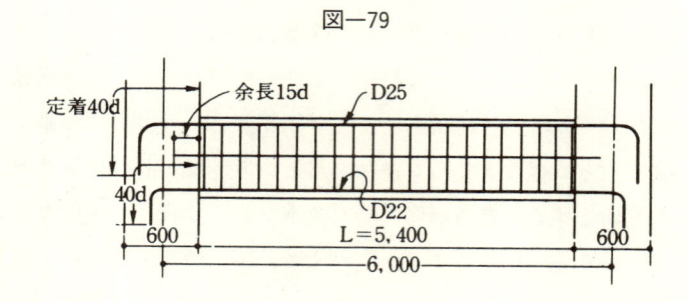

図―79

```
定着40d　　余長15d　　D25
　　　　　　　　　　　　D22
　40d
　　600　　L=5,400　　600
　　　　　　6,000
```

設計長さL　6.00－0.60/2×2 ⇒ 5.40

主筋　D25　　L＋40ｄ×2 ＝5.40＋80×0.025 → 7.40m
　　　　　　　　　　　　　　　　　　　　　 ⎿2.00⏌

〃　　D22　　　〃　　　＝5.40＋80×0.022 → 7.16m
　　　　　　　　　　　　　　　　　　　　　 ⎿1.76⏌

腹筋　D10　　L＋15ｄ×2 ＝5.40＋30×0.01　→ 5.70m
　　　　　　　　　　　　　　　　　　　　　 ⎿0.3⏌

更に鉄筋は、計測したその長さによって継手を加算するか、しないかをも同時に考えねばならない。これについては後述する。

なお、腹筋については図示のある場合を除き、鉄筋の長さを梁の内法長さとし、継手及び余長はないものとして計算するのが現在は一般的になっている。

通　則

■　部分の先端で止まる鉄筋

1)　基礎ベース、柱、梁、床板等の先端で止まる鉄筋は、コンクリートの設計寸法をその部分の鉄筋の長さとし、これに設計図書等で指定された場合はフックの長さを加える。斜筋もこれに準ずる。ただし、径13mm以下の鉄筋についてのフックはないものとする。

図―80のⒶは実際の施工状態を示すものである。基礎のベース筋の所要長さは、コンクリー

トのかぶり厚さを差し引いたものになる。しかし積算上はこのような基礎も含め、柱、梁、床板など先端で止まる鉄筋は、コンクリートの設計寸法をそのまま鉄筋の長さとして拾ってよいことを述べている。したがって基礎のベース筋Ⓐは、Ⓑのような考え方で拾ってよいことになる。

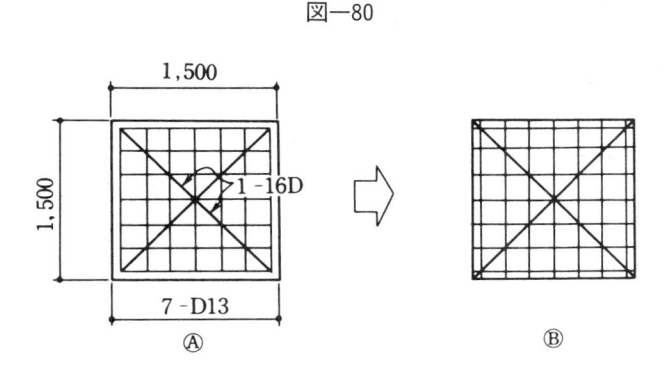

図—80

今コンクリートのかぶりを60mmとすれば

$$\text{ベース筋の長さ} \quad 1.50-0.06\times 2 \quad =1.38$$

$$\text{DIA} \quad 〃 \quad \overset{2.12}{\overline{1.50\times\sqrt{2}}}-0.06\times 2=2.00$$

つまりベース筋は1.38m、ＤＩＡ筋は2.00mが実際に施工する時の長さとなる。これを積算の上では、ベース筋の長さはコンクリートのフーチングの設計寸法1.50m、ＤＩＡ筋も同様にフーチングの斜辺長さ2.12mでそのまま計測・計算することになる。

やや余談になるかも知れないが、前述の梁の主筋の長さの計測値6.15mが、鉄筋の定尺6.5mを頭におくと5.4％ものロスが出ても気にするな！　と言った理由が分かってもらえたと思う。つまりここでその逆の例が出てきたからである。ここの例ではＤＩＡ筋の実際の長さは2.00mでよいのに、これを積算上2.12mで拾っており、丁度6％分余裕のある勘定になった。

更には定尺寸法を頭におくと、2.00mでよいものなら定尺6.00mものから3本取れるものが2.12mでは2本しか取れないことになる。3本取るためには1段上の6.50mものから取る勘定になってしまう。こういうことを、鉄筋の拾い1本、1本でいちいち考えていたのでは、限られた時間の中で積算という業務を遂行することはまず不可能だ。これ一つを例にとっても現場と積算では違う立場での取り組み方が必要だということが理解して頂けたかと思う。

念のために同じ配筋のものを、在来型の丸鋼、つまりフック付きで拾ってみることにする。

図—81

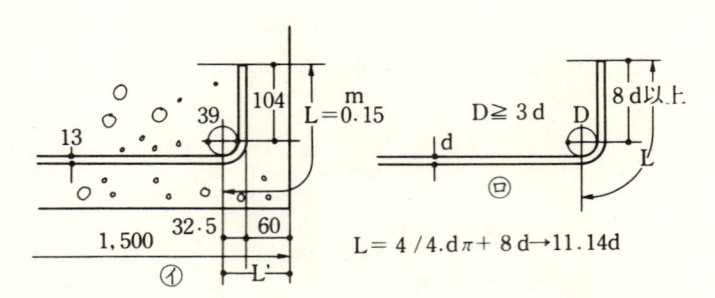

ベース筋の実長
$$1.50+(L-L')\times 2 = 1.50+(0.15-0.09)\times 2 = 1.62$$

ベース筋の実長は、コンクリートの設計寸法から被覆を除き、フック分を加えねばならない。JASS5（日本建築学会・建築工事標準仕様書、鉄筋コンクリート工事）と同様の、**積算基準**に記載されたフックの長さ算定式によれば、上記のような算定式により1.62mとなる。したがって、コンクリートの設計寸法をそのまま鉄筋の長さとすると、若干不足をきたす。

しかしこれを一方、斜筋D16をフック付きの16φにして拾ってみると次式のように余裕を生じることがわかる。拾いというものはこれらの過不足の繰り返しであり、お互いが程よく相殺し合うので、目くじらを立てる程のこともなく、また大勢には支障がないので安心してほしい。

図—82

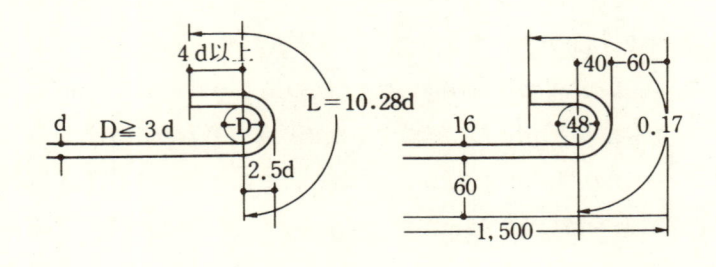

| ベース筋の実長 | $1.50+(0.16-0.10)\times 2$ | $=1.62\text{m}$ |
| ベース筋の積算値 | $1.50+0.17\times 2$ | $=1.84\text{m}$ |

■ フープ、スタラップの扱い

2) フープ、スタラップの長さは、それぞれ柱又は梁のコンクリートの断面の設計寸法による周長を鉄筋の長さとする。

幅止筋の長さは、梁又は壁のコンクリートの設計幅又は厚さとする。

実際にはフック付きである柱のフープ、梁のスタラップを拾う場合について述べている。コ

ンクリートの被覆を無視し、そのままコンクリート断面の周長をもってそれに代えれば作業も簡単であり、過不足も相殺できるからという考え方である。

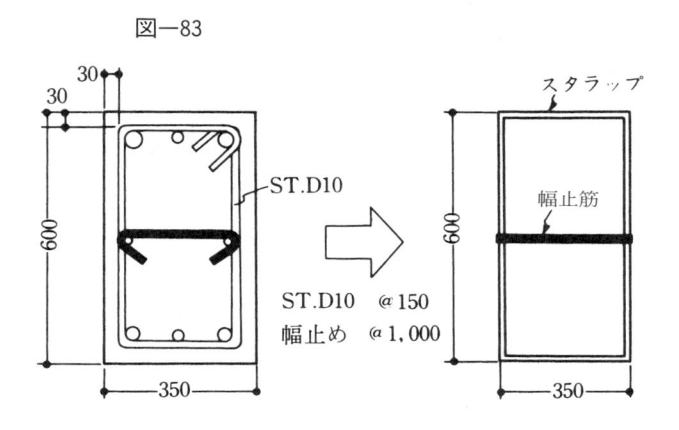

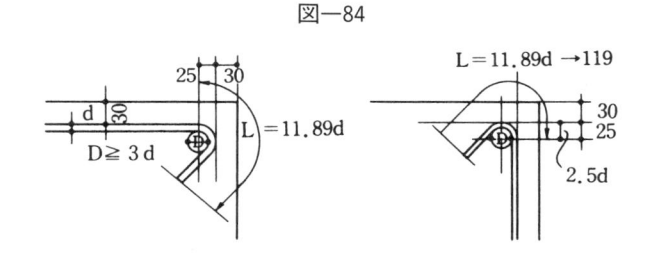

図—83

ST.D10 @150
幅止め @1,000

スタラップ
幅止筋

図—84

L=11.89d
D≧3d
L=11.89d →119
2.5d

実　長　〔{350−(30×2＋10)}＋{600−(30×2＋10)}〕
　　　　×2−25×2＋119×2＝1,808→1.81m

積算上　(350＋600)×2　　　　　＝1,900→1.90m

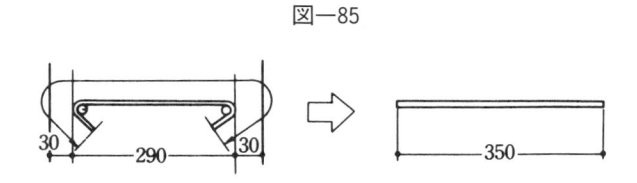

図—85

実　長　350−(30＋25)×2＋119×2＝478→0.48m
積算上　　　　　　　　　　　　　＝350→0.35m

　スタラップには余裕があり、逆に幅止筋はかなり不足をきたすように一見思われる。しかし梁全体を考えると、スタラップの数の方が幅止筋の数より圧倒的に多いので相殺され心配はいらない。

148　Ⅳ．躯体の部—鉄筋編

　今仮に図—83の梁の長さを6.00mとし、スタラップのピッチを150mmにすると、数の方は植木算で1本増えて41本、幅止筋のピッチは1.00mであるから7本となり、積算値と実長の差は極端に開きがないことが分かろう。

$$
\begin{array}{lll}
実長 & St. & 1.82 \times 41 = 74.62 \\
& 幅止筋 & 0.48 \times 7 = 3.36
\end{array} \bigg\} 77.98\text{m}
$$

$$
\begin{array}{lll}
積算値 & St. & 1.90 \times 41 = 77.90 \\
& 幅止筋 & 0.35 \times 7 = 2.45
\end{array} \bigg\} 80.35\text{m}
$$

$$\therefore\quad 実長 < 積算値$$

　また、柱のフープについても同様に考えればよい。

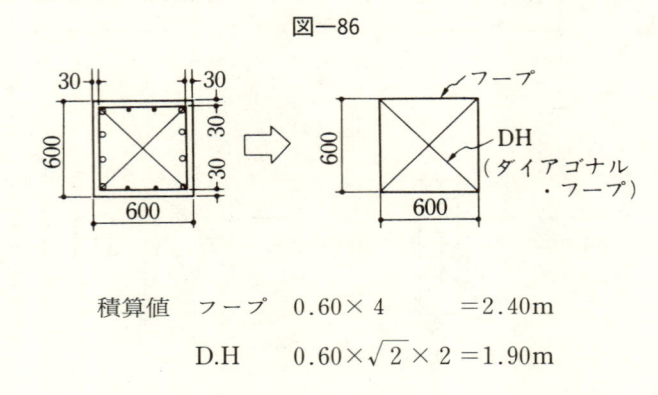

図—86

$$
\begin{array}{lll}
積算値 & フープ & 0.60 \times 4 = 2.40\text{m} \\
& D.H & 0.60 \times \sqrt{2} \times 2 = 1.90\text{m}
\end{array}
$$

　ここでもフープはスタラップ同様その長さに余裕があるはずであり、D.Hは幅止筋同様若干不足するはずだが、数の圧倒的に多いフープがそれをカバーして相殺してしまうので問題はないことになる。

■　ベンド筋の扱い（参考）

　ベンド筋については、今回の平成12年3月改訂で姿を消した。材料よりも加工手間が高くなった現在、も早その姿をほとんど見せなくなったからである。しかし過去の建物のコンクリートには埋設されており、解体の際の参考に残しておくことにした。

(1)　梁、床板等のベンド筋の長さは、1か所当たりベンド筋の水平長さに、それぞれコンクリートのせいまたは厚さの1/2を加えたものとする。

(2)　地階壁などのベンド筋もこれに準ずる。

　ベンド筋をまっすぐに伸ばすと、図—87のように伸びが生じる。この伸びを旧積算基準では梁せいまたはスラブ厚の1/2と考え、都合左右合わせて梁せいまたはスラブ厚に等しいと考えようということである。

図―87

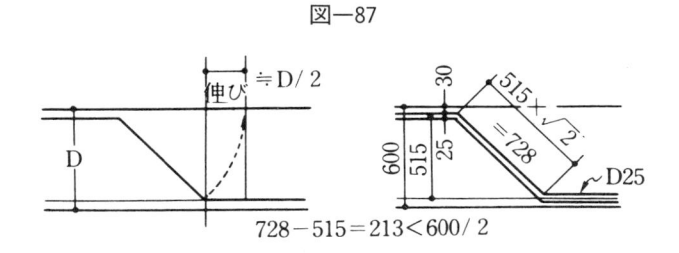

梁の主筋を仮にD25とすれば、コンクリートの被覆30mm、主筋25mmから主筋間の高さは515mmになる。45度に折れたベンド部分の長さは728mmとなって1か所の実質の伸びは213mmとなる。これに対し積算上は梁せいの半分、ここでは600mmの半分300mmを加えるということになり、やはりここでも余裕を含んだ長さになっている。

■ 鉄筋の継手の扱い

　3） 重ね継手又は圧接継手について本基準で別に定める場合を除き、計測した鉄筋の長さについて、径13mm以下の鉄筋は6.0mごとに、径16mm以上の鉄筋は7.0mごとに継手があるものとして継手か所数を求める。径の異なる鉄筋の重ね継手は、小径による継手とする。

再度（図―79）を例にして説明する。

主筋のD25、D22いずれも径が16mm以上であり、所要長さが7.0mを超えているので条文により継手を必要とする。継手の長さについては設計図書の指示による。仮に鉄筋の径の40倍と指示されていたとすれば、D25で1.00m、D22で0.88mを必要とする。重ね継手でなく圧接の場合は、やはりいずれも圧接か所数が1つある勘定となる。

●重ね継手方式の場合

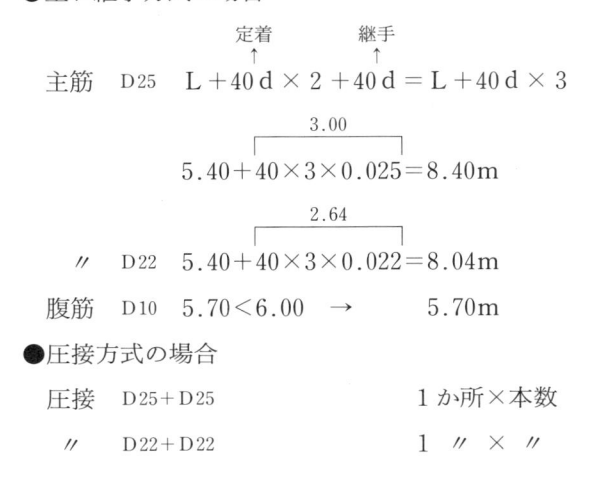

　　　　　　　　　　　定着　　継手
　主筋　D25　　L＋40d×2＋40d＝L＋40d×3

　　　　　　　　　　　　3.00
　　　　　　　5.40＋40×3×0.025＝8.40m

　　　　　　　　　　　　2.64
　〃　　D22　5.40＋40×3×0.022＝8.04m

　腹筋　D10　5.70＜6.00　→　　5.70m

●圧接方式の場合

　圧接　D25＋D25　　　　　　　1か所×本数
　〃　　D22＋D22　　　　　　　1　〃　×　〃

この条文は一般則である。梁一つをみても両端が定着の単独梁、2スパン以上にわたる連続梁とがある。連続梁にしても同じ断面で連続する場合と食い違う場合があり、種々雑多である。したがって、柱、梁、床板、壁の主筋の継手についてはそれぞれ規定があり、詳しい解説は後にゆずる。

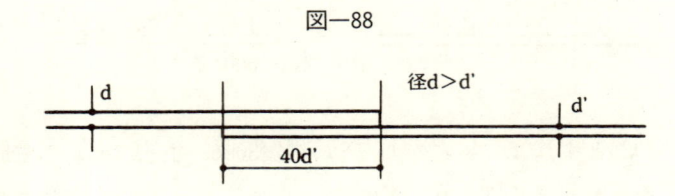

図—88

なお、条文の後半、太さの異なる鉄筋の継手の説明は、図—88に示すように、細い方の鉄筋の継手長さでよいことになっている。

■ 圧接継手の鉄筋の変化

4) 圧接継手の加工のための鉄筋の長さの変化はないものとする。

鉄筋の継手でガス圧接の場合、圧接前に行う鉄筋の先端部分の切断による切り代（しろ）、また圧接後のふくらみによるその長さの縮み分は計測せず、図面上による計測値でよいという意味である。

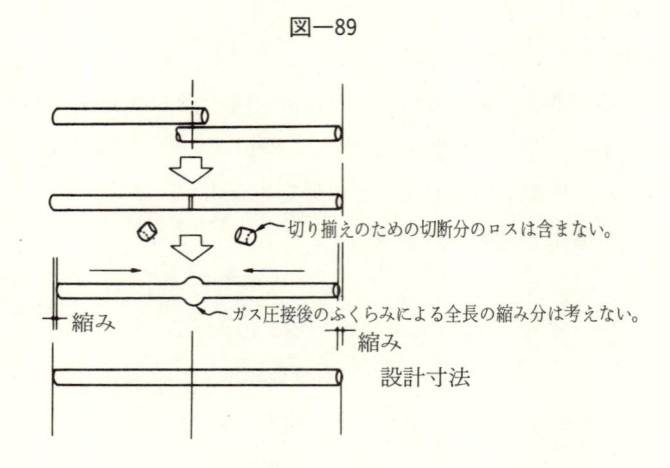

図—89

■ フック、定着、余長などの長さ

5) フック、定着、余長及び重ね継手の長さについて設計図書に記載のないときは、日本建築学会、建築工事標準仕様書 JASS 5　鉄筋コンクリート工事の規定を準用し、小数点以下第3位を四捨五入し、小数点以下第2位とする。

■ 鉄筋の割付本数の求め方

6) 鉄筋の割付本数は、その部分の長さを鉄筋の間隔で除し、小数点以下第1位を切り上げた整数（同一の部分で間隔の異なる場合はその整数の和）に1を加える。

柱のフープ、梁のスタラップ、床板や壁の配筋などで、そのピッチ割りが示されている時の鉄筋所要本数の原則について述べたものである。

○スタラップの間隔が一種類の場合

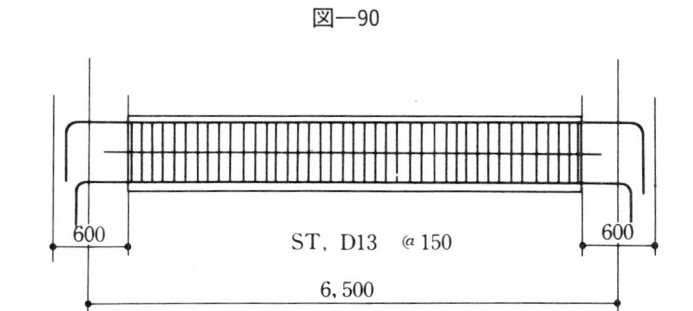

図—90

梁 の 長 さ　$6.50 - 0.60/2 \times 2 = 5.90$

スタラップの数　$5.90 \div 0.15 = 39.33 \rightarrow 40 \rightarrow 40 + 1 \Rightarrow 41$本
（整数に切上げ　植木算）

○スタラップの間隔が異なっている場合

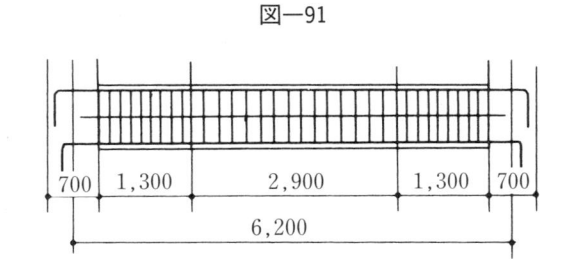

図—91

両端 D13@150　中央 D10@200

St　D13　$1.30 \div 0.15 = 8.66 \rightarrow 9 \rightarrow 9 + 1 \rightarrow 10 \times 2 \Rightarrow 20$本（両端）

〃　D10　$2.90 \div 0.2 = 14.5 \rightarrow 15 \rightarrow 15 - 1 \Rightarrow 14$本

図―91の場合は、径が太い方を両端で1本加えてあるので、中央部で1本減らしている。つまり図―90と同様、全体を通して植木算により1本加算したことになる。

なお、ハンチ付きの場合は、断面の平均値でその周長を求め、数の求め方は同様でよい。

図―92

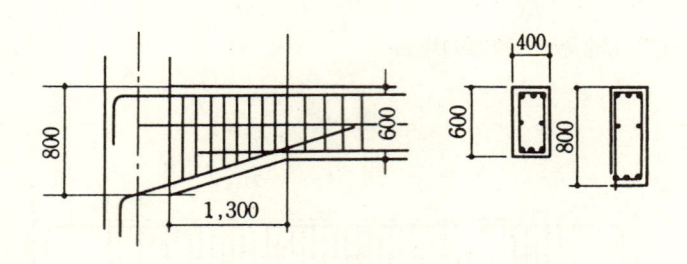

St　D13　$(0.40 \times 2 + 0.60 + 0.80) \to 2.20 \times 10 \times 2 \Rightarrow 44.00$m

St　D10　$(0.40 + 0.60) \times 2 \qquad \to 2.00 \times 14 \qquad \Rightarrow 28.00$m

○壁の鉄筋の場合

図―93

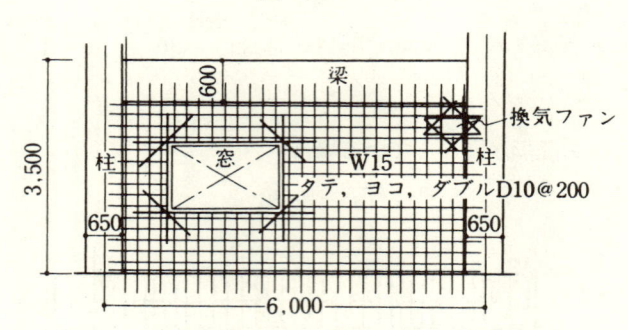

タテ筋の本数　$(6.00 - 0.65) \div 0.2 = 5.35 \div 0.2$

$\qquad\qquad\qquad = 26.75 \to 27 \to 27 + 1 \qquad \Rightarrow 28 \times 2$ (ダブル)

ヨコ筋の本数　$(3.50 - 0.60) \div 0.2 = 2.90 \div 0.2$

$\qquad\qquad\qquad = 14.5 \to 15 \to 15 + 1 \qquad \Rightarrow 16 \times 2$

壁筋の本数の求め方も全く同じである。なお、継手をどうするか、定着は？　ということについては壁のところで改めて述べることにする。

■ 開口部による鉄筋の欠除

7) 窓、出入口等の開口部による鉄筋の欠除は、原則として建具類等開口部の内法寸法による。ただし、1か所当たり内法面積0.5㎡以下の開口部による鉄筋の欠除は原則としてないものとする。なお、開口補強筋は設計図書により計測・計算する。

壁に限らず、床板の開口部まわりの扱いもこの考え方による。型枠、コンクリートは勿論、仕上の場合も含めて、開口部の計測の扱いは同じである。つまり建具等による開口部は、その内法寸法をそのまま計測値とする申し合わせである。欠除の際の鉄筋の本数の扱いはどう考えるか？ までは記していない。所要数量の算出に当たっては、端数を切り上げて整数にし、1本加えたのであるから、欠除の際は整数以下切捨てでよいのではないかと考えられる。

以下に例をあげて説明する。

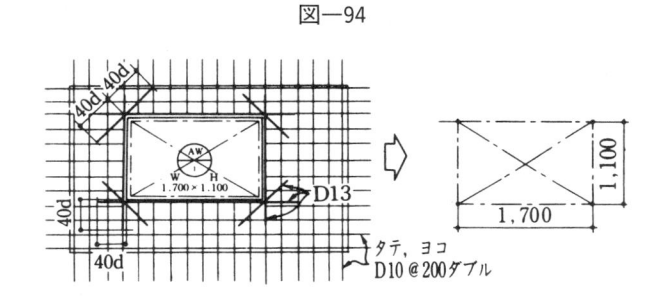

図—94

AW_1によるたて筋の本数　$1.70 \div 0.2 = 8.5 \Rightarrow 8$本
　〃　　　よこ筋の　〃　　$1.10 \div 0.2 = 5.5 \Rightarrow 5$本
∴　$1.10 \times 8 \times 2 = 17.60$ ⎫
　　$1.70 \times 5 \times 2 = 17.00$ ⎭　▲34.60m

AW_1による開口部補強

たて筋　D13　$1.10 + 40d \times 2 = 1.10 + 0.52 \times 2 \rightarrow 2.14$m
よこ筋　D13　$1.70 + 40d \times 2 = 1.70 + 0.52 \times 2 \rightarrow 2.74$m
斜　筋　D13　　　$40d \times 2 = 0.52 \times 2 \rightarrow 1.04$m

∴　$2.14 \times 2 \times 2$ ⎫
　　$2.74 \times 2 \times 2$ ⎬　27.84m
　　$1.04 \times 4 \times 2$ ⎭

施工上の開口部は当然建具の内法寸法より広いので、欠除する鉄筋の長さも、本数も増えることはあっても少なくなることはない。

しかし一方では、開口部の補強鉄筋は実際の開口部端部から十分な定着を必要とする。したがって、積算上の寸法では不足するので現場施工に当たっては注意しなくてはならない。今仮りに、実際の開口部のコンクリートでの寸法を幅1,800、高さ1,200とすれば、

154　Ⅳ．躯体の部—鉄筋編

$$
\begin{array}{llll}
\text{壁　筋} & \text{たて筋 D10} & \overset{※}{1.24}\times \overset{9}{(1.80\div 0.2)}\times 2 & =22.32 \\
& \text{よこ筋　〃} & 1.84\times \overset{6}{(1.20\div 0.2)}\times 2 & =22.08
\end{array}\Biggr\}▲44.40\text{m}
$$

$$
\begin{array}{llll}
\text{補強筋} & \text{たて筋 D13} & (1.20+0.52\times 2)\times 2\times 2 & =8.96 \\
& \text{よこ筋　〃} & (1.80+0.52\times 2)\times 2\times 2 & =11.36 \\
& \text{斜　筋　〃} & 1.04\times 4\times 2 & =8.32
\end{array}\Biggr\}28.64\text{m}
$$

$$
\begin{array}{lll}
\text{施工値} & \text{D10}\sim ▲44.40\times 0.560 & =▲24.864 \\
& \text{D13}\sim 28.64\times 0.995 & =28.497
\end{array}\Biggr\}3.633\text{kg}
$$

$$
\begin{array}{lll}
\text{積算値} & \text{D10}\sim ▲34.20\times 0.560 & =▲19.152 \\
& \text{D13}\sim 27.44\times 0.995 & =27.303
\end{array}\Biggr\}8.151\text{kg}
$$

∴　　　　　積算値 ≧ 施工値

※1.20mが1.24mになっているのは、片側で鉄筋の被覆を2cmとし、1.2+0.02×2＝1.24としたことによる。

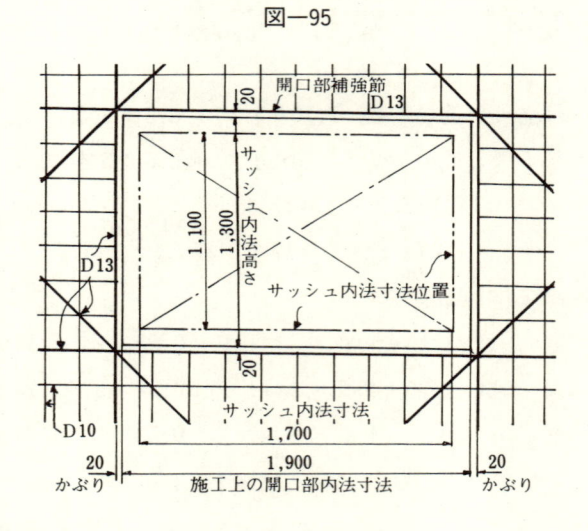

図—95

なお、図—93に見られる換気ファン用の開口部のように、1か所当たりの面積が、0.5m²以下の場合は控除の必要はない。

ただし開口部補強は必要なので、忘れないよう注意してほしい。

図―96

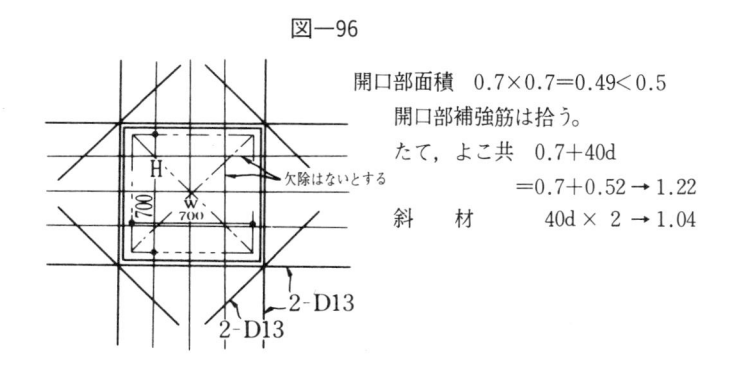

開口部面積　$0.7 \times 0.7 = 0.49 < 0.5$
開口部補強筋は拾う。
たて，よこ共　$0.7 + 40d$
　　　　　　　$= 0.7 + 0.52 \to 1.22$
斜　材　　　$40d \times 2 \to 1.04$

■ 鉄筋の所要数量換算表

8) 鉄筋についてその所要数量を求めるときは、その設計数量の4％増を標準とする。

　積算基準の思想としては、できればすべての数量を設計数量にしたいと考えている。一方施工する立場からは、材料自体に市場寸法がある限り、それを考慮した数量、つまり施工に先立って手配する数量に近い形で把握したいと考えても無理からぬところであり、また発注者側に提示する数量もできることならばロス含みの所要数量で主張したいところであろう。

　積算基準を通して読んでみるとわかるが、大体基準値とか、法規に示す数値というものには中途半端な数字は少ない。積算基準に用いられている数値はほとんどが1、3、5が多い。木材加工で片面仕上げなら3mm、両面仕上なら5mmの加工代（しろ）にしている。柱型、梁型などによる壁の仕上の控除は、1か所当たり0.5m²未満は控除せず、型枠の仕口の場合はこれを1か所当たり1m²と定めている。一般の根切りの法勾配も0.3である。つまりほとんどが1、3、5の組合わせである。

　いま、ある建物の鉄筋所要数量を実際の施工図から定尺換算で拾った場合、315tあったとする。しかし設計数量で拾ったものが300tであれば、原則ではあるが内訳書に計上する鉄筋の所要数量は4％増の312tであって定尺換算で拾った315tではない。したがって差額の3t分は単価で調整しなければならなくなる。

　勿論「原則として」とはなっているが、**積算基準**の考え方をつき詰めていくと、設計数量と実際の所要数量の差の5t相当分は当初から単価に割り込んで計上した方が問題も起こさずにすみそうである。

5. 基　　　礎

1) 独立基礎

(1) ベース筋、斜筋の長さは通則の1)、数量については6)によればよい。

(2) はかま筋などは、それぞれベースの幅、高さ及び角錐台部分の図による。

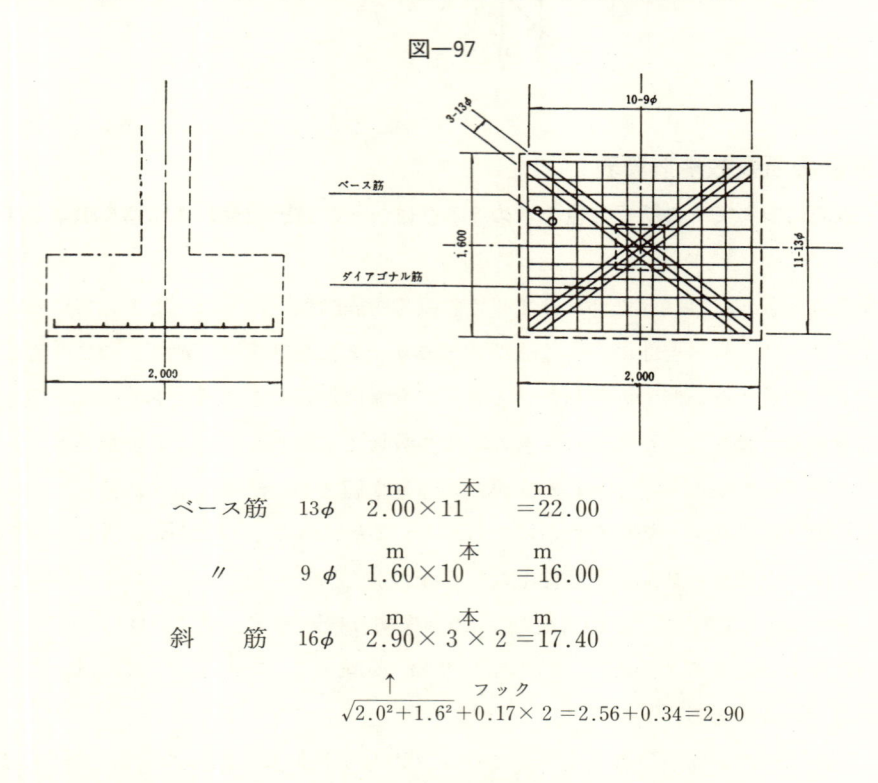

図—97

$$
\begin{array}{llll}
\text{ベース筋} & 13\phi & 2.00 \times 11 & =22.00 \\
\text{〃} & 9\phi & 1.60 \times 10 & =16.00 \\
\text{斜　筋} & 16\phi & 2.90 \times 3 \times 2 & =17.40 \\
\end{array}
$$

$$\uparrow \quad\quad フック$$
$$\sqrt{2.0^2+1.6^2}+0.17\times 2=2.56+0.34=2.90$$

ただし鉄筋はSR235とし、フックの長さは**積算基準**190頁の付表によった。

　図—97の独立基礎は丸鋼を用いており、先端にフックが付いている。13ϕ以下はフック分を加算しなくてよいから、コンクリートの設計寸法を用いることになる。ただし斜筋の方は16ϕであるからフック分を加算しなくてはならない。

　次に、ベース筋、斜筋の扱いについてはすでに述べたが、基礎の形が変形している場合のはかま筋（形によっては、かご筋とも言う）共々若干の補足説明をしておこう。

5. 基礎

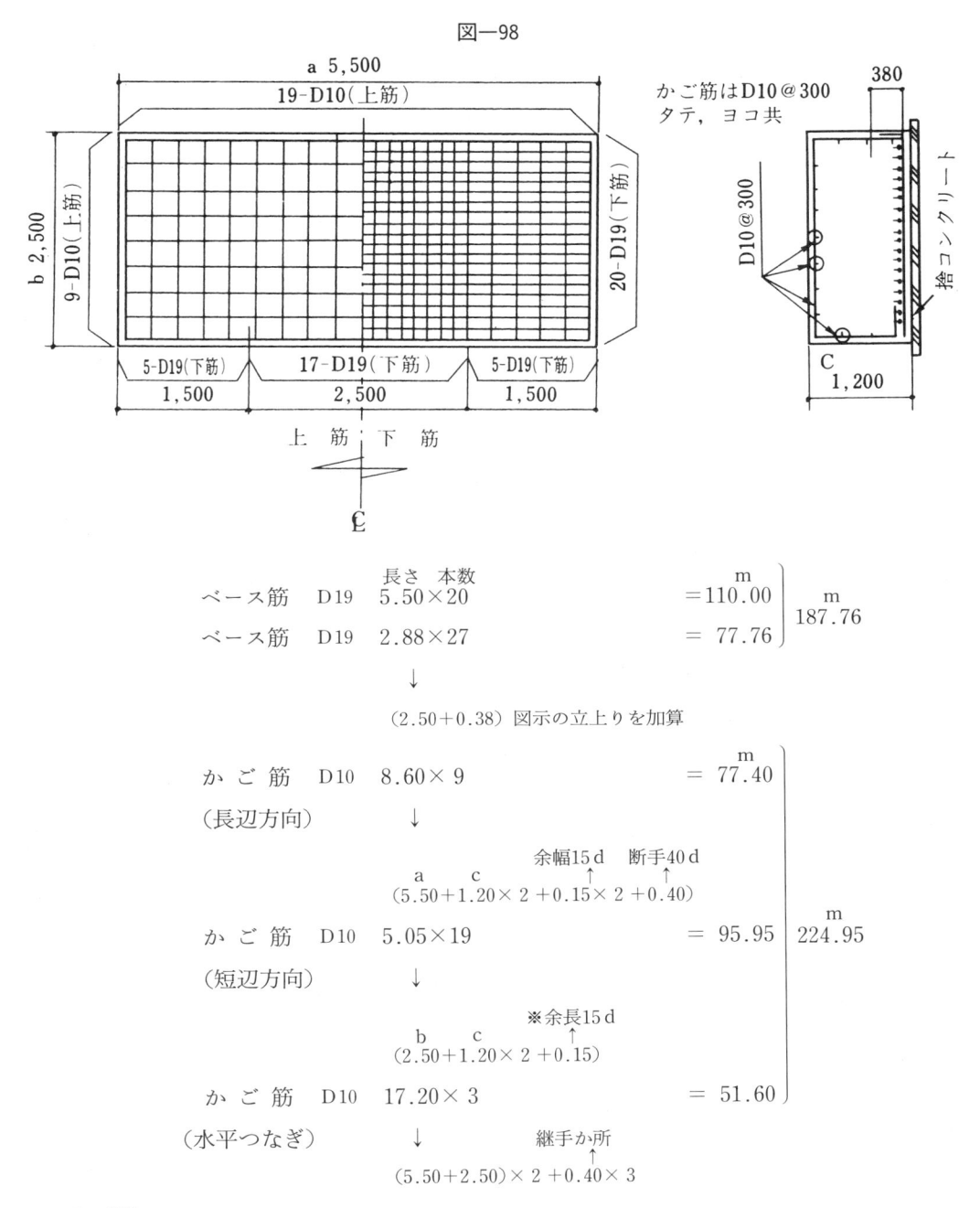

図—98

$$
\begin{array}{llll}
 & & \text{長さ 本数} & \text{m} \\
\text{ベース筋} & \text{D19} & 5.50 \times 20 & =110.00 \\
\text{ベース筋} & \text{D19} & 2.88 \times 27 & = 77.76
\end{array} \biggr\} \; 187.76 \text{m}
$$

↓
(2.50+0.38) 図示の立上りを加算

$$
\begin{array}{llll}
\text{かご筋} & \text{D10} & 8.60 \times 9 & = 77.40 \text{m}
\end{array}
$$
（長辺方向）　↓

　　　　　　　　　　　余幅15d　断手40d
　　　　　a　　c　　　↑　　　　↑
　　　(5.50+1.20×2 +0.15×2 +0.40)

$$
\begin{array}{llll}
\text{かご筋} & \text{D10} & 5.05 \times 19 & = 95.95
\end{array}
$$
（短辺方向）　↓

　　　　　　　　　　※余長15d
　　　　　b　　c　　　↑
　　　(2.50+1.20×2 +0.15)

$$
\begin{array}{llll}
\text{かご筋} & \text{D10} & 17.20 \times 3 & = 51.60
\end{array}
$$
（水平つなぎ）　↓　　　　継手か所
　　　　　　　　　　　　　↑
　　　(5.50+2.50)×2 +0.40×3

右側合計　224.95 m

かご筋

　原則としては、フープ、スタラップ並みの扱い方でよい。ただし、この例では変形基礎のため、短辺方向ではベース筋にすでに定着分として図示された0.38m分がある。これがかご筋の余長分に当たるとみて、余長は片側のみに考えた。

　水平つなぎについては、全周が16mであることから、

158 Ⅳ. 躯体の部—鉄筋編

$$16.00 \div \underset{\uparrow}{6.00} = 2.67 \rightarrow 3$$
基準定尺寸法

となって、継手を3か所分加算することにした。

■ 布基礎

1)① ベース筋の長さは1通則1)により、接続部の長手方向のベース筋は相互に交叉したものとして計測・計算する。(図—99) 腹筋はベース筋に準ずる。布基礎の梁に該当するものは3)基礎梁に準ずる。

F_1ベース筋配力筋 D13の長さ　　$14.40 + 0.80 + \overset{40d}{0.52} \times 2 \Rightarrow \overset{m}{16.24}$

F_1ベース筋配力筋 D13の本数　　図示による　　　　　　$\Rightarrow$ 4本

F_1ベース筋配力筋 D10の長さ　　$14.40 + 0.80 + \overset{40d}{0.4} \times 2 \Rightarrow \overset{m}{16.00}$

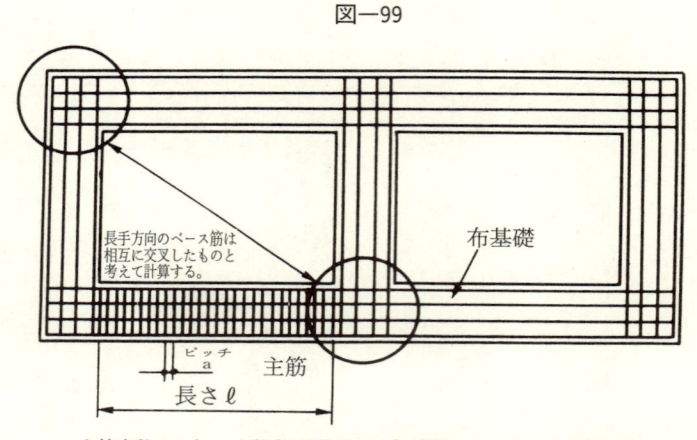

図—99

主筋本数＝ℓ/a ⇒小数点以下切り上げで整数とし、更に1を加える。

図—99、図—100から、F_1、F_2のベース筋のみについて拾う。ただし、梁に相当する基礎梁部分については、基礎梁の項にゆずることにする。

F_1ベース筋主筋 D13の長さ　　$1.00 + \underset{\uparrow}{0.30} \times 2$　　　　　　　$\Rightarrow \overset{m}{1.60}$
立上り

F_1ベース筋主筋 D13の本数　　$\overset{X_1 \sim X_2}{(6.05 - 0.80)} \div 0.20 = 26.25 \rightarrow 27 + 1 \Rightarrow 28$本

$\overset{X_2 \sim X_3}{(8.35 - 0.80)} \div 0.20 = 37.75 \rightarrow 38 + 1 \Rightarrow 39$本

5. 基 礎　159

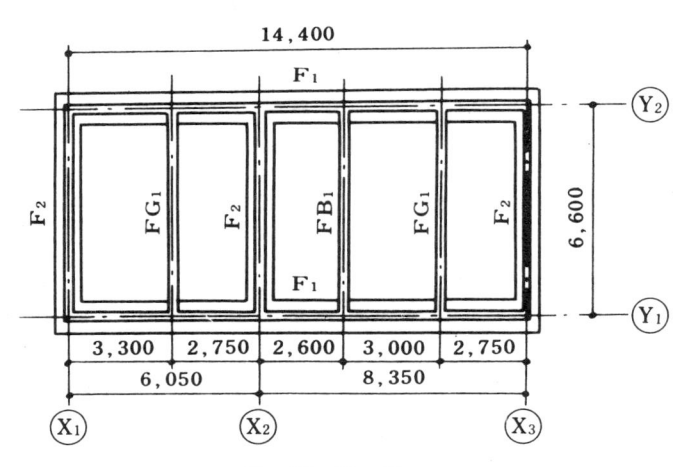

図—100

基 礎 伏 図

図—101

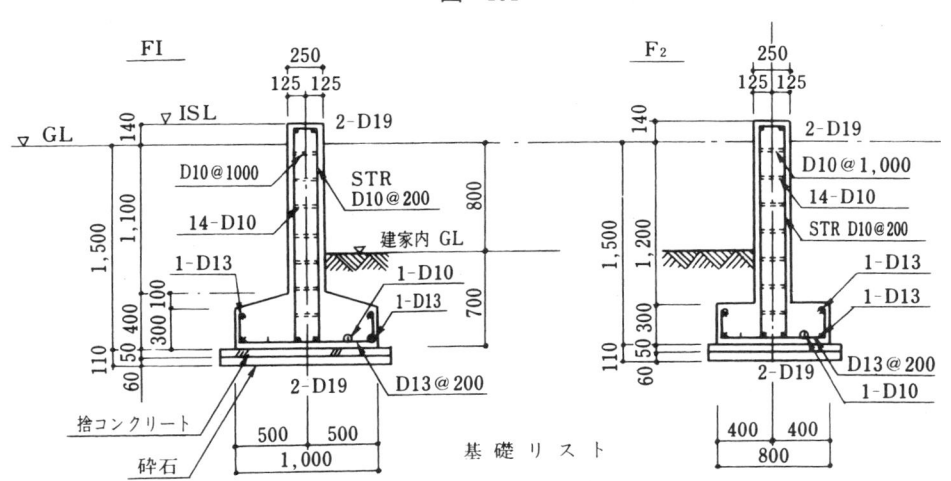

基 礎 リ ス ト

F_2ベース筋配力筋D10の本数　図示による　　　　　　　　　⇒ 2本

∴　ベース筋 D13　　1.60×(28+39)× 2 ＝214.40　Y_1 Y_2　m

　　ベース筋 D13　　16.24×　　　 4 × 2 ＝129.92

　　ベース筋 D10　　16.00×　　　 2 × 2 ＝ 64.00

F_2ベース筋　主筋D13の長さ　　0.80＋0.30× 2　　　　　　⇒ 1.40 m

F_2ベース筋　主筋D13の本数　　(6.60−1.00)÷0.20＝28＋1 ⇒29本

F_2ベース筋配力筋D13の長さ　6.60＋1.00＋0.52（40d）　　⇒ 8.12 m

F_2ベース筋配力筋D13の本数　図示にする　　　　　　　　⇒ 4本

160　Ⅳ．躯体の部―鉄筋編

F_2ベース筋配力筋D10の長さ　　6.60＋1.00＋0.40$\overset{40d}{}$　　　　⇒8.00 m

F_2ベース筋配力筋D10の本数　　図示による　　　　　　　⇒2本

∴　ベース筋D13　　1.40×29×3 ＝121.80 m　　（X_1〜X_3）
　　ベース筋D13　　8.12× 4×3 ＝ 97.44
　　ベース筋D10　　8.00× 2×3 ＝ 48.00

図―102

符号 位置	FGI 全　断	FBI 端　部	中　央
断面			
上端筋	2-D19	2-D16	2-D16
下端筋	2-D16	2-D16	4-D16
STR			

|基礎リスト| 特記なき限り　STR D10@200　腹筋D10　幅止筋D10@1,000

6．基礎梁（地中梁）

① 梁の全長にわたる主筋の長さは、基礎梁の長さにその定着長さを加えたものとする。トップ筋、ハンチ部分の主筋、補強筋等は設計図書による。ただし、同一の径の主筋が柱又は梁を通して連続する場合は、定着長さにかえて接続する柱又は梁の幅の1/2を加え、異なる径の主筋が連続する場合は、それぞれ定着するものとする。

② 梁の全長にわたる主筋の継手については、1通則3）の規定にかかわらず、基礎梁の長さが、5.0m未満は0.5か所、5.0m以上10.0m未満は1か所、10.0m以上は2か所あるものとする。径の異なる主筋が連続する場合も継手についてはこの規定を準用する。

図―100、図―101、図―102から実際の拾いを進めながら解説を加えることにする。

積算に入る前に、まず思想の統一が必要であろう。と言うのは、図―100の基礎伏図を見て次のようなことが考えられないか？

6．基礎梁（地中梁）　161

　この建物は壁構造のため、もともと柱はない。とは言うものの、構造壁がお互いに交叉する点は必ずある。これらの交叉する点をどう考え、どう扱うかで積算の方法も自ら異なってくるはずである。

　考え方としては図—103 a のように、まず X_1〜X_3 間を通して F_1 の基礎があり、これを「さきの部分」として F_2 の「あとの部分」が直角に交って接続するという考え方が一つ。今一つは、壁の交叉をそれぞれ柱部分と考えて図—103 b のように同じ F_1 の基礎が X_1〜X_2、X_2〜X_3 の二つに分かれているという考え方がある。

　これに対しての見解を結論から先に言えば、前者の図—103 a が妥当と考える。その理由は、構造的に見てもこれは壁構造であってラーメン構造ではない、つまり現実に柱があるわけではないことが一つ。更には後者の図—103 b のようにブツブツに切断して考えることは、積算上の作業からも更に煩雑さを加えるのみということが今一つである。

　以上の考え方をまずしっかり頭の中においてから、実際に拾ってみることにしよう。

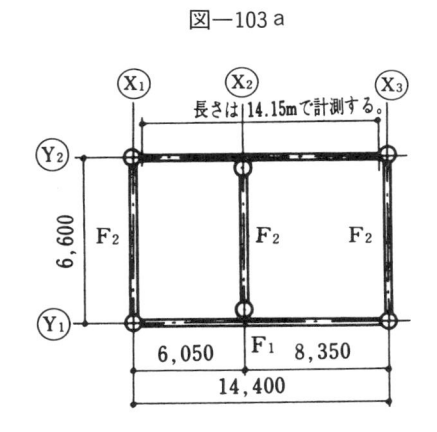

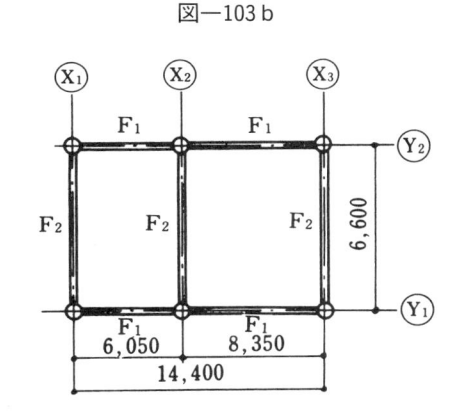

図—103 a　　　　　　　　　　図—103 b

基礎 F_1 の梁部分

　　●梁の長さ　　　　14.40−0.25　　　　　　　　　　　⇒14.15m

　　　X_1〜X_3 間の14,400から、梁幅250を差し引いた長さとなる。

　　　　　　　　　　　　　　　　両端定着35d　継手40d　か所
　　　　　　　　　　　　　　　　　　↑　　　　↑　　　↑
　　●主筋D19の所要長さ　14.15＋0.67×2＋0.76×2　　　⇒17.01m

　主筋は梁の長さに両端の定着分を加え、更には継手か所数を考慮する。

　継手については単独梁と考え、太ものD19であるから7.0mごとに継手1か所を取れば全長で2か所あると考える。

　　　　　　　　　　　　　　　　　継手40d
　　　　　　　　　　　　　　　　　　↑
　　●腹筋D10の長さ　　14.40＋0.25＋0.40×2　　　　　⇒15.45m

腹筋の長さは、ベース筋並みの扱いでよいとある。ここの場合はF_1のコンクリートの設計寸法、つまり通り芯間の14,400に梁幅の250を加算した14.65mが基本の長さである。

継手については、鉄筋の総則から、細いものは6m毎に継手を考えるとあるので、

$$14.65 \div 6.00 = 2.44 \to 3 \qquad 3-1 \Rightarrow 2か所$$

継手としては2か所分加算すればよい。

- スタラップの長さ　　$(0.25+1.64) \times 2$　　　　$\Rightarrow$　3.78m

これは詳細に述べるまでもなく、梁の断面周長でよい。長さも6m以内であるから、継手は考慮する必要はない。

- スタラップの本数　　$14.15 \div 0.20 = 70.75 \to 71 + 1$　　$\Rightarrow$　72本

梁の全長14.15mをスタラップのピッチ0.2mで割る。端数は繰上げて整数とし、ルールにしたがい植木算で1本加算する。

- 幅止筋の長さ　　　　　　　　　　　　　　　　$\Rightarrow$　0.25m

梁幅のコンクリート寸法でよいから、0.25mとなる。

- 幅止筋の本数　　$14.15 \div 1.00 = 14.15 \to 15 + 1$　　$\Rightarrow$　16本

梁長さの14.15mを幅止筋のピッチ1.0mで割って整数に切り上げ、スタラップ同様植木算で1本加算すればよい。

$\therefore \quad F_1$

			上筋 下筋　Y_1, Y_2通り	
主筋上下	D19	$17.01 \times (2+2) \times 2$	$= 136.08$ m
			段　列	
腹　　筋	D10	$15.45 \times 7 \times 2 \times 2$	$= 432.60$ m
			本	
スタラップ	D10	$3.78 \times 72 \times 2$	$= 544.32$ m
			段　か所	
幅　止　筋	D10	$0.25 \times 7 \times 16 \times 2$	$= 56.00$ m

基礎F_2の梁部分

F_1に準ずるので解説は省略する。

主筋上下	D19	$8.45 \times (2+2) \times 3$	$= 101.40$ m
		$\downarrow$	
		$(6.60-0.25)+0.67 \times 2 + 0.76 \times 1$	
腹　　筋	D10	$7.25 \times 7 \times 2 \times 3$	$= 304.50$ m
		$\downarrow$	
		$(6.60+0.25)+0.40 \times 1$	
スタラップ	D10	$3.78 \times 33 \times 3$	$= 374.22$ m
		$\downarrow$	
		$6.35 \div 0.20 = 31.75 \to 32 + 1$	
幅　止　筋	D10	$0.25 \times 7 \times 8 \times 3$	$= 42.00$ m
		$\downarrow$	
		$6.35 \div 1.00 = 6.35 \to 7 + 1$	

基礎梁 F G$_1$

主 筋 上 下	D19	$8.45×(2+2)×2$	$= 67.60$ m
腹　　　筋	D10	$7.25× 7 ×2 ×2$	$=203.00$ m
スタラップ	D10	$3.78× 33 ×2$	$=249.48$ m
幅 止 筋	D10	$0.25× 7 × 8 ×2$	$= 28.00$ m

図—104

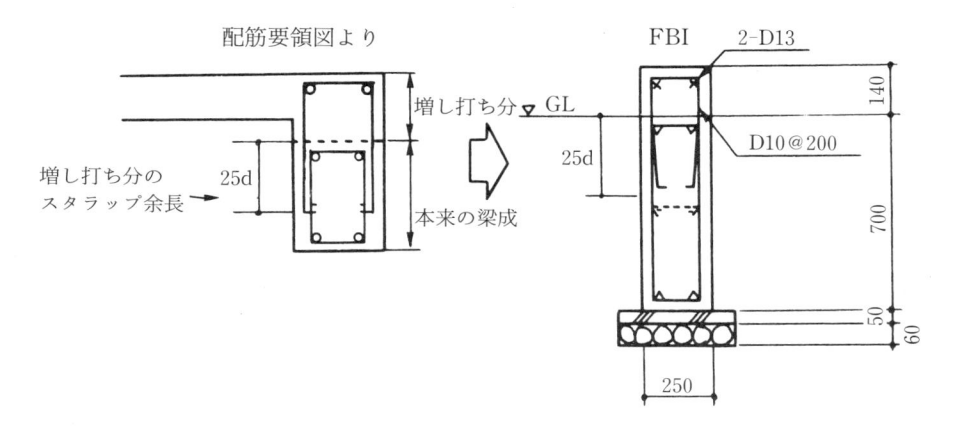

基礎梁 F B$_1$

主筋上・下　　D16　　$8.11×(2+2)×1 = 32.44$ m
　　　　　　　　　↓
　　　　　　　　　　　　35d　　40d
　　　　　　　$(6.60-0.25)+0.56×2 +0.64×1$

主筋中・下　　D16　　$3.66× \ 2 \ ×1 = 7.32$ m
　　　　　　　　　↓
　　　　　　　　　　15d
　　　　　　　$6.35×1/2+0.24×2$

基礎梁 F B$_1$ は梁の中央、下端部分に更に2本余分に入っている。所要長さは、梁の長さの2分の1に両端の余長15dを加算すればよい。

増打ち補強筋　D13　$7.79×2×1 \qquad =15.58$ m
　　　　　　　　　↓
　　　　　　　　　　　　35d　　40d
　　　　　　　$(6.60-0.25)+0.46×2 +0.52×1$

増打ちスタラップ　D10　$1.03×33×1 \qquad =33.99$ m
　　　　　　　　　↓　　25d
　　　　　　　$0.25+(0.14+0.25)×2$

腹　　　筋　　D10　$7.25×2×1 \qquad =14.50$ m

スタラップ　　D10　$2.18×33×1 \qquad =71.94$ m
　　　　　　　　　↓
　　　　　　　$(0.25+0.84)×2$

幅 止 筋　　D10　$0.25×1×8×1 \qquad = 2.00$ m

IV．躯体の部—鉄筋編

なお、増打ち補強筋のスタラップについては、設計図書の「鉄筋コンクリート標準配筋要領図」などの指示にしたがうことになる。

7．底盤（基礎スラブ）

① 主筋の長さは、定着の場合は底盤の内法長さに定着長さを加え、他の部分を通して連続する場合は底盤の内法長さに基礎梁等接続する部分の幅の$\frac{1}{2}$を加えるものとする。ハンチの部分もこれに準ずる。
② 主筋の継手か所数は、基礎梁の主筋の継手に準ずる。
③ 補強筋は設計図書による。

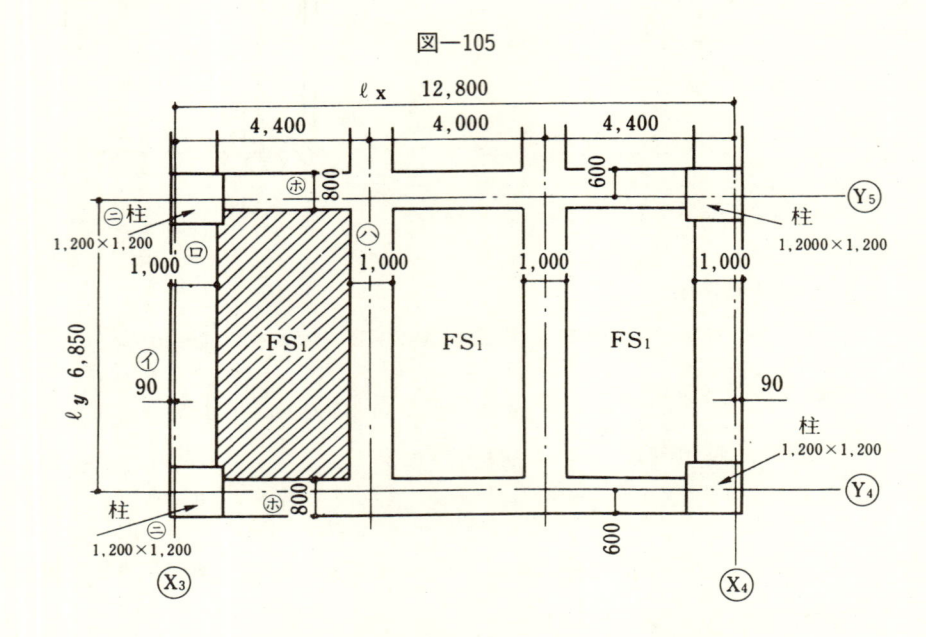

図—105

代表選手として、X_3通り寄りの4,400×6,850の▨部分を取り出して拾ってみる。

$$FS_1短辺方向の寸法\quad \underset{\ell x}{(4.40+0.09)}-\underset{(イ)\quad(ロ)\quad(ハ)}{(1.00+1.00/2)} \Rightarrow 2.99\ m$$

$$長辺方向の寸法\quad \underset{\ell y}{(6.85+1.20)}-\underset{(ニ)\quad(ホ)}{(0.80\times 2)} \Rightarrow 6.45\ m$$

$$\begin{array}{c}
\underset{10d}{2.99+0.19\times 2}\quad 6.45/0.20=32.25\rightarrow 33+1本\\
\uparrow\quad\quad\quad\uparrow\\
短辺\quad 上筋\quad D19\quad 3.37\quad\times\quad 34\quad =114.58\ m
\end{array}$$

7．底盤（基礎スラブ）

$$
\begin{array}{c}
\hspace{3em} 35\,d \\
2.99+0.67\times 2 \hspace{2em} 6.45/0.15=43+1 \\
\uparrow \hspace{4em} \uparrow \hspace{3em} \text{m} \\
\text{短辺}\quad\text{下筋}\quad\text{D19}\quad 4.33 \quad\times\quad 44 \quad = 190.52
\end{array}
$$

$$
\begin{array}{c}
\hspace{3em} 10\,d \\
6.45+0.19\times 2 \hspace{2em} 2.99/0.20=14.95\to(15+1)/2 \\
\uparrow \hspace{4em} \uparrow \hspace{3em} \text{m} \\
\text{長辺}\quad\text{上筋}\quad\text{D19}\quad 6.83 \quad\times\quad 8 \quad = 54.64
\end{array}
$$

表―2

符号	版厚	位置	短辺方向		長辺方向		摘要
			端部	中央	端部	中央	
FS₁	700	上	D19@200	D19@200	D16, D19@200	D16, D19@200	SD30（D10〜D16）
		下	D19@150	D19@150	D16, D19@200	D16, D19@200	SD35（D19以上）

図―105、表―2 は、某ビル新築工事の基礎伏図、及び断面リストの一部を示すものである。いわゆる餅網配筋であるので楽に拾える部類である。

$$
\begin{array}{c}
\hspace{3em} 10\,d \\
6.45+0.16\times 2 \\
\uparrow \hspace{4em} \text{m} \\
\text{長辺}\quad\text{上筋}\quad\text{D16}\quad 6.77 \quad\times\quad 8 \quad = 54.16
\end{array}
$$

$$
\begin{array}{c}
35\,d \hspace{2em} 40\,d \\
6.45+0.67\times 2 +0.76 \\
\uparrow \hspace{6em} \text{m} \\
\text{長辺}\quad\text{上筋}\quad\text{D19}\quad 8.55 \quad\times\quad 8 \quad = 68.40
\end{array}
$$

$$
\begin{array}{c}
35\,d \hspace{2em} 40\,d \\
6.45+0.56\times 2 +0.64 \\
\uparrow \hspace{6em} \text{m} \\
\text{長辺}\quad\text{下筋}\quad\text{D16}\quad 8.21 \quad\times\quad 8 \quad = 65.68
\end{array}
$$

$$
\begin{aligned}
\therefore\ \text{D19}\quad & 114.58+190.52+54.64+68.40 = 428.14/(2.99\times 6.45) \\
\text{D16}\quad & 54.16+65.68 = 119.84/(2.99\times 6.45) \\
\text{FS}_1\ \text{m}^2\text{当たり}\quad & \text{D19} \Rightarrow 22.20/\text{m}^2 \\
& \text{D16} \Rightarrow 6.21/\text{m}^2
\end{aligned}
$$

スラブ筋は壁筋と同様に**積算基準**にある「適切な略算法によることができる」のルールに則り、記号別に適宜代表選手を選び、その単位面積当たりの配筋量を設計数量で求める。そしてそれを一種の係数の形に扱って記号別床の合計面積に掛けて求めてもよいことになっている。つまりここの例でその手法を用いれば、FS₁全体の面積にD19であれば22.20mを、D16であれば6.21mを掛けて鉄筋の総質量を求めてよいことを意味している。

8. 柱

■ 主筋の長さ
　1) 主筋の長さは、柱の長さ（原則として階高寸法に相当）に定着長さ及び余長を加えたものとする。階の途中で終わり又は始まる主筋の長さは、設計図書により柱断面図に示された階に属するものとする。
　　最上階の主筋については1通則1)による。

■ 主筋の継手
　2) 主筋の継手は、1通則3)の規定による。ただし、基礎柱については基礎柱部分の主筋の長さが3.0m以上の場合は1か所、その他の階の各階柱の全長にわたる主筋については各階ごとに1か所の継手があるものとする。
　　柱の途中で終わり又は始まる主筋の継手については1通則3)による。径の異なる主筋の継手は、各階1か所とし、その位置は床板上面から1.0mとする。
　　重ね継手の長さは1通則5)により、径の異なる主筋の継手は小径による継手とする。

■ フープの長さ
　3) フープは各階ごとに1通則2)（柱のコンクリート断面の周長の設計寸法をもって鉄筋の長さとし、フックはないものとする）及び6)（鉄筋の割付本数の求め方の項参照のこと）による。

■ 柱頭及び柱脚等の補強筋
　4) 柱頭及び柱脚等の補強筋は設計図書による。

　ルールによれば柱の長さの計測は、各階の床板から床板までの寸法による。したがって、鉄筋の計測もそれに準ずることになる。しかし鉄筋には定着や余長がある。1)はそれについて述べたものである。
　図—106は、ある柱についての断面リスト及び鉄筋の継手状況を示したものである。⊙は4階部分のみにある主筋である。これは4階階高分以外に、下の階への定着と余長、そして最上階の頭部でフックが必要である。これらを含んで計測するように述べたものが本文の説明である。
　2)は主筋の継手について述べたものである。基礎柱とは基礎上面から基礎梁上面までをいうので、図—106の上では基礎フーチング上端から基礎梁上端までの長さ1.0mを指すことになる。基準では、これと基礎への定着分を加えたものが3.0m以上あれば継手を1か所必要とし、

図—106

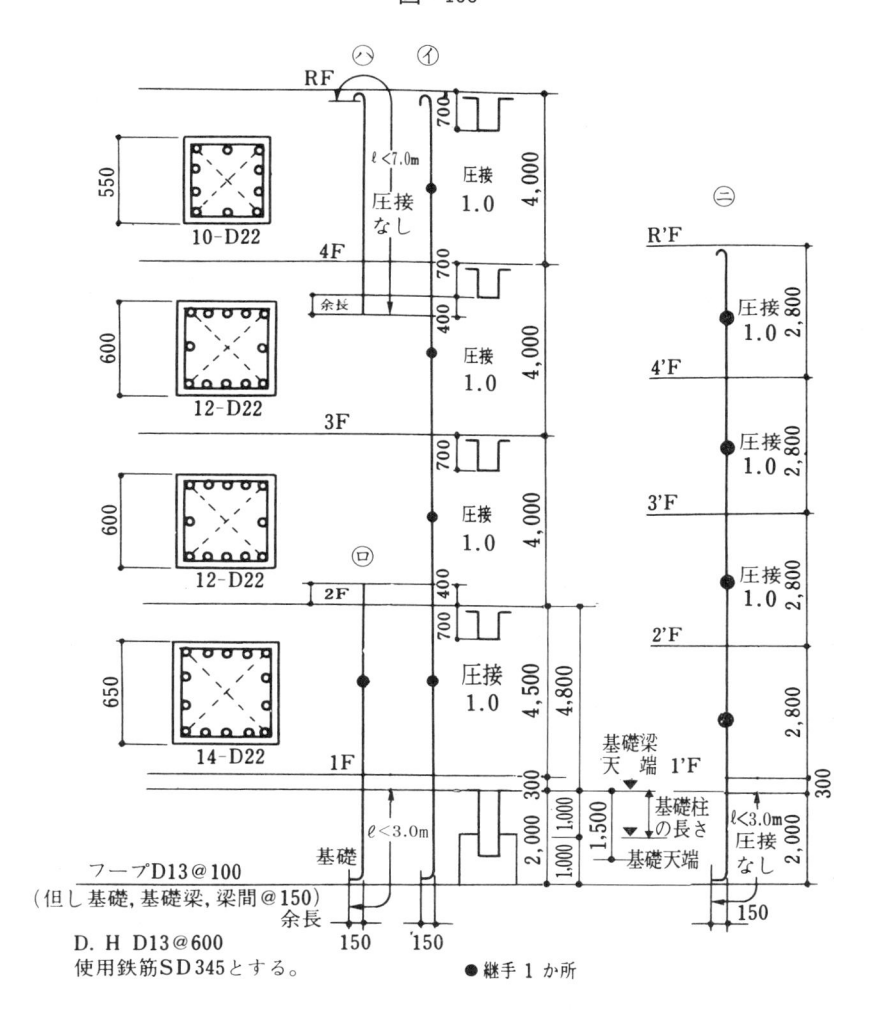

3.0m未満であれば継手を必要としないことにしている。

ここでは基礎柱の長さが1.0m、基礎の高さが1.0m、基礎フーチング内での折り曲げ余長が0.15mであり、全体で2.15mで3.0m未満というから圧接は必要ないことになる。

したがって㋑筋は1階から4階までの各階1か所（階高および最下階いずれも7.0m未満なので）ずつで都合4か所の圧接となり、2階への余長で終わる㋺筋は、その余長0.4mを加えた長さが7.0m以内であることから、1階での圧接1か所分でよいことになる。

また、㋥筋についても、基礎柱の条件は㋑筋と同じで、かつ、階高も7.0m未満であることから、全体での圧接か所数は4となる。

継手の位置、径の異なる鉄筋の継手長さについては、図—107を参照されたい。

168　Ⅳ．躯体の部—鉄筋編

図—107

　　d＞d'　　継手長さhは径の
　　　　　　小さい方による。

　　　　　　　　　　径の異なる鉄筋の
　　　　　　　　　　継手位置

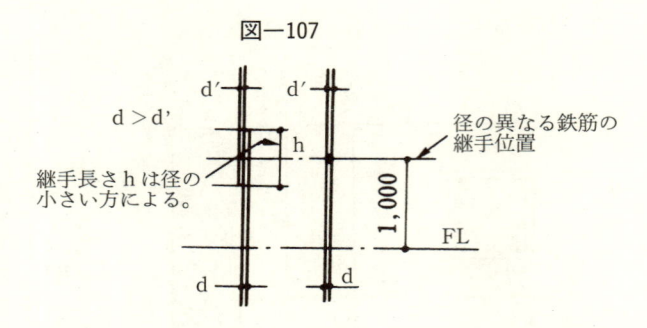

　　1,000　FL

3)はフープについて述べている。フープ、スタラップについては、すでに触れており、若干重複する部分もあるかも知れないが、一通り説明しておく。

- フープの長さ

　　　　　　　　　　柱の断面周長

　　基礎〜2F　　0.65× 4＝2.60 m

　　2F〜4F　　　0.60× 4＝2.40 m

　　4F〜RF　　　0.55× 4＝2.20 m

- D.Hの長さ

　　基礎〜2F　　0.65×$\sqrt{2}$＝0.92 m

　　2F〜4F　　　0.60×$\sqrt{2}$＝0.85 m

　　4F〜RF　　　0.55×$\sqrt{2}$＝0.78 m

- フープの数

図示にしたがい、柱の部分部分で計測・計算する。

　　基礎〜地中梁天端間　　　（0.18＋2.00）÷0.15＝14.53→15＋1　⇒16本
　　基礎梁天端〜2F梁下端間　（0.12＋3.80）÷0.10＝39.2 →40　　⇒40〃
　　各階梁せい部分間　　　　0.70÷0.15　　　　　＝4.67→ 5　　⇒ 5〃
　　各階床上〜各階梁下端間　（4.00−0.70）÷0.10＝33＋1　　　⇒34〃

- D.Hの数

　　基礎〜2F　（2.00＋0.30＋4.50）÷0.60＝11.33→12＋1　⇒13本
　　2F〜RF各階　4.00÷0.60　　　　　　　　＝6.67→ 7＋1　⇒ 8〃

4)をある「鉄筋コンクリート標準配筋要領図」〜以下「要領図」という〜という形で示せば、図—108のようになる。

今、仮に図—106と同様の階高、梁せいで㋭〜㋬について計測・計算すれば

　　　　　　　　　　　　　15d　基礎部分　余長　m
　㋭筋　（4.80−0.70）×1/2＋0.33＋（2.00＋0.15）＝4.53

㋑筋　(4.80−0.70)×1/2+0.33+$\overset{梁成\ 余長}{(0.70+0.40)}$=3.48 m

㋺筋　4.00×1/2+0.33+0.70+0.40 =3.43 m

㋩筋　4.00×1/2+0.33+$\overset{15d}{0.70}$+$\overset{フック}{0.27}$ =3.30 m

柱（継手位置、定着、余長、フープ間隔）

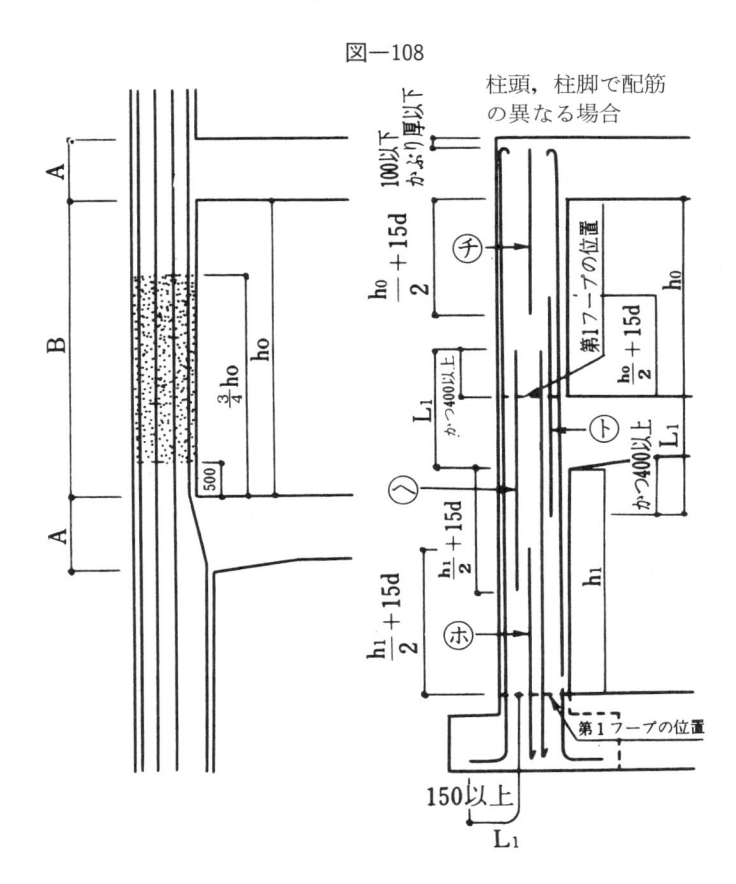

図—108

a)　A部分のフープ間隔はB部分の1.5倍以下とする。
b)　鉄筋は㋩部分で乱に継ぐ。

なお、この「要領図」には、柱の断面が上下で異なる場合、柱と壁がずれる場合に対しての指示がある。図—106では、

$$\frac{e}{D}=\frac{0.05}{0.70}=\frac{1}{14}<\frac{1}{6}\begin{cases}e\cdots 柱の大きさの差\\ D\cdots 梁成\end{cases}$$

となり、A）でいくことになる。ただし柱の太さを絞った位置でフープの数を1本余分に補足する必要がある。では図—106から実際に拾ってみる。

図―109

柱の断面が上下で異なる場合

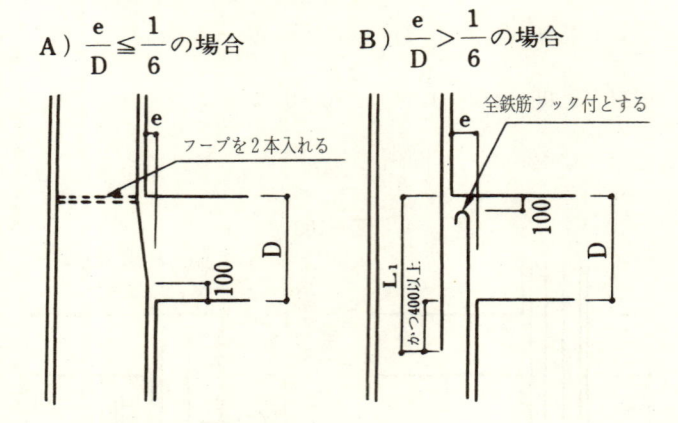

A) $\dfrac{e}{D} \leqq \dfrac{1}{6}$ の場合　　B) $\dfrac{e}{D} > \dfrac{1}{6}$ の場合

（フープを2本入れる）
（全鉄筋フック付とする）

柱と壁がずれる場合

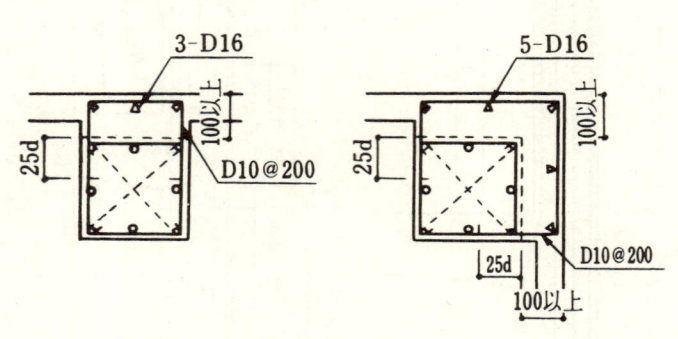

C_2主筋　　基礎～R_F　D22
　　　　　　　　全階高　　GL-1$_F$基礎分　フック　余長
　　　　　　　$(4.50+4.00 \times 3 + 0.30 + 2.00 + 0.27 + 0.15)$
　　　　　　　　　　　　　　　　↑
　　　　　　　　　　　　　　　　m
　　　　　　　　$19.22 \times 8 = 153.76$

　　　　　　基礎～1$_F$　D22
　　　　　　　$(4.50 + 0.30 + 2.00 + 0.40 + 0.15)$
　　　　　　　　　　　　↑
　　　　　　　　　　　　m
　　　　　　　　$7.35 \times 2 = 14.70$

　　　　　　基礎～4$_F$　D22
　　　　　　　$(4.50 + 4.00 \times 2 + 0.30 + 2.00 + 0.40 + 0.15)$
　　　　　　　　　　　　　　↑
　　　　　　　　　　　　　　m
　　　　　　　　$15.35 \times 4 = 61.40$

　　　　　　4$_F$
　　　　　　　階 高　梁せい　余長　フック
　　　　　　　$(4.00 + 0.70 + 0.40 + 0.27)$
　　　　　　　　　　　↑
　　　　　　　　　　　m
　　　　　　　　$5.37 \times 2 = 10.74$

　　　　　　　　　　　　　　　　　　　　　　　　　　240.60m

圧接 D22+D22　基礎～基礎梁天端　$1.00+1.00+0.15=2.15<7.00$　→なし
　　　　　　　基礎梁天端～2F　$0.30+4.50\ \ =4.80<7.00 \to 1 \times 12 \to 12$
　　　　　　　2F ～ 3F　$4.00<7.00 \to 1 \times 12$　→12
　　　　　　　3F ～ 4F　$4.00<7.00 \to 1 \times 12$　→12
　　　　　　　4F ～ RF　$4.00<7.00 \to 1 \times 8$　→ 8
　　　　　　　〃　　　　$4.00+0.70+0.40+0.27=5.37<7.00$　→なし

　　　　　　　　　　　　　　　　　　　　　　　　　　44か所

フープ	D13	$2.60 \times (16+40+33+5) = 244.40$		
		$2.40 \times (34+5) \times 2 = 187.20$		517.40m
		$2.20 \times (34+5) \times 1 = 85.80$		
D.H	D10	$0.92 \times 2 \times 13 \times 1 = 23.92$		
		$0.85 \times 2 \times 8 \times 2 = 27.20$		63.60m
		$0.78 \times 2 \times 8 \times 1 = 12.48$		

9. 梁

■ 主筋の長さ

1) 梁の全長にわたる主筋の長さは、梁の長さにその定着長さを加えたものとする。トップ筋、ハンチ部分の主筋、補強筋等は設計図書による。

 ただし、同一の径の主筋が柱又は梁を通して連続する場合は、定着長さにかえて柱又は梁の幅の½を加えるものとし、異なる径の主筋が連続する場合はそれぞれ定着するものとする。

■ 主筋の継手

2) 梁の全長にわたる主筋の継手については、1通則3)の規定（径13mm以下の場合は6.0mごとに、径16mm以上の場合は7.0mごとに継手があるものとして継手か所数を求める）にかかわらず、梁の長さが5.0m未満は0.5か所、5.0m以上10.0m未満は1か所、10.0m以上は2か所あるものとする。

 径の異なる主筋が連続する場合も継手についてはこの規定を準用する。ただし、単独梁及び片持梁の主筋の継手は1通則3)によるものとし、梁の全長にわたる主筋の径が異なる場合の継手の位置は設計図書による。

 重ね継手の長さは1通則5)により、径の異なる鉄筋の継手は小径による継手とする。

■ スタラップ、幅止筋の長さ

3) スタラップ及び幅止筋の長さは各梁ごとに1通則2)（スタラップの長さは、梁のコンクリート断面の設計寸法による周長を鉄筋の長さとし、フックはないものとする）及び通則6)（鉄筋の割付本数の求め方の項参照）による。

IV. 躯体の部―鉄筋編

鉄筋の拾いで一番厄介なのが梁である。筆者の経験から考えても、拾いの時間の過半数はこの梁の拾いに費やしていた。したがって梁さえ拾ってしまえば山は過ぎたと言ってもよさそうだ。

積算基準によれば、梁とは、さきの部分である柱または梁との間にある部分を指す。鉄筋がコンクリートや型枠と異なる点は、他の部分に越境している定着や余長までが同時にその部分に含まれるところにあると言えよう。

単独梁の場合は、図―110に示すように梁の長さℓに両端の定着分を加算すればよい。

トップ筋、補強筋は図示による。図―110によればトップ筋は梁の長さℓの¼に定着分と余長を加算、中央下端筋は梁の長さℓの½に両端の余長を加えることになる。

梁の主筋が連続している場合は、柱または梁の中心までを持ち分として考えている。したがってこの場合のトップ筋は、実際には隣の梁の分と連続した1本ものであるはずであるが、積算上は柱または梁の中心線の位置で切断して、別々に考えることになる。

また、図―112のように、主筋が連続していても径が異なる場合は、それぞれを単独梁扱いにして、それぞれが定着しているものと考える。（ただし、継手については別扱い。これは後述する）

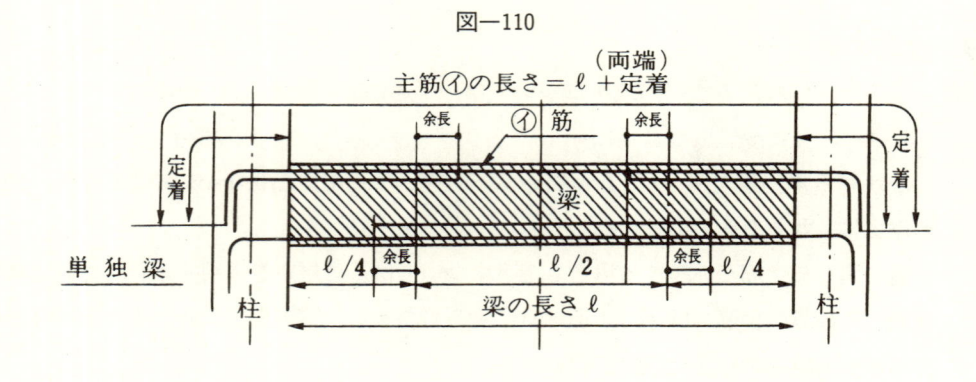

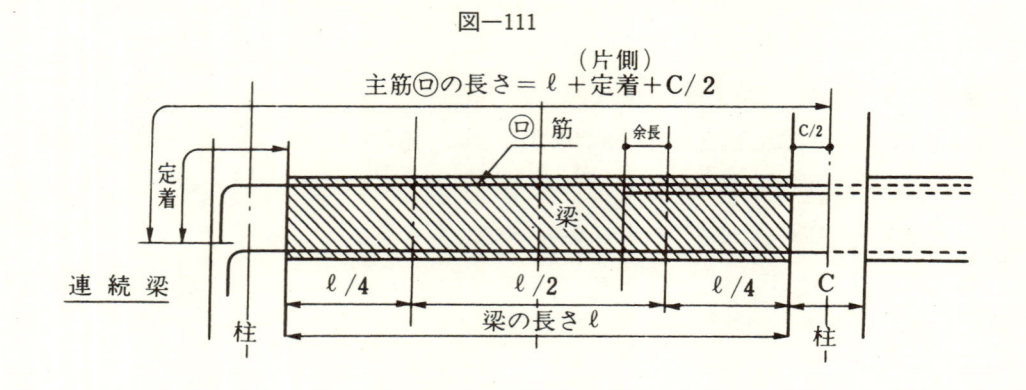

図―110

（両端）
主筋①の長さ＝ℓ＋定着

単独梁

図―111

（片側）
主筋㋺の長さ＝ℓ＋定着＋C/2

連続梁

図—112

連続でも，主筋の径が異なれば単独梁と考え定着でみる

定着／梁／定着

梁の長さℓ

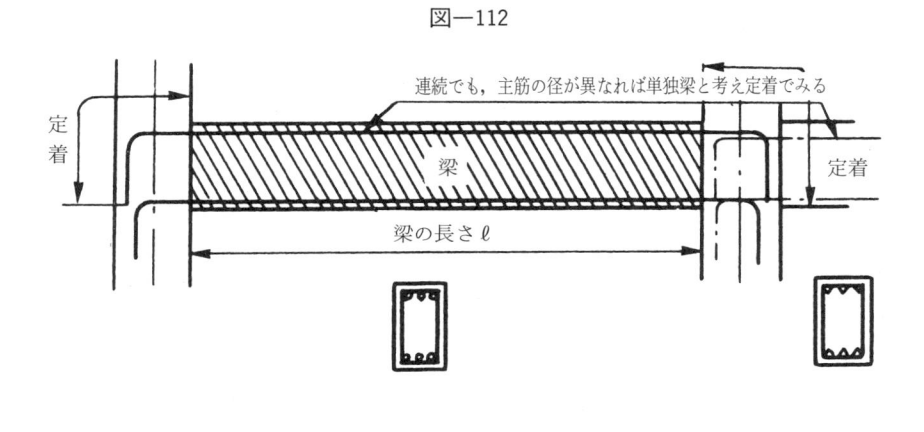

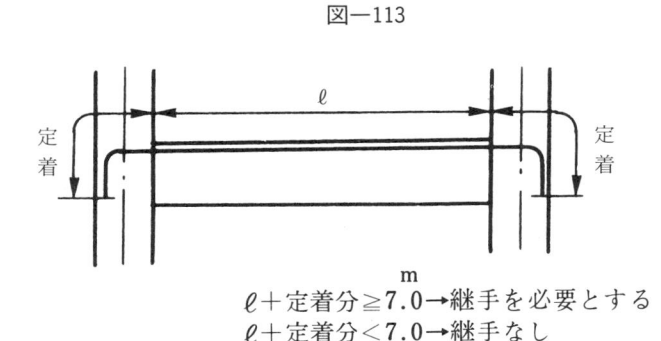

図—113

定着／ℓ／定着

m
ℓ＋定着分≧7.0→継手を必要とする
ℓ＋定着分＜7.0→継手なし

2)は継手について述べたものである。

単独梁については、図—110に示すように、両端の定着分まで加算した全長が7.0m以上かどうかで継手を必要とするかどうかを考える。

一般の連続梁の継手については、図—114の例では、G_1、G_3は梁の長さが5.0m以上あるので1か所になる。しかしG_2についてはその長さが4.4mで5.0m未満であるので0.5か所となる。したがって全体で都合2.5か所となって、施工上は絶対あり得ない0.5か所という半端が付くが、何度も述べているようにここは積算のルールにしたがって割り切って欲しい。

なお念のために補足するが、梁の長さとは、例えば図—114のG_2においてX_2～X_3間の5.0mではなく、その有効長さ4.4mをいう。

梁のスパン長さが5.0m未満で0.5か所、5.0m以上10.0m未満で1か所、そして10.0m以上で2か所あるものとしている。なお、基準の条文では「梁の長さ」となっており、旧基準を含めて、ここでは柱と柱の内法寸法を指すものとしている。

図—114

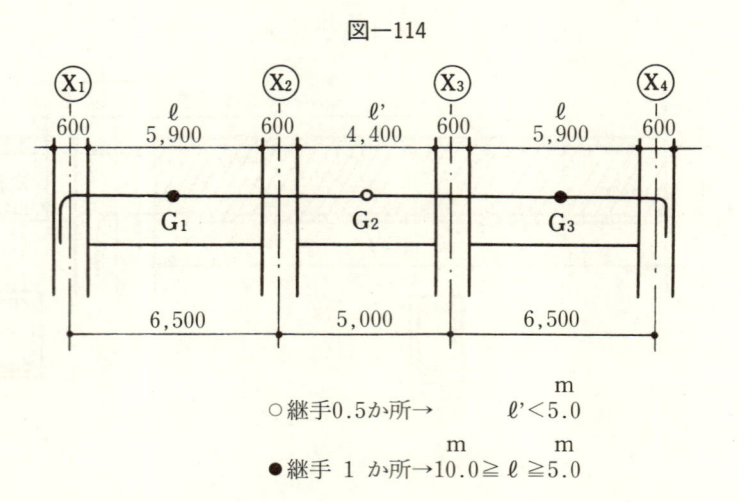

○継手0.5か所→ $\ell' < 5.0\text{m}$
●継手 1 か所→ $10.0\text{m} \geq \ell \geq 5.0\text{m}$

図—114の主筋の径を仮にD22とし、定着を35d、継手を40dとすれば、この主筋の全長は

$$5.90 \times 2 + 4.40 + \underset{35d \times 2}{0.60 \times 2} + 1.54 + \underset{40d \times 2.5}{2.20} = 21.14\text{m}$$

圧接で考えれば

$$5.90 \times 2 + 4.40 + \underset{35d \times 2}{0.60 \times 2} + 1.54 = 18.94\text{m}$$

圧接D22+D22　$1.0 \times 2 + 0.5 = 2.5$ か所

となる。

次に図—115から主筋D22の長さと継手か所数（または圧接）を拾ってみる。

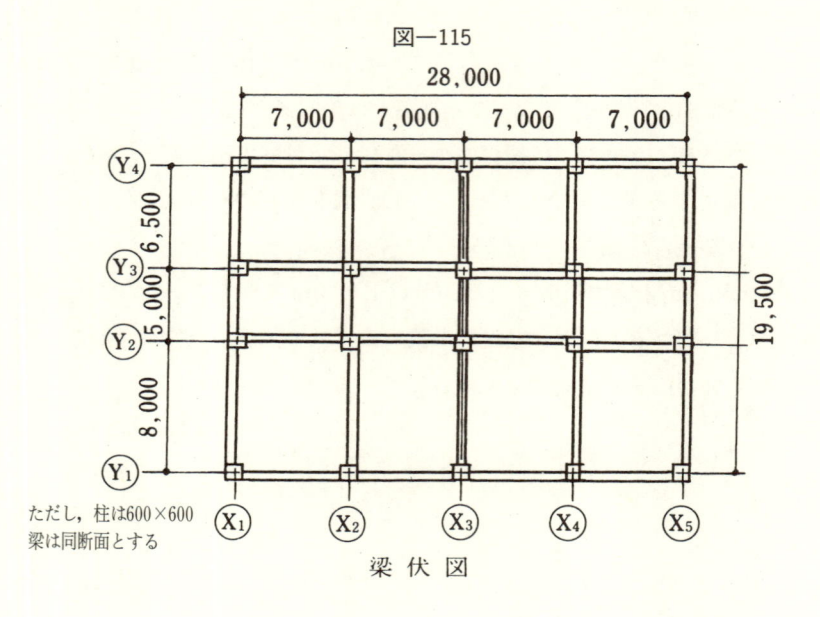

図—115

ただし，柱は600×600
梁は同断面とする

梁 伏 図

Ⓨ₁ x₁〜x₅、Ⓨ₂ x₁〜x₅　　　　　　　　　　　　　35 d × 2
　　　　　　　　　　　　　　　　　　　　　　　　↑
　主筋　D22　　　　　　　　　　　　(28.00−0.60)+1.54＝28.94m
　圧接　D22＋D22　　　　　　　　　　1×4＝4か所
Ⓨ₁ x₁〜x₄
　主筋　D22　　　　　　　　　　　　(21.00−0.60)+1.54＝21.94m
　圧接　D22＋D22　　　　　　　　　　1×3＝3か所
Ⓨ₂ x₄〜x₅
　主筋　D22　　　　　　　　　　　　(7.00−0.60)+1.54＝7.94m
　圧接　D22＋D22　　7.94＞7.00　　　　　　　　＝1か所
Ⓨ₃ x₁〜x₃、Ⓨ₃ x₃〜x₄
　主筋　D22　　　　　　　　　　　　(14.00−0.60)+1.54＝14.94m
　圧接　D22＋D22　　　　　　　　　　1×2＝2か所
Ⓧ₁ y₁〜y₄、Ⓧ₂ y₁〜y₄、Ⓧ₅ y₁〜y₄
　主筋　D22　　　　　　　　　　　　(19.50−0.60)+1.54＝20.44m
　圧接　D22＋D22　　　　　　　　　　1×2+0.5×1＝2.5か所
Ⓧ₃ y₁〜y₂
　主筋　D22　　　　　　　　　　　　(8.00−0.60)+1.54＝8.94m
　圧接　D22＋D22　　8.94＞7.00　　　　　　　　＝1か所
Ⓧ₃ y₂〜y₄
　主筋　D22　　　　　　　　　　　　(11.50−0.60)+1.54＝12.44m
　圧接　D22＋D22　　　　　　　　　　0.5×1+1×1＝1.5か所
Ⓧ₄ y₁〜y₃
　主筋　D22　　　　　　　　　　　　(13.00−0.60)+1.54＝13.94m
　圧接　D22＋D22　　　　　　　　　　1×1+0.5×1＝1.5か所
Ⓧ₄ y₃〜y₄
　主筋　D22　　　　　　　　　　　　(6.50−0.60)+1.54＝7.44m
　圧接　　　　　　　7.44＞7.00　　　　　　　　＝1か所

　積算基準の思想は、梁1本毎に細かく分けて拾うようになっている。そして更にはコンクリート、型枠と平行して鉄筋も同時に拾っており、これはコンピュータ処理に便利なようにしたいという背景があるようである。
　しかし、ここでの例では梁全体を通して拾ってしまった。ここではその方が簡単であるし、また作業も楽で早く、しかもミスも少ないということで便宜上そのようにやってみた。

長年の筆者自身の経験と体験から言えば、コンピュータ処理を別にすれば、鉄筋はコンクリート、型枠とは別に拾う方が早いという主張の持ち主である。コンクリート、型枠は何処でも好きなところで切って考えられる。しかし鉄筋には定着や継手の問題をはじめとして、断面や長さが全く同じでも鉄筋の径が異なっていたりしていて煩雑である。したがって、鉄筋についてはコンクリート、型枠と切り離して拾った方が楽に拾えるのではないかという感じを今も持ち続けている一人である。

10. 床板（スラブ）

■ 主筋の長さ

1) 床板の全長にわたる主筋の長さは、床板の長さにその定着長さを加えたものとする。トップ筋、ハンチ部分の主筋、補強筋等は設計図書による。ただし、同一の径の主筋が梁等を通して連続する場合は、定着長さにかえて接続する梁等の幅の1/2を加えるものとし、異なる径の主筋が連続する場合はそれぞれ定着するものとする。

■ 主筋の継手

2) 床板の全長にわたる主筋の継手については、1通則3)の規定（計測した鉄筋の長さについて、径13mm以下の鉄筋は6.0mごとに、径16mm以上の鉄筋は7.0mごとに継手があるものとして継手か所数を求める）にかかわらず、床板ごとに0.5か所の継手があるものとし、これに床板の辺の長さ4.5mごとに0.5か所の継手を加えるものとする。径の異なる主筋が連続する場合も継手についてはこの規定を準用する。

　　ただし、単独床板及び片持床板の継手は1通則3)によるものとし、床板の全長にわたる主筋の径が異なる場合の継手の位置は設計図書による。

　　重ね継手の長さは1通則5)（設計図書に記載のないときは、ＪＡＳＳ５鉄筋コンクリート工事の規定を準用する）により、径の異なる鉄筋の継手は小径による継手とする。

■ 同一配筋の床板の略算法

3) 同一配筋の床板については適切な略算法によることができる。

　　床板の配筋は、基本的には梁が横並びに連続したものと考えれば、特に問題はない。

10．床板（スラブ）　177

　平成12年3月の積算基準の改訂でベンド筋は姿を消したが、昔はベンド筋が入っている場合が多かった。しかも、構造屋さんが示す床板の配筋表のみで、ベンド筋をはじめ、配筋表にない肩筋まで拾わねばならなかった。表—3は、某ビルの床板配筋リストである。

表—3

符号	厚	位置	短辺方向		長辺方向		柱列帯
			端部	中央	端部	中央	
S₃	120	上部	D10@200		D10@250		D10@400
		下部	D10@400	D10@200	D10@500	D10@250	D10@400

　この表の上で見る限り、D10以外の鉄筋はどこにも見当たらない。しかしこの表から判断すれば、短辺長辺方向とも明らかにベンド筋のあることが分かる。ということは、表にはないがベンド筋の折れはじめの位置に1サイズアップのD13を用いた肩筋を必要とする。したがって肩筋の拾いを忘れないように注意したい。

　図—116は、一般的な「要領図」である。今前記の表—3とこの「要領図」を用いて図—117梁伏図から、■部分について実際に拾ってみることにしよう。なお、ベンド筋の伸びは梁同様に2か所で床板厚に相当するものとして計測・計算することにする。

図—116

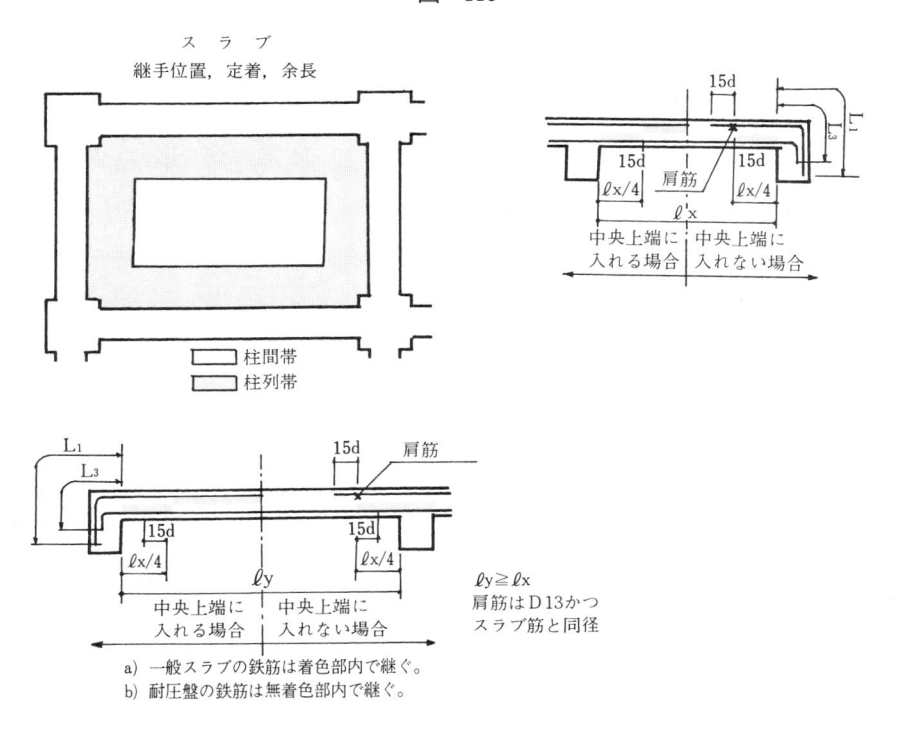

スラブ
継手位置，定着，余長

□ 柱間帯
■ 柱列帯

ℓy≧ℓx
肩筋はD13かつ
スラブ筋と同径

a) 一般スラブの鉄筋は着色部内で継ぐ。
b) 耐圧盤の鉄筋は無着色部内で継ぐ。

図—117

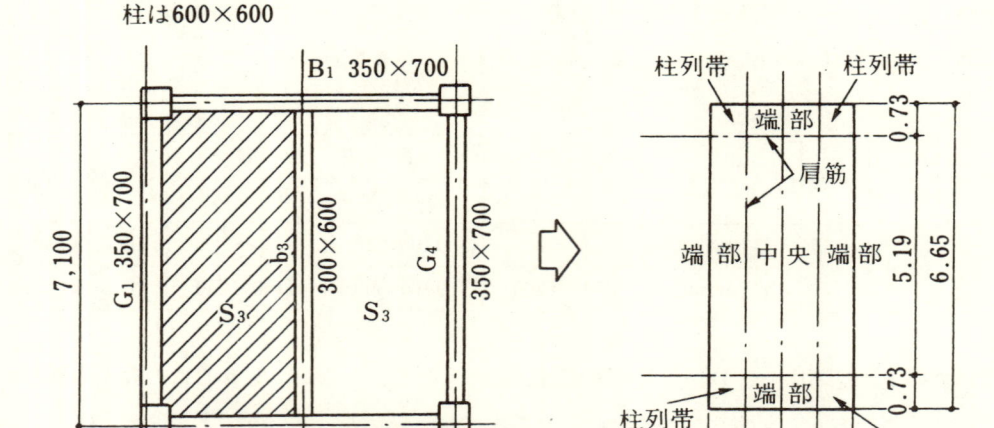

スラブ筋を拾う手順

ここでは

①スラブの計測をし長短両方向の寸法を求める。

　　短辺方向の長さ　$3.35+0.075-0.35-0.30/2=2.925 \Rightarrow 2.93$ m

　　長辺方向の長さ　$7.10+0.075-0.35-0.35/2=6.65 \Rightarrow 6.65$ m

②短辺方向の辺の長さの¼の位置、つまり反曲点の寸法を求める。

　ここでは辺の長さ2.93mの¼を0.73mとし、この寸法を長辺方向にも用いる。（長辺方向の反曲点の位置を、長辺方向の長さの¼と勘違いしないことが大切）

③配筋方法の形式を判断する。

　ここでは短辺方向の一端が定着、他端が連続、長辺方向では両端共に定着である。

④短辺方向と長辺方向に分けて拾う。

　●短辺方向

　ⅰ）肩筋を求める。（定着を一応35dとする）

短辺方向の辺長を2.93m、一端を定着とし、他端を連続とする。定着側は径13mmの35倍、つまり$0.013 \times 35=0.455 \rightarrow 0.46$ mとし、他端は小梁の梁幅の半分、つまり0.3mの½の0.15mを辺長2.93mに加算することになる。

次に継手について考えると、スラブの長さは2.93mで4.5m以下であるので継手のか所数は基本の0.5か所だけということが分かる。

したがって、肩筋の長さは次のようになる。

10. 床板（スラブ） 179

$$
\text{肩　筋}\quad 13D\quad \underset{\uparrow}{\underset{\text{スラブ辺長}}{2.93\text{m}}} + \underset{\uparrow}{\underset{\text{定着}35d}{0.46\text{m}}} + \underset{\uparrow}{\underset{\text{梁幅の}½}{0.3\text{m}/2}} + \underset{\uparrow}{\underset{0.5\times\text{継手}40d}{0.5\times0.52\text{m}}} \Rightarrow 3.80\text{m}
$$

$$
\text{本数}\qquad\qquad\qquad\qquad\qquad\qquad\underset{\text{両端}}{1\times 2}\quad\Rightarrow 2\text{本}
$$

ii） **上端筋を求める。**

表—3 から判断するに、上端筋として端から端まで通っているのは柱列帯部分だけである。長さの求め方は肩筋に準ずればよい。本数の求め方は柱列帯部分の寸法、つまり0.73mを表のピッチ0.4mで割って端数を繰上げて整数にすればよい。

$$
\text{上端数}\quad 10D\quad \underset{\uparrow}{\underset{\text{スラブ辺長}}{2.93\text{m}}} + \underset{\uparrow}{\underset{\text{定着}35d}{0.35\text{m}}} + \underset{\uparrow}{\underset{\text{梁幅の}½}{0.3\text{m}/2}} + \underset{\uparrow}{\underset{\text{継手}40d}{0.5\times0.40\text{m}}} \Rightarrow 3.63\text{m}
$$

$$
\text{本数}\quad 0.73\div 0.40 = 1.825 \qquad\qquad \underset{\text{本}}{\rightarrow}\underset{\text{両端}}{2\times 2}\quad\Rightarrow 4\text{本}
$$

iii） **下端筋を求める。**

表—3 から判断すると、D10 の端部のピッチが400mm、中央で200mmということは、中央で1本置きにベンド筋の形で下りてくることを示している。そこに目を付けて拾えばよい。スラブ下端筋は「要領図」から定着が10d または15cm以上ということから、ここの場合は15cmを採用することにした。

$$
\text{下端筋}\quad D10\quad \overset{\text{m}}{2.93} + \overset{\text{m}}{0.15}\times 2 \qquad\qquad\qquad\qquad \Rightarrow \overset{\text{m}}{3.23}
$$

$$
\text{本数}\quad \text{中央部分}\quad 5.19\div 0.40 = 12.975 \rightarrow 13 + \underset{\underset{\text{植木算}}{\uparrow}}{1} \Bigg\}\Rightarrow 18\text{本}
$$

$$
\qquad\qquad\text{端　部}\quad \text{上端筋に同じ}\ 2\times 2 \rightarrow\quad 4\text{本}
$$

iv） **ベンド筋を求める。**

表—2 から、下端筋の間にベンド筋が下りてくることになるので、下端筋の中央部分のピッチ数、13がそのままベンド筋の本数となる。長さについてはベンド筋の通則から、スラブ厚だけ上端筋に加算すればよい。

$$
\text{ベンド筋}\ D10\quad \overset{\text{m}}{3.63} + \underset{\uparrow}{\underset{\text{スラブ厚}}{\overset{\text{m}}{0.12}}} \qquad\qquad\qquad\qquad \Rightarrow \overset{\text{m}}{3.75}
$$

$$
\text{本数}\qquad\qquad\qquad\qquad\qquad\qquad\qquad\qquad \Rightarrow 13\text{本}
$$

v） **トップ筋を求める。**

端部の形が一方は定着型であり、他方は連続型である。したがってここの例ではトップ筋は2種類あることになる。

　　　　　　　　　　ℓ/4　　定着35d　余長15d
　　　　　　　　　　 m　　　 m　　　m
　　トップ筋　D10　0.73＋0.35＋0.15　　　　　　　　　　⇒1.23m

　　　　　本数　肩筋部分を除く下端筋中央部分本数に相当⇒12本

　　　　　　　　　　ℓ/4　　梁幅の半分　余長15d
　　　　　　　　　　 m　　　　m　　　　m
　　トップ筋　D10　0.73＋0.30/2＋0.15　　　　　　　　　⇒1.03m

　　　　　本数　上に同じ　　　　　　　　　　　　　　　⇒12本

以上で短辺方向のすべての配筋について拾ったことになる。長辺方向も要領は全く同じである。なお、長辺方向は両端定着と考え、「6.0mごとに継手1か所」にした。

● **長辺方向**

　ⅰ）**肩筋を求める。**

　　　　　　　　　　スラブ長さ　定着35d×2　継手40d
　　　　　　　　　　　m　　　　　m　　　　 m　　　　　　　　　　m
　　肩　筋　13D　　6.65＋0.46× 2 ＋0.52　　　　　　　　　⇒8.09
　　　　　　　　　　　　　　　　　　　　↑
　　　　　　　　　　　　　　　　6.0mごとに継手1か所

　　　　　本数　　　　　　　　　1×2　　　　　　　　　　⇒2本

　　　　　　　　　　スラブ長さ　定着35d×2　　40d
　　　　　　　　　　　m　　　　　m　　　　　　　　　　　　　m
　　上端筋　D10　　6.65＋0.35× 2 ＋0.40　　　　　　　　　⇒7.75

　　　　　本数　短辺方向に同じ 2×2　　　　　　　　　　 ⇒4本

　　　　　　　　　　スラブ長さ　定着15d×2　継手40d
　　　　　　　　　　　m　　　　　m　　　　 m　　　　　　　　　m
　　下端部　D10　　6.65＋0.15× 2 ＋0.40　　　　　　　　　⇒7.35

　　　　　本数　中央部分　1.47÷0.50＝2.94→3＋1 ⎫
　　　　　　　 端　　部　上端筋に同じ　2×2＝4 ⎬⇒8本
　　　　　　　　　　　　　　　　　　　　　　　 ⎭

　　　　　　　　　　上端筋長さ　スラブ厚
　　　　　　　　　　　m　　　　　　　　　　　　　　　　　　　　m
　　ベント筋　D10　7.75＋0.12　　　　　　　　　　　　　　⇒7.87

　　　　　本数　中央部分ピッチ数に同じ　　　　　　　　　⇒3本

　　　　　　　　　　　　　　　　　　　　　　　　　　　　　m
　　トップ筋　D10　短辺方向　端部定着型に同じ　　　　　 ⇒1.23

　　　　　本数　　　　　　　　　　　　　　2×2⇒4本

以上を整理したものが表—4である。

表—4

S_3 ($2.93m \times 6.65m = 19.48m^2$)

	名　　　称	サイズ	計　算　式	D10	D13
短辺方向	肩　　筋	D13	$3.80 \times 1 \times 2$		7.60
	上端筋	D10	$3.63 \times 2 \times 2$	14.52	
	下端筋	D10	$3.23 \times (14 + 2 \times 2)$	58.14	
	ベント筋	D10	$3.75 \quad \times 13$	48.75	
	トップ筋	D10	$1.23 \quad \times 12$	14.76	
	〃	D10	$1.03 \quad \times 12$	12.36	
長辺方向	肩　　筋	D13	$8.09 \times 1 \times 2$		16.18
	上端筋	D10	$7.75 \times 2 \times 2$	31.00	
	下端筋	D10	$7.35 \times (4 + 2 \times 2)$	58.80	
	ベント筋	D10	$7.87 \quad \times 3$	23.61	
	トップ筋	D10	$1.23 \times 2 \times 2$	4.92	
合　　計				266.86m	23.78m

$$\therefore \text{D13} \quad \overset{m}{23.78}/\overset{m^2}{19.48} \Rightarrow \overset{m}{1.22}/m^2$$
$$\text{D10} \quad \overset{m}{266.86}/\overset{m^2}{19.48} \Rightarrow \overset{m}{13.70}/m^2$$

となり、床板S_3全体の床面積にこれらの数値を掛けて求める便法が積算基準でも許されている。この方法は後述の壁についても同じ扱いをとっている。

スラブ配筋詳細図

以上のことから図—118のような配筋詳細図を書くことができる。

図—118

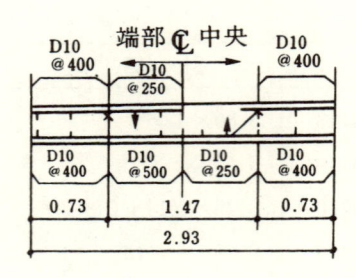

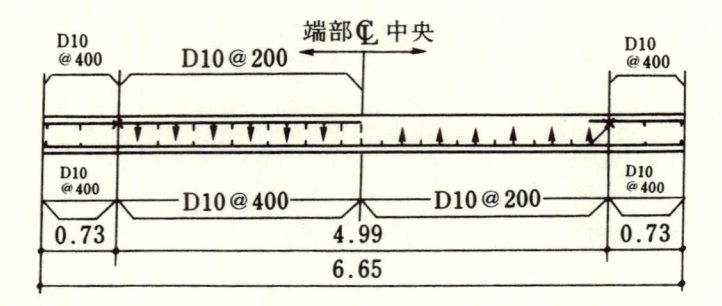

```
         端部 ℄ 中央
D10                    D10
@400    D10            @400
        @250
   ↓       ↓
 D10   D10   D10   D10
 @400  @500  @250  @400
 0.73  1.47        0.73
       2.93
```

```
                端部 ℄ 中央
D10       D10@200            D10
@400                         @400
   ↓↓↓↓↓↓↓↓↓↓↓↓↓
 D10    D10@400    D10@200    D10
 @400                         @400
 0.73      4.99               0.73
              6.65
```

11. 壁

■ 壁筋の長さ

1) 縦筋、横筋の長さは、接続する他の部分（さきの部分である柱、梁、床板等）に定着するものとし、壁の高さ又は長さに定着長さを加えたものとする。補強筋（開口部まわり等）は設計図書による。

■ 壁筋の継手

2) 縦筋の継手は原則として各階に1か所あるものとし、開口部腰壁、手摺壁等の継手はないものとする。また横筋の継手は1通則3)（計測した鉄筋の長さについて、径13mm以下の鉄筋は6.0mごとに、径16mm以上の鉄筋は7.0mごとに継手があるものとして継手か所数を求める）による。

■ 壁筋算出の略算法

3) 同一配筋の壁については適切な略算法によることができる。

図—119

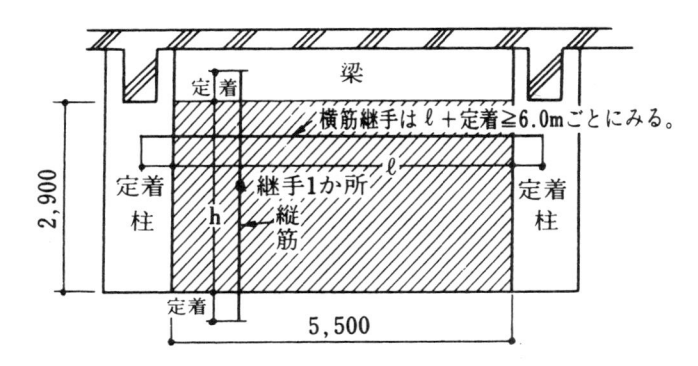

1)は壁筋の基本的な考え方を述べたものである。さきの部分である柱、梁などで囲まれたあとの部分が壁であり、その内法間の寸法が壁の長さと高さになる。

壁の縦筋、横筋の所要長さは、これら内法寸法の長さ、高さにそれぞれ定着長さを加えたものになる。

2)の継手については、縦筋はその長さに関係なく（ただし腰壁のようなものは除く）1か所あるものとしている。これは壁の立上り部分に継手分を見込んで差し筋を行っている実際の施工を見ても理解できよう。

横筋の継手か所については、両端の定着分を含めた長さが、細いもの（径13mm以下）で6.0mごと、太いもの（径16mm以上）で7.0mごとに考えればよい。仮に壁の長さを5.5m、鉄筋の径をD10とすれば、両端の定着を35dとした場合の総長さは、

$$5.50 + 0.35 \times 2 = 6.20 > 6.0 \text{m}$$

となって更に継手を1か所加算する必要がある。

したがって

　　　　　　　　　　　壁の長さ　　定着　　　継手
　横筋の長さ　D10　　5.50　＋0.35×2＋0.40＝6.60m

となる。ついでに壁の高さを2.90mとした時の縦筋の長さは

　　　　　　　　　　　壁の高さ　　定着　　　継手
　縦筋の長さ　D10　　2.90　＋0.35×2＋0.40＝4.00m

で拾えばよい。

3)の適切な略算法とは、前述した床板の場合と同様に、記号別の壁の代表を取り出し、それに要した単位面積当たりの鉄筋量（長さまたは質量）を求め、それを一種の係数として用い、

全体の量を求めればよいことになる。

12. 階　　段

段型の鉄筋の長さは、コンクリートの踏面、蹴上げの長さに継手及び定着長さを加えたものとする。補強筋は設計図書による。

階段の形式、種類により拾い方も異なってくるが、いずれにしても今までの応用である。

1) **一般的タイプ**：床板に勾配を付けてこれに段形に踏面と蹴上げを設けたもの。
2) **キャンチレバータイプ**：階段の一段ごとにそれぞれが、壁から片持ちではねだしているもの。
3) **階段中央付近を梁で受けたタイプ**：階段幅が広い場合で、中央部分を梁で受けた形をとっているもの。
4) **稲妻型タイプ**：踏面、蹴込み部分共々厚みを大体揃え、小口の方から見て折板のような形になったもの。
5) **その他**：公団型のように段の両端が壁になったものや、螺旋（らせん）形のものなど、いろいろ。

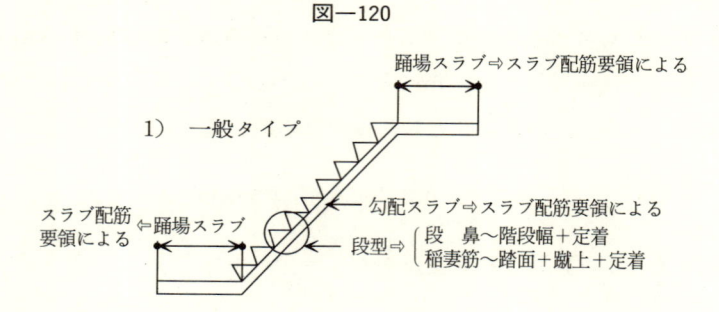

図―120

1) 一般タイプ

踊場スラブ⇒スラブ配筋要領による
スラブ配筋要領による⇐踊場スラブ
勾配スラブ⇒スラブ配筋要領による
段型⇒ 段　鼻～階段幅＋定着
　　　 稲妻筋～踏面＋蹴上＋定着

図—121

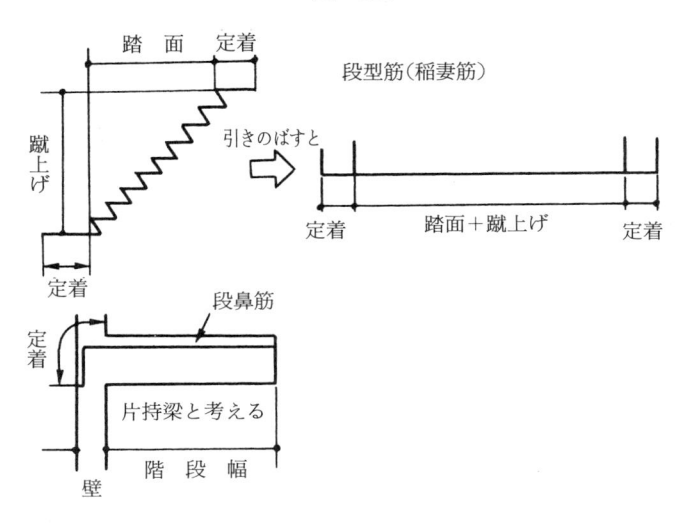

13. その他

庇、パラペット、ドライエリア等の鉄筋の数量は(1)基礎〜(6)階段に準ずる。

図—122、図—123からパラペットの鉄筋を実際に拾ってみよう。

Y_1 $x_1 \sim x_3$

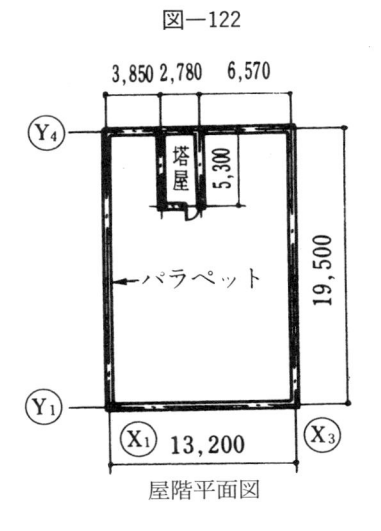

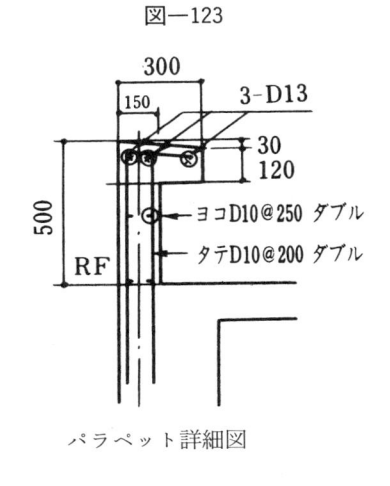

壁の長さ	$13.20 + 0.15/2 \times 2$	$\Rightarrow 13.35$ m
たて筋の長さ D10	立上り　笠木　35d $0.50 + 0.30 + 0.35$	$\Rightarrow 1.15$ m

図—122　屋階平面図

図—123　パラペット詳細図

```
           たて筋の本数        13.35/0.20＝66.75→(67＋1)⇒68本
                                   35d×2  40d×2
           よこ筋の長さ    D13   13.05＋0.91＋1.04       ⇒15.00m
           よこ筋の長さ    D10   13.05＋0.70＋0.80       ⇒14.55m
```

	サイズ	計　算　式	D10	D13
たて筋	D10	1.15×68×2	156.40	
よこ筋	D10	14.55×2×2	58.20	
よこ筋	D13	15.00× 　3		45.00
計			214.60m	45.00m

```
                                    2.78＋0.18
                                       ↑
    パラペットの総長さ　(13.20＋19.50)×2－2.96⇒62.44m
  ∴  D10    214.60/13.35×62.44＝1,003.72m
      D13    45.00/13.35×62.44＝  210.47m
```

この例では、パラペットの扱いを壁というよりも、同じ断面をもったものの連続と考え、その1m当たりの鉄筋量を求めてから、全体の量を把握したことになる。

以上で、**積算基準**の鉄筋部分について、一通りの解説を完了したことになる。

14. 演　　習

コンクリート・型枠編での演習同様に、構造図面C-101～C-110図に基づき鉄筋を拾ってみることにしよう。紙面の都合上計算書のすべてを載せるわけにはいかないので、その一部分に留め、若干の補足説明をしておくことにする。

計算書の第1頁右肩上の番号R-201は、この建物に使用された鉄筋の集計表である。圧接はか所数で示し、鉄筋はサイズ別、部分別に延長さでまとめている。

1) 基礎（R-202から）

基礎部分の鉄筋はいずれも径が13mm未満であるので、コンクリートの設計寸法を鉄筋の長さとして拾っている。またその長さが6m未満なので、ここでは継手の問題は発生しない。

斜筋（ダイヤゴナル筋）の長さについては基礎の形が正方形であるので、フーチングの一辺の長さの$\sqrt{2}$倍とした。

2) 基礎梁（R-203から）

　基礎梁ＦＢ₁は②端が固定、③端は連続になっている。したがって②、③柱内法間の寸法（6.0−0.6＝5.4m）に②端は定着分（ここでは鉄筋径の40倍、つまり40ｄ→0.022×40＝0.88m）を、③端は柱の中心までの寸法（ここでは0.6m／2＝0.3m）を加算した6.58mが求める長さとなる。

　基礎梁リストＣ−102図によればＦＢ₁は、上端筋3本分と下端筋3本分が梁の全長にわたって入っていることが分かる。したがって計算書に示すように（3＋3）とした。最後の×1は基礎梁のか所数を示している。

　2行目の（②端上）とあるのは、②通り端部のみに入っている鉄筋である。基礎梁リストでＦＢ₁の②端を見ると、上端筋が4本で下端筋が3本になっている。通し筋としてすでに上下各3本ずつ拾ってしまったので、上端筋の4本のうち残り1本だけが端部に入っている勘定となる。

　長さについては梁の全長（柱から柱までの内法寸法）の¼の位置を反曲点として、更に15ｄの余長と端部への定着を必要とするので、5.4mを4で割り、定着40ｄ相当分の0.88mと、余長の15ｄ相当分0.33mを加算して2.56mとした。

　3行目は圧接について拾っている。継手か所数については梁の長さが5.4mであるので、1か所の継手で拾った。

　腹筋は、梁の長さ5.4mに両端の余長15ｄ分0.15mの2倍を加算して都合5.7mとした。

　スタラップは梁のコンクリート断面周長でよい。梁幅0.45m、梁成1mを加算して2倍の2.9mとした。か所数は梁の長さ5.4mをピッチ0.2mで割った数の27に、植木算で1を加えて28とした。

　幅止筋の長さは梁幅の0.45m、か所数は梁の長さ5.4mをピッチ0.6mで割り、これも植木算で1を加えて10か所とし、2段に入っているので2倍して20か所とした。

3) 柱（R-215から）

　柱の主筋1層目分の長さは、基礎天端から2階床までの4.17mに、基礎への定着分40ｄ相当分0.88mを加えた5.05mで一見よさそうに思われる。しかしここでは基礎フーチングの厚み0.7mを定着長さ0.88mから差し引くと0.18m分しか残らない。一方柱主筋の基礎底盤でのふんばり余長をその径の15倍とすると、径22mmでは0.33mを必要とし0.18mでは不足する。したがってここでは2階床面から基礎フーチング下端までの4.87mにふんばり余長分0.33mを加算した5.2mを必要とするわけである。

　継手については、基礎柱分が基礎への定着分を含めて7m未満であるので1、2階分で各1か所ずつ考えればよい。

柱脚部分に入る増し筋は、柱の横架材間（ここでは2階梁下端から基礎梁上端まで）の長さ3.07mの半分に余長15d、つまり0.33mと更に基礎梁成1mとふんばり余長0.33mを加算して3.21mとした。

フープの長さは柱コンクリート断面の周長2.4mを、か所数は横架材間を0.1mピッチ、梁成間は50％増しの0.15mピッチで割り、端数切り上げの整数とし、全体で植木算の1を加算した。ダイヤゴナルフープの長さは基礎フーチングの斜材の求め方の要領と同じであるので省略する。

4) 梁（R-218から）

2CB$_1$は片持梁であり、先端に小梁2b$_2$が付いている。②端は2B$_1$と連続である。したがって①～②通間の2.5mに外壁厚0.15mの半分を加えてから先端の小梁の梁幅分を差し引き、小梁への定着分40d、つまり0.88mを加算した3.21mが主筋の長さになる。

端部増し筋の長さについては、梁の長さ（先端小梁内側から②通柱の内面まで）の2/3に余長15dを加算することにした。したがって2.2mの2/3に②通り柱幅の半分0.3m、そして余長15d分の0.33mを順次加えていけばよい。

腹筋以下については基礎梁に準ずればよいので省略する。

2G$_1$（R-223）はⒶ端が固定、Ⓑ端は連続である。したがって上下主筋の長さは、梁の長さ（柱間の内法長さ）6.15mに柱幅の半分0.3mと、Ⓐ端への定着分0.88mを加えて7.33mとした。本数については大梁リストから、梁全長にわたって通っているのは上端筋で4本、下端筋で3本の計7本である。

次に下端筋のうち1本は、断面リストから判断するに、Ⓐ端に定着して中央部分で終っていてⒷ端にまで達していない。したがってこの下端筋の長さは梁の長さの3/4に定着分と余長分を加算すればよいことになる。

Ⓐ端部のみにある鉄筋は、上端筋7本のうち主筋4本分を除いた3本であり、下端筋では主筋6本中2本となる。長さについては梁の長さの1/4に定着分0.88mと余長0.33mを加えた2.75mとなる。

一方Ⓑ端については隣合わせで連続する2G$_2$のⒷ端の配筋状況を見ながら拾う必要がある。ここでは幸にG$_1$、G$_2$共配筋の本数は同じであるので上端筋で2本、下端筋で2本の計4本になる。長さについては梁の長さの1/4に柱幅の半分の0.3mと余長0.33mを加算すればよい。

圧接については下端筋のⒶ端から中央まで入る分の長さが5.82mで7m未満であるのでこれは継手を必要としない。したがって上端、下端通し筋の7本だけとなる。

腹筋は梁の長さがすでに6mを超えているので両端の余長の他に継手分の0.4mを加算する必要があり、都合6.85mとなった。

スタラップ、幅止については基礎梁に準ずればよいので省略する。

5) 床板（R−242から）

床板 S_1 の代表として選んだものについての拾いである。手順については図—117から拾った前述の例題を参照されたい。

6) 壁（R−246から）

壁の場合も床板同様に壁厚さ別に代表選手を選出し、その1㎡当たりの鉄筋量を求め、これを係数扱いにして全体の面積に掛けて算出している。ただし、開口部の補強筋については建具寸法をもとに別途計算している。

7) 階段（R−251から）

考え方としては床板が傾斜していると考えればよいことと、段型のための稲妻筋や、段鼻筋が特にあるくらいで、別段難しいことはないと思う。中央の手摺壁については一般壁筋の要領で、本体から係数をもってきて求めた。

鉄筋集計表　　　　　　　　　　　　　　　　　　　　　　　　　　　　　　　　　　　　　R—201

	D 10	D 13	D 16	圧 接	D 19	圧 接	D 22	圧 接	D 25	圧 接
基　　礎		507.22								
基 礎 梁	1597.67	200.10					529.22	63	181.64	18
柱	2543.84						1306.98	126		
梁	2980.90	352.40	490.28	36	41.3		1696.93	161		
床　板	5708.80	1363.92								
壁	7061.61	596.53	130.98							
階　段	934.49	82.88								
その他	1222.28	156.52								
合　　計	22049.59	3259.57	621.26	36	41.3		3533.13	350	181.64	18

R—202

基　礎			D 10	D 13	D 16	D 19	D 22	D 25
F 1								
	ベース	D13　2.2 ×14× 2 × 2		123.2				
	ダイヤ筋	〃　　3.11× 3 × 2 × 〃		37.32				
		↓						
		2.2×√2						
F 2								
	ベース	D13　1.8 ×13× 2 × 5		234.0				
	ダイヤ筋	〃　　2.55× 3 × 2 × 〃		76.5				
F 3								
	ベース	D13　1.8 × 4 × 2 × 3		43.2				
	〃	〃　　0.9 × 4 × 2 × 〃		21.6				
F 4								
	ベース	D13　2.7 × 4　　× 2		21.6				
	〃	〃　　0.9 ×11　　× 〃		19.8				
		何れもD16未満であるので、コンクリートの設計寸法をそのまま鉄筋の長さとして拾えばよい。						
計				577.22m				

　鉄筋の計算書用紙はR—202のように、計算結果をサイズ別に分けて記入し、それぞれの合計を求めやすいように作られているのが一般的である。本著では印刷の都合上、必要なサイズの欄のみに限定し、計算式に余幅をもたせて記載することにした。

R-203

基 礎 梁	
	鉄筋はSD345とし継手はD16以上は圧接、D13以下は継手長さ40d、定着40d、余長15dとする。

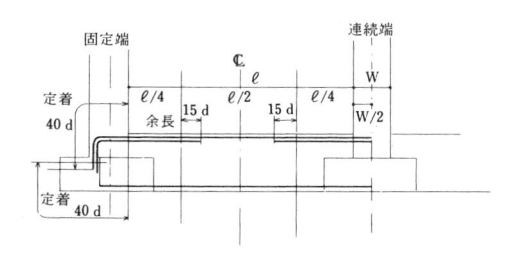

R-204

				D 10	D 22
FB₁ 主筋上下	D 22		$(6.0-0.6+0.88+0.6/2)$ $6.58×(3+3)×1$		39.48
2 端 上	〃		$(5.4/4+0.88+0.33)$ $2.56× 1×〃$		2.56
圧 接	22+22		$1 × 6×〃$		(6)
腹 筋	D 10		梁の長さ 余長15d $(6.0-6.0+0.15×2)$ $5.7 ×2×2×〃$	22.8	
St	〃		$(0.45+1.0)×2 \ (5.4/0.2+1)$ $2.9 × 28×〃$	81.2	
幅 止	〃		$(5.4/0.6+1)$ $0.45×10×2×〃$	9.0	
FB₂ 主筋上下	D 22		両端が連続につき柱心々 $6.0 × 6×1$		36.0
圧 接	22+22		$1 × 6×〃$		(6)
腹 筋	D 10		$5.7 ×2×2×〃$	22.8	
				135.8	(12) 78.04

※ ( ) は圧接カ所数

R—205

			D10	D22
St.	D10	2.9 × 28×1	81.2	
幅 止	〃	0.45×10× 2 ×〃	9.0	
FB₃				
主 筋 上 下	D22	(5.98+0.88) ↑ 6.86×(3+3)×1		41.16
中〜5端上	〃	(5.68×3/4+0.88) ↑ 5.14× 1 ×〃		5.14
5 端 上	〃	(5.68×1/4+0.88+0.33) ↑ 2.63× 2 ×〃		5.26
腹 筋	D10	(5.68+0.15×2) ↑ 5.98×2 × 2 ×〃	23.92	
St.	〃	2.9 × 30×〃	87.0	
幅 止	〃	0.45×11× 2 ×〃	9.9	
圧 接	22+22	1 × 6 ×〃		(6)
			211.02	(6) 51.56

R—206

			D10	D22
FB₄				
主 筋 上 下	D22	6.58×(2+2)×1		26.32
2 端	〃	2.64×(1+1)×〃		5.28
圧 接	22+22	1 × 4 ×〃		(4)
腹 筋	D10	5.7 ×2 × 2 ×〃	22.8	
St.	〃	2.9 × 28×〃	81.2	
幅 止	〃	0.45×10× 2 ×〃	9.0	
FB₅				
主 筋 上 下	D22	6.0 ×(2+2)×1		24.0
圧 接	22+22	1 × 4 ×〃		(4)
腹 筋	D10	5.7 ×2 × 2 ×〃	22.8	
St.	〃	2.9 × 28×〃	81.2	
幅 止	〃	0.45×10× 2 ×〃	9.0	
			226.00	(8) 55.60

R—215

			D 10	D 22
$C_{2\sim5}$				
主　　筋	D 22	5.2 × 10 × 4		208.0
圧　　接	22+22	2 × 10 × 〃		(80)
柱　　脚	D 22	3.21× 4 × 〃		51.36
フ ー プ	D 10	2.3 × 44× 〃	404.8	
		$\sqrt{0.6^2+0.55^2}$ ↑		
D. H	〃	0.81× 20× 〃	64.8	
$C_{2\sim5}$		フック (3.5+0.27) ↑		
主筋コーナー	D 22	3.77× 4 × 4		60.32
〃	〃	3.5 × 6 × 〃		84.0
圧　　接	22+22	2 × 10× 〃		(80)
		(2.8/0.1)+(0.7/0.15) ↑		
フ ー プ	D 10	2.2 ×(29+ 5)× 〃	299.2	
		(0.55×$\sqrt{2}$) ↑		
D. H	〃	0.78× 7 × 2 × 〃	43.68	
			812.48	(160) 403.68

R—218

			D 10	D 22
$2CB_1$	D 22	(2.5+0.15/2−0.25+0.88) ↑ 3.21×(3+3)×2		38.52
2 端 上 下	〃	(2.2×2/3+0.3+0.33) ↑ 2.1 ×(2+2)×2		16.8
圧　　接		なし		
腹　　筋	D 10	(2.2+0.15×2) ↑ 2.5 × 2 × 〃	10.0	
St.	〃	(0.6+0.7+0.3×2)(2.2/0.2+1) ↑ 1.9 × 12× 〃	45.6	
幅　　止	〃	(2.2/0.6+1) ↑ 0.3 × 5 × 〃	3.0	
$2B_1$ 主筋上下	D 22	6.0 ×(3+3)×2		72.0
2 端 上 下	〃	(5.4/4+0.3+0.33) ↑ 1.98×(2+2)× 〃		15.84
圧　　接	22+22	1 × 6 × 〃		(12)
			58.6	(12) 143.16

IV. 躯体の部―鉄筋編

R—219

			D 10	D 22
腹　　筋	D 10	(5.4+0.15×2)↑ 5.7 ×　　2 × 2	22.8	
St.	〃	(0.3+0.7)×2　(5.4/0.2+1)↑ 2.0 ×　　28× 〃	112.0	
幅　　止	〃	(5.4/0.6+1)↑ 0.3 ×　　10× 〃	6.0	
2 B₂ 主筋上下	D 22	6.0 × (2+2) × 2		48.0
3 端上下	〃	(5.4/4+0.3+0.33)↑ 1.98×（1+1）× 〃		7.92
4 〃 〃	〃	〃 ×（〃）× 〃		7.92
圧　　接	22+22	1 ×　　4 × 〃		(8)
腹　　筋	D 10	5.7 ×　　2 × 〃	22.8	
St.	〃	2.0 ×　　28× 〃	112.0	
幅　　止	〃	0.3 ×　　10× 〃	6.0	
			281.60	(8) 63.84

R—223

			D 10	D 22
2G₁ 主筋上下	D 22	(6.15+0.3+0.88)↑ 7.33×(4+3) × 2		102.62
A端～中, 下	〃	(6.15×3/4+0.88+0.33)↑ 5.82×　　1 × 〃		11.64
A 端上下	〃	(6.15/4+0.88+0.33)↑ 2.75×(3+2) × 〃		27.5
B 端上下	〃	(6.15/4+0.30+0.33)↑ 2.17×(2+2) × 〃		17.36
圧　　接	22+22	1 ×　　7 × 〃		(14)
腹　　筋	D 10	(6.15+0.15×2+0.4) 継手↑ 6.85×　　2 × 〃	27.4	
St.	〃	(6.15/0.2+1)↑ 2.10×　　32× 〃	134.4	
幅　　止	〃	(6.15/0.6+1)↑ 0.35×　　12× 〃	8.4	
			170.20	(14) 159.12

R—224

			D10	D13	D16	D22
2G$_2$						
主 筋 上 下	D22	(2.7+0.3+0.88)↑ 3.88×(4+5)×2				69.84
B 端 上	〃	(2.7/4+0.3+0.33)↑ 1.31× 2×2				5.24
C 端 上 下	〃	(2.7/4+0.88+0.33)↑ 1.89×(2+1)×〃				11.34
圧 接	22+22	0.5× 9×〃				(9)
腹 筋	D10	(2.7+0.15×2)↑ 3.0× 2×〃	12.0			
St.	D13	(1.3/0.1−1)↑ 1.9× 12×〃		45.6		
〃	〃	(0.7/0.1)↑ 2.0× 7×2×〃		56.0		
〃	D16	1.9× 1×2×〃			7.6	
幅 止	D10	(2.7/0.6+1)↑ 0.35× 6×〃	4.2			
			16.2	101.6	7.6	(9) 86.42

R—231

			D10	D22
RCB$_1$				
主 筋 上 下	D22	(2.35+0.88)↑ 3.23×(3+3)×2		38.76
2 端 上 下	〃	(2.35×2/3+0.55/2+0.33)↑ 2.17×(2+2)×〃		17.36
腹 筋	D10	2.38× 2×〃	9.52	
St.	〃	1.9× 12×〃	45.6	
幅 止	〃	0.3× 5×〃	3.0	
RB$_1$				
主 筋 上 下	D22	6.0×(2+2)×2		48.0
2 端 〃	〃	(5.45/4+0.55/2+0.33)↑ 1.97×(3+3)×〃		23.64
圧 接	22+22	1 + 4×〃		(8)
腹 筋	D10	5.75× 2×〃	23.0	
St.	〃	2.0× 29×〃	116.0	
幅 止	〃	0.3× 11×〃	6.6	
			203.72	(8) 127.76

R—242

床板			D10	D13
S_1		3.0×7.2→2.55×6.75（短辺方向〜片端固定、他端連続、長辺方向〜両端固定）		
短辺肩筋	D13	(2.55+0.3/2+0.52+0.52/2) ↑ 3.48×1×2		6.96
柱列帯　上	D10	(2.55+0.3/2+0.4+0.4/2) ↑　　(0.64/0.3=2.13→3) 3.3　×　　3　×2	19.8	
〃　　下	〃	(2.55+0.15×2+0.4/2) ↑ 3.05×(4×2+13)	64.05	
ベント筋	〃	(3.05+0.12) ↑ 3.17×14	44.38	
トップ筋	D13	(0.64+0.52+0.2) ↑ 1.36×　13		17.68
〃	〃	(0.64+0.3/2+0.2) ↑ 0.99×　13		12.87

R—243

床板			D10	D13
長辺肩筋	D13	(6.75+0.42×2×0.42) ↑ 8.01×1×2		16.02
上	D10	(6.75+0.4×2+0.4) ↑ 7.95×3×2	47.7	
下	D10	(6.75+0.15×2 +0.4) ↑ 7.45×(4×2 +2)	74.5	
ベント筋	〃	7.57×　3	22.71	
トップ筋	D13	1.36×2×2		5.44
床面積		m　m　m² 2.55×6.75=17.21	m　m 273.14/17.21 ↓ m 15.87	m　m 58.97/17.21 ↓ m 3.43
		これを係数扱いにして延床面積 @m² に掛ける		
	∴2S_1 RS_1 PRS_1	144.26　S_1の延床面積 162.8　　　　　@m² 17.01　324.07m²×15.87⇒ 　　　　〃　　×3.43⇒	5,142.99	1,111.56

R—246

壁			D10	
W₁₈₃通 B～C		$\overset{m}{2.75} \times \overset{m}{2.9}$		
		高さ 定着 継手 $(2.9+0.4\times 2+0.4)$		
タテ筋	D10	$4.1 \times 12\times 2$	98.4	$(2.75/0.2+1)$
		$(2.75+0.4\times 2)$		
ヨコ筋	〃	$3.55\times 16\times 6$	113.6	$(2.9/0.2+1)$
		壁面積 $2.75\times 2.9 = 7.98$ m²	$\overset{m}{212.0}/\overset{m²}{7.98}$ ↓ m	
		型枠拾いより	@m² 26.57	
∴		1F 31.15 2F 34.92 } 66.07 × 26.57 ⇒	m 1,755.48	

R—249

			D13	D16
W₁₈				
開口部 補強		開口部周長 SD₁ 1.2 ×2.03× 1 →5.26 SD₂ 0.83×1.8 × 1 →4.43 SW₅ 1.2 ×0.6 × 1 →3.6 SW₆ 1.2 ×0.4 × 1 →3.2 WD₂ 0.8 ×2.0 × 1 →4.8 } 21.29	W H $(1.2+0.4)\times 2$ による。他も同じ。	
タテ、ヨコ	D16	ダブル 21.29× 2		42.58
同上定着	〃	マド か所 ドア か所 1.3 × 2 ×（8×2＋6×3）		88.40
斜　材	D13	1.1 × 4 × 4 × 5	88.00	
		・開口部周りの周長の延長さを求め ・定着及び斜材は共通ということか らまとめて拾った。		

R—251、252

				D10	D13
主 階 段					
2F床	短辺上下	D10	2.16×17× 2	73.44	
	〃	〃	▲0.52× 7×〃	▲7.28	
	長辺 〃	〃	3.92×10×〃	78.4	
		〃	▲1.25× 3×〃	▲7.5	
踊場	短辺 〃	〃	1.7 ×17×〃	57.8	
	長辺 〃	〃	3.92× 8×〃	62.72	
RF床	短辺 〃	〃	2.16×17×〃	73.44	
	長辺 〃	〃	3.92×10×〃	78.4	
1〜2段スラブ	短辺 〃	〃	2.1 ×19 (5.8+0.4×2+0.4)↑	39.9	
	長辺 〃	〃	7.0 × 8	56.0	
2〜踊段スラブ	短辺 〃	〃	1.73×10 (2.9+0.4×2)↑	17.3	
	長辺 〃	〃	3.7 × 7	25.9	
踊〜R段スラブ	短辺 〃	〃	2.1 ×10	21.0	
	長辺 〃	〃	3.7 × 8 (0.26×18+3.6+0.4×2+0.4)↑	29.6	
1〜2	イナズマ	〃	9.48× 8	75.84	
	段 鼻	D13	2.22×19 (0.26×9+0.4×2)↑		42.18
2〜踊	イナズマ	D10	3.14× 7	21.98	
	段 鼻	D13	1.85×10		18.5
踊〜R	イナズマ	D10	3.14× 8	25.12	
	段 鼻	D13	2.22×10		22.2
壁W_{10}		D10	㎡ 15.25×13.93	212.43	
				934.49	82.88

14. 演 習 199

表－5 鉄筋参考表（日本建築学会 JASS 5 鉄筋コンクリート工事による）

(I) 鉄筋のフックの長さ　　　　　　　　　　　　　　　　　　　　　　　　　　（単位：m）

(1) 曲げ角180°の場合

[SR235, SRR235]　D≧3.0d
[SR295, SRR295 / SD295A, SD295B / SDR295 / SD345, SDR345]　d が16以下　D≧3.0d　／　d が19以上　D≧4.0d
[SD390]　D≧5.0d

呼び名に用いた数値d	SR235 SRR235	SR295, SRR295 SD295A, SD295B SDR295 SD345, SDR345		SD390
	L=10.28d	L=10.28d	L=11.85d	L=13.42d
9	0.10	0.10		
10	0.11	0.11		0.14
13	0.14	0.14		0.18
16	0.17	0.17		0.22
19	0.20		0.23	0.26
22	0.23		0.27	0.30
25	0.26		0.30	0.34
28	0.29		0.34	
29	0.30		0.35	0.39

(2) 曲げ角135°の場合

[SR235, SRR235]　D≧3.0d
[SR295, SRR295 / SD295A, SD295B / SDR295 / SD345, SDR345]　d が16以下　D≧3.0d　／　d が19以上　D≧4.0d
[SD390]　D≧5.0d

呼び名に用いた数値d	SR235 SRR235	SR295, SRR295 SD295A, SD295B SDR295 SD345, SDR345	SD390
	L=10.71d	L=10.71d	L=13.07d
9	0.10	0.10	
10	0.11	0.11	0.14
13	0.14	0.14	0.17
16	0.18	0.18	0.21

(3) 曲げ角90°の場合

[SR235, SRR235]　D≧3.0d
[SR295, SRR295 / SD295A, SD295B / SDR295 / SD345, SDR345]　d が16以下　D≧3.0d　／　d が19以上　D≧4.0d
[SD390]　D≧5.0d

呼び名に用いた数値d	SR235 SRR235	SR295, SRR295 SD295A, SD295B SDR295 SD345, SDR345	SD390
	L=11.14d	L=11.14d	L=12.71d
9	0.10	0.10	
10	0.12	0.12	0.13
13	0.15	0.15	0.17
16	0.18	0.18	0.21

(注)　1．dは，丸鋼では径，異形鉄筋では呼び名に用いた数値とする。
　　　2．Lはフックの長さ。Dは鉄筋の折り曲げ内法寸法。
　　　3．折り曲げ角度90°は，スラブ筋，壁筋の末端部又はスラブと同時に打ち込むT形及びL形梁に使用されるU字形あばら筋のキャップタイのみに用いる。
　　　4．片持ちスラブの上端筋の先端，壁の自由端に用いる先端の余長は4d以上でよい。
　　　　○定着長さ＝定着＋フック（フック有の場合）
　　　　○重ね継手長さ＝重ね継手＋フック×2（フック有の場合）

(2) 鉄筋の定着、重ね継手の長さ及び鉄筋径の倍数表

コンクリート設計基準強度（N／mm²）普通，軽量共	鉄筋種類	フック有無	重ね継手	定着 一般	定着 下端筋 小梁	定着 下端筋 床スラブ 屋根スラブ
18以下	SR235, SRR235	有	45d	45d	25d	0.15m
18以下	SD295A, SD295B SDR295, SD345 SDR345	有	35d	30d	15d	10d かつ 0.15m以上
18以下	SD295A, SD295B SDR295, SD345 SDR345	無	45d	40d	25d	10d かつ 0.15m以上
21～24	SR235, SRR235	有	35d	35d	25d	0.15m
21～24	SD295A, SD295B SDR295, SD345 SDR345	有	30d	25d	15d	10d かつ 0.15m以上
21～24	SD295A, SD295B SDR295, SD345 SDR345	無	40d	35d	25d	10d かつ 0.15m以上
21～24	SD390	有	35d	30d	15d	10d かつ 0.15m以上
21～24	SD390	無	45d	40d	25d	10d かつ 0.15m以上
27～36	SD295A, SD295B SDR295, SD345 SDR345	有	25d	20d	15d	10d かつ 0.15m以上
27～36	SD295A, SD295B SDR295, SD345 SDR345	無	35d	30d	25d	10d かつ 0.15m以上
27～36	SD390	有	30d	25d	15d	10d かつ 0.15m以上
27～36	SD390	無	40d	35d	25d	10d かつ 0.15m以上

鉄筋径の倍数長さ（m）

倍数 ＼ 呼び名に用いた数値	9	10	13	16	19	22	25	28	29
10d	0.09	0.10	0.13	0.16	0.19	0.22	0.25	0.28	0.29
15d	0.14	0.15	0.20	0.24	0.29	0.33	0.38	0.42	0.44
20d	0.18	0.20	0.26	0.32	0.38	0.44	0.50	0.56	0.58
25d	0.23	0.25	0.33	0.40	0.48	0.55	0.63	0.70	0.73
30d	0.27	0.30	0.39	0.48	0.57	0.66	0.75	0.84	0.87
35d	0.32	0.35	0.46	0.56	0.67	0.77	0.88	0.98	1.02
40d	0.36	0.40	0.52	0.64	0.76	0.88	1.00	1.12	1.16
45d	0.41	0.45	0.59	0.72	0.86	0.99	1.13	1.26	1.31
50d	0.45	0.50	0.65	0.80	0.95	1.10	1.25	1.40	1.45

（注） 1．末端のフックは，定着及び重ね継手の長さに含まない。
2．dは，丸鋼では径，異形鉄筋では呼び名に用いた数値とする。
3．径の異なる鉄筋の重ね継手の長さは，細い方のdによる。
4．特記のない限りD29以上の異形鉄筋には，原則として重ね継手を設けてはならない。
5．はり及び小梁筋の定着のための中間折曲げにあっては，表中の定着長さにかかわらず，柱及び梁の中心を超えてから折曲げる。
6．耐圧スラブの下端筋の定着長さは，一般定着とする。

V．仕上の部—外装編

Ⅴ 仕上の部─外装編

1. はじめに

　建築工事費の内訳書式には、古くからある建設省方式と言われた工種工程別に分けた**「工種別内訳書標準書式」**によるものと、仕上下地から表面の主仕上までを一括して複合単価で取り扱う**「部分別内訳書標準書式」**の2通りのものがある。両者いずれの方式を取ろうとも、積算に対しての考え方と、そこに至るまでの手順や数量算出の手法は全く変らないと言える。

　例えば、「壁モルタル金こて下地・ＶＰ仕上」の場合、前者の工種別では「壁モルタル金こて」の数量は「左官工事」に計上し、後者の「ＶＰ仕上」の数量は「塗装工事」に計上する。したがって拾いの段階では両者を別々に分けて拾うわけではなく（もっとも、要領の悪いチーフが中心となり、工種別に担当者を分けて積算させるようなことがあれば話は別であるが…）表面の主仕上の面積と、その下地の面積とは全く同じはずである。一度にまとめて拾ったものを、分類・集計の段階で分けたにすぎない。また一方、後者の部分別方式で扱うとすれば、それをそのまま「モルタル金こて下地・ＶＰ仕上」の数量として一括計上すればこと足りるわけである。

　膨大な量の原稿用紙を要する「躯体」の拾いは、最終のまとめではわずか数行ですんでしまう。しかし「仕上」の場合は逆に原稿の枚数が少ない割に積算作業が手間取るのは、折角まとめて拾いあげたものをバラバラに分解して仕分けや分類をするからである。

　さて、拾いに当たっては数十枚、または数百枚という多くの図面を前にして積算作業に入るわけであるが、ただ闇雲に食い付いて拾っていけばいいというものではない。積算作業ひとつにしても、それなりの「戦略」と「段取」の上手下手が後で大きくものを言う。

　「仕上」を大きくグループ分けすれば、「外装」と「内装」、更にそれらの境にある「建具」、そして「そのいずれにも入らないもの」の4項目になる。順序としてまず「建具」と「外装」について述べていくが、解説の都合上、他のグループにも同時に触れていく場合もあるので了承されたい。

2．仕上のグループ分け

a．外装グループ

文字通り建物の外周りの仕上であり、屋根・外壁が中心である。屋根面では、コンクリート打上り面より以降のものがすべて含まれるので、外装とは言え、下地モルタル・防水層・防水押えコンクリートそして最終の表面の主仕上までが含まれる。

外壁にしても同じことで、コンクリート打上り面より以降の工種すべてが含まれ、下地のモルタル、表面仕上の吹付タイルや二丁掛タイル等の仕上材別、直面、曲面の違いは分けて拾い、突出部の庇、梁型、柱型等もそれぞれ別扱いで拾っておくとよい。

b．内装グループ

内部各室の空間を構成している面、即ち「床」「壁」「天井」の3つの面と、これらの面と面との接点上にある「幅木」「回縁」「コーナービード」及び「柱型」「梁型」と言った「役物」が含まれる。

c．建具グループ

建物を構成している「面」の開口部にあるものが「建具グループ」と言うことになる。したがって外部と内部の境、または内部の間仕切壁にあって、部屋と部屋の境に位置し、外部との境にあれば片面は外装であり、片面は内装を受け持つ。間仕切壁にあれば片面はA室の内装であり、もう片面はB室の内装をもかねることになる。

しかし、この建具を外装または内装グループとして一緒に拾うことは、かえってミスを起こしやすく、また煩雑でもあるので全く独立した扱いをしなければならない。

d．その他グループ

今までに述べた「外装」「内装」「建具」のグループから外れたものがすべて含まれる。と言っても職種工種工程別扱いで言えば、主として「金属工事」「仕上ユニット工事」が大部分である。

「外装グループ」から見れば、手摺、ルーフドレン、樋、足場環と言った「金属工事」や、看板、銘板、靴ぬぐいマットと言った「仕上ユニット工事」がそれにあたる。「内装グループ」では、手摺、ノンスリップ、コーナービードと言った「金属工事」や、カーテンボックス、掲示板、案内板と言った「仕上ユニット工事」が主なものである。

その他内部では、コンクリートに打ち込まれた断熱材のように、外装とも内装ともつかず、断熱材そのものが内装の仕上をかねたり、一部は二重天井の裏側にかくれてしまって表れてこなかったりする。そのため応々にして「落ち」となったり、二重に計上して「重複」してしまうようなものがこのグループに入る。

3．手順と段取

　ごく一般的な鉄筋コンクリート造の仕上を担当者一人で拾っていく場合を想定し、その手順と段取、あわせて心がまえ等に触れながら説明していくことにする。
　拾いの攻め方、手順は次のようにする。即ち

建具→内装→外装→その他

なかでも金属製建具を最優先にしたい。
　建具は材質的にも形式的にも種類が多い。また形式は同じでも寸法がまちまちであったり、形式、寸法が全く同じでもガラスの種類が異なったりしていて中々大変である。更には取付場所が各層に散在しており、設計時の段階でも設計変更の影響を受けやすく、設計図書の上で数が合わなかったり、リストもれがあったりして、食い違いやミスが多い。筆者7年間の現役中、かなり知名度の高い設計事務所の図面とは言え、完全なものは数える程しかなかったと記憶している。
　また金属製建具は、慣例として専門業者からの下見積を参考にすることが多い。そのためには何よりも先にチェックをし、数の食い違いはもち論、見込寸法の大きいカーテンウォールのような場合は、想像以上の値幅で金額が動くこともあるので早目に拾っておく必要がある。一流設計事務所の詳細図だからと言って安心していると、風圧の関係で構造材に匹敵するような鉄骨の骨組を別途必要とする場合もあるので、十分な注意が必要である。

〝新建材・新工法は早目に手配せよ！〟

　次は「外装」「内装」いずれから攻めてもよいようなものの、えてして後でトラブルを起こしがちな「新建材」や「新工法」の早期発見のためにも、次は「内装」に移る方がよい。
　ただし「拾い」に入る前に、まず一通り図面、仕様書をよく見て建物の概要を頭に入れると同時に、見なれない「新建材」や、新しい「新工法」を見付けしだいその問合せや調査を早急にすることである。単なる床仕上材の一種と軽い気持でいて、さて集計し値入れ間近になってから下見積を必要とすることが分かって慌てても後の祭りである。設計者自身の思い違いで施工不可能な納まり図を画いたり、未だ市販されていない建材を設計に織り込んだりすることもあるので、このような事項はできうる限り早く「質疑応答」の時点までに拾いあげておかなくてはならない。

4. 建　　具

a．仕分けと拾う順位

　材質的にはスチール・アルミ・ステンレス・木製等、形式的には引違い・すべり出し・はめ殺し・両開き・片開き等、数多くの種類に分かれるが、まずそれらを「金属製建具」と「木製建具」の二つに大別する。

　拾いあげる順位は設計図の建具表リストによればよい。建具寸法は内法寸法とし、

$$\overset{\text{内法幅}}{W} \times \overset{\text{内法高}}{H} \rightarrow X \times Y$$

とし、ここでもX方向を先に、Y方向を後に書くルールを守ってほしい。どうかすると昔稀にY×Xの順で表記した設計図にぶつかったことがあるが、その場合も設計図にこだわらずにX×Yに統一することが望ましい。

　木製建具も、金属製建具と同様であるが、下見積で慣習上1本単価で計上してくることがあるので注意してほしい。したがって内訳明細書に記入する場合は「か所」の単位に変えてまとめなければならない。

例1
$$WD_8 \quad 引違いフラッシュ \quad \overset{W \quad\quad H}{830 \times 1,800} \quad 10本 \quad （下見積）$$
$$\downarrow$$
$$1,600 \times 1,800 \quad 5か所 \quad （本見積）$$

b．建具金物

　金属製建具で標準的な建具金物（丁番、クレセント等）は製品の中に含まれるのが通例であるが、木製建具では建具金物のほとんどが別途であるので注意のこと。また紙張り障子や戸ぶすまの紙張りは建具とは別であるので念のため。

c．建具の仲間は一緒に拾うこと。

　建具に付随するものに、ガラス、塗装、コーキング、とろ詰め等がある。職種・工種は別であるが建具を拾うと同時にそれ等の設計数量を算出し、計上しておくとよい。

例2

$$\begin{array}{lll} ガラス型4 & 0.7 \times 0.75 & = 0.53 \text{m}^2 \\ 塗装 \ OP & 0.9 \times 2.0 \times 2.5 & = 4.5 \text{m}^2 \\ & \downarrow & \\ & 倍率（後述する） & \\ コーキング & (0.9+2.0) \times 2 & = 5.8 \text{m} \\ とろ詰め & 同\quad上 & \end{array}$$

図—124 a　　　　　　　　図—124 b

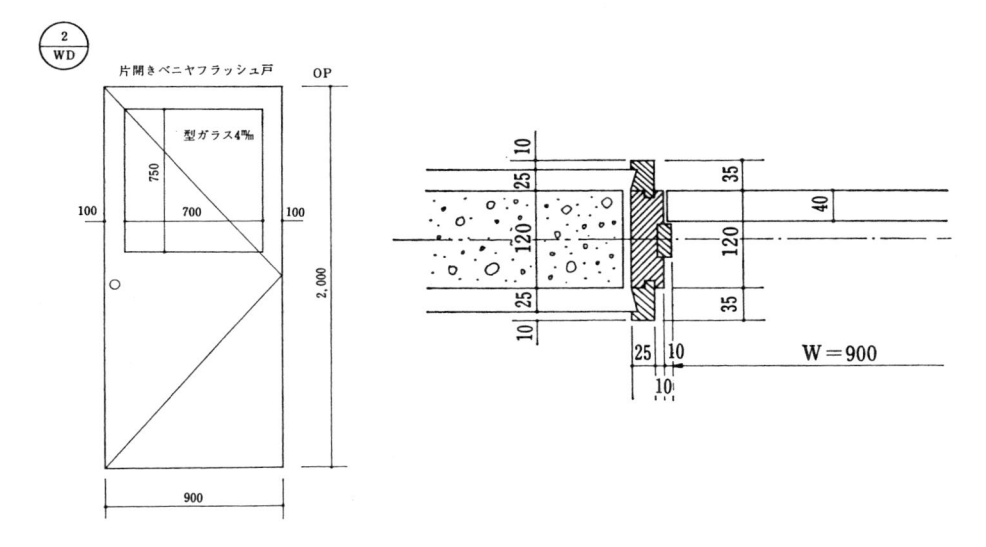

d．ガラスの計測について

- 原則として建具類の内法寸法による面積とする。
- かまち、方立、さん等の見付幅が0.1mを超えるものがあるときは、その見付幅を差し引いた寸法を内法寸法とする。
- 特殊寸法、特殊形状あるいは特殊の性能を有するガラス材については、のみ込みを含む図示の寸法による枚数またはか所数を数量とする。

e．建具の塗装の倍率について

　積算数量の算出で、現在でも最も基準の統一しにくいものが建具等の塗装面積の倍率であろう。市販されている積算見積関係の図書でもバラバラである。例えばフラッシュドアの倍率ひとつをとっても2.5倍～3.0倍の幅がある。

　積算基準の(12)塗装・吹付材文面でも「適切な統計値による。」としている。それでは一体どうするのかということだが、その都度迷ったり悩むより、まず実行してみることだ。それは当該物件の代表的な建具と思われるものを抽出し、その塗装の総面積を算出する。次いでそれを内法面積で割れば、当該物件にふさわしい塗装面積の倍率を求めることができるというものである。

　さきの躯体編で例題として用いた「某社本社ビル」の木製建具では、WD_2が多いのでこれを代表選手に選び、一般的な納まりで想定し、次のように計算してみた。

$$
\begin{array}{l}
\text{建　具}\quad \underset{\text{幅}}{0.9}\times \underset{\text{高}}{2.0}\times \underset{\uparrow\text{表裏}}{2}=3.6 \\
\phantom{\text{建　具}\quad}(0.9+2.0)\times 2\times \underset{\uparrow\text{小口}}{0.04}=0.23
\end{array}\Bigg\}=3.83
$$

枠　　(0.045×2+0.19+0.01×2) × (0.9+2.0×2) ＝1.47
　　　　　　↑イ　　　↑ロ　↑ハ　　　　↑幅　↑高
　　　　　　　　　0.3　　　　　　　　　4.9

　　　　　　　　　　　　　　　　　　Σ＝5.3m²

　　塗装面積　建具の片面積　　倍率
　　　m²　　　m↑m　　　　　　↑
∴　　5.3　÷(0.9×2.0)＝2.94⇒3.0

となり、3.0倍をここでは適当な倍率と考えた。

なお、『建築数量積算基準・同解説』（財）建築コスト管理システム研究所発行（大成出版社）に参考として、鋼製・木製建具塗装係数表が記載されているので、参考までに261〜263頁に転記しておく。

f．コーキング、とろ詰めについて

●コーキング、とろ詰め共その長さを求める。
●計測については建具の内法寸法を用いる。

コーキング、とろ詰の長さについて建具の内法寸法を用いるということは、実長より若干短かくなる。筆者もかつては図―125でも明らかなようにとろ詰めで各コーナー1か所1方向で約50mm前後の伸びがあることから、図―126のように考え

$$\{(W+0.05×2) + (H+0.05×2)\} × 2$$

とした。しかし個々についていちいち加算することは面倒なので、建具1か所につき0.05×8＝0.4の400mmの伸びをまとめてか所数に乗じて加算したこともあった。しかし**積算基準**での計測の方法は内法寸法によると決められているのでその精神に則り、内法寸法だけで計測する方法に現在は切り替えることにした。

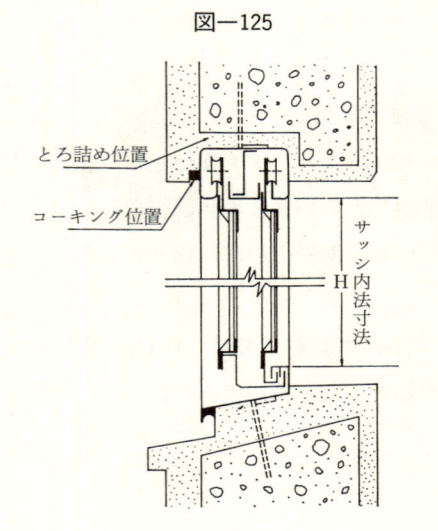

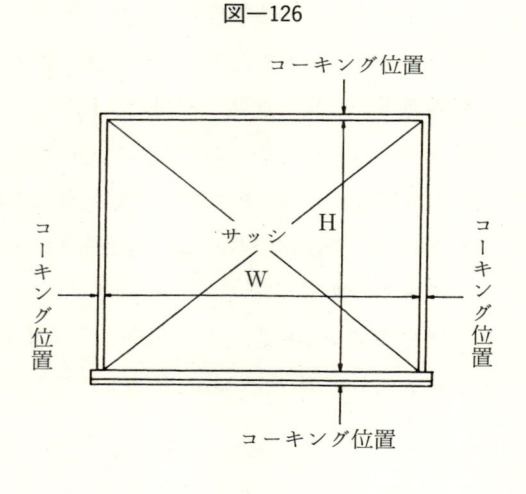

図―125　　　　　　　　　図―126

g．建具の拾い「まとめ」

以上のことから、「○○社支社ビル」の建具まわりについて、拾ったものを表－6に示す。塗装についての倍率は、積算基準の付表によった。

とろ詰めについては、建具1か所当たりの内法寸法の局長を求め、か所数を乗じて求めた。コーキングについては、とろ詰めと同じ値を用いればよいので、コーキングのあるなしを○印で示し、必要とするか所数を併記し、とろ詰めの数値を転用して求めれば簡単に求めることができる。

表－6

○○社○○支社ビル新築

記号	種別	ガラス計算式	塗装計算式	OP	PW	ラフ	5ト	とろ詰め	コーキング
		幅　高さ　か所							
AD₁	PW	2.67×2.69× 1	—		7.18			(2.67+2.69)×2 10.72×1	○×1
AW₁	〃	6.07×2.69× 1	—		16.33			(6.07+2.69)×2 17.52×1	○×1
AW₂	〃	10.23×1.65× 1	—		16.88			(1023+1.65)×2 23.76×1	○×1
				倍率					
SD₁	ラフOP	0.65×0.80× 1	1.20×2.03 ×2.5	6.09		0.52		(1.2+2.03)×2 6.46×1	
〃₂	— 〃		0.83×1.8×3×2.9	13.00				(0.83+1.8)×2 5.26×3	●×2
〃₃	ラフ 〃	0.65×0.80× 1	0.85×2.03 ×2.5	4.31		0.52		(0.85+2.03)×2 5.76×1	—
〃₄	— 〃		0.30×0.30×1×2.9	0.26				(0.3×4) 1.20×1	
SW₁	5ト 〃	1.80×1.75× 7	同左				22.05	(1.8+1.75)×2 7.10×7	○×7
〃₂	ラフ 〃	1.80×1.30× 4	〃			9.36		(1.8+1.3)×2 6.20×4	○×4
〃₃	〃 〃	1.80×0.90× 3	〃			4.86		(1.8+0.9)×2 5.40×3	○×3
〃₄	5ト 〃	1.20×0.90× 1	〃				1.08	(1.2+0.9)×2 4.20×1	○×1
〃₅	ラフ 〃	1.20×0.60× 4	〃　41.19			2.88		(1.2+0.6)×2 3.60×4	○×4
〃₆	— 〃	1.20×0.40× 2	〃　×1.5	61.79		0.96		(1.2+0.4)×2 3.20×2	○×2
								●SD2〜1か所はコーキング不要	
				85.45	40.39	19.10	23.13	196.90	178.22
	計			m² 85.5	m² 40.4	m² 19.1	m² 23.1	m 197	m 178

ただし，OP→オイルペイント，PW→プレートワイヤー，ラフ→ラフワイヤー，5ト→5mm透明

5. 外　　装

a. 仕分けと拾う順位

外装を部分別に大別すれば

　ⅰ. 屋　根
　ⅱ. 外　壁
　ⅲ. その他

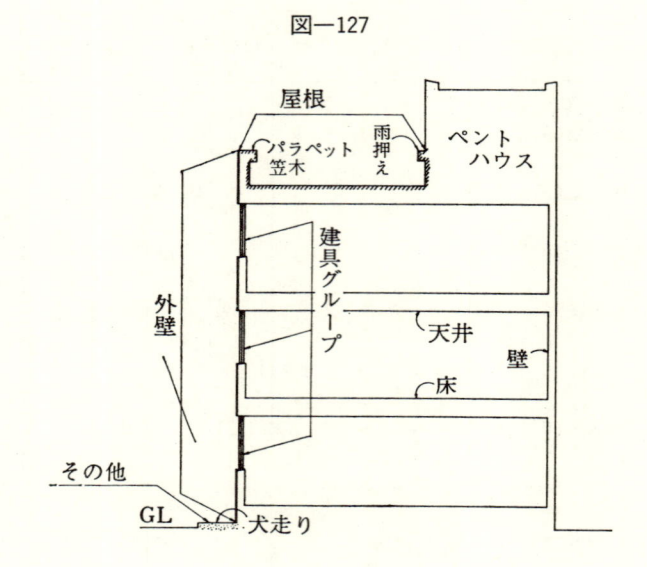

図―127

となる。

　ⅰ. 屋根

　一般的には陸屋根が多く、外周にパラペット類の立上りを設け、防水層をほどこし防水押えの上、更に表層仕上をしている。また立上り部分についても同じであり、防水層の押えとしては、れんが積みなりコンクリート打ちによっている。床面については更に伸縮目地、排水溝などの拾いが付随してくる。

　屋根と外壁の境界線は、（図―127）に示すように笠木までを屋根グループで拾い、それ以降は外壁グループに入れるとよい。

　屋上に塔屋があり、塔屋外壁に雨押えのある場合は雨押え天端仕上げまで屋根グループの立上り部分として仲間に入れる。

　ⅱ. 外壁

　仕上げの種別、形状（直面、曲面等）別に分けてそれぞれ面積を求める。

一般には「積算の手ほどき」で述べたようにその図形がもつ固有数値を用いてまず大枠でもって面積を求め、一部仕上げを異にする部分の面積や開口部など控除すべきものを差し引く方法による。しかし規模が大きかったり、平面の形状が複雑な場合は、建物を東西南北に分けると便利である。その場合（図—128）に示すようⒷ通り①〜②までの面㋑や、②通りⒶ〜Ⓑまでの面㋺を、南面、西面のどちらにして拾うかといったことに迷いを生じがちであるが、例題のように起点を決め、原稿の摘要欄に覚え書きの形で書くことにより作業を進めればよい。

			総長さ
北　面	Ⓓ—①〜Ⓓ—⑥	25.2+5.0×2	→35.2
南　面	Ⓑ—①〜Ⓐ—⑥	25.2+5.0	→30.2
西　面	①—Ⓓ〜①—Ⓑ	10.2	→10.2
東　面	⑥—Ⓓ〜⑥—Ⓐ	15.2	→15.2

または

北　面			→35.2
南　面	Ⓐ—②〜Ⓐ—⑥		→20.2
西　面	①—Ⓓ〜②—Ⓐ	15.2+5.0	→20.2
東　面			→15.2

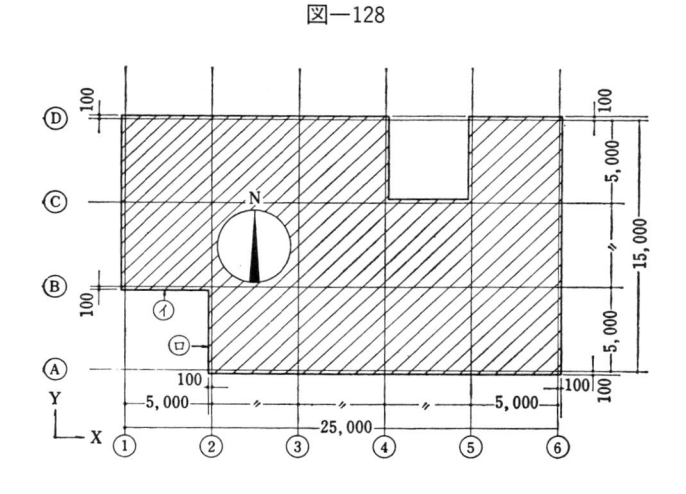

図—128

なお、北、南面はX方向であるので基点の表示としてⒶ〜Ⓓを頭に、西、東面はY方向であるので①〜⑥を頭にもってくるようにしたらよい。

また外壁面に付いている庇や柱型、梁型のようなものは役物として別途拾い分けた方がよかろう。

サッシ廻りのコーキング、とろ詰め等は「建具グループ」で拾ってあるのでよいが、外

壁仕上げを異にする場合の境界、例えば石張りと金属板との境に必要なコーキング等は、両者いずれの工種にも含まれないことがあるので、別途計測し拾っておかなければ落ちとなってしまう。（図—129）

図—129

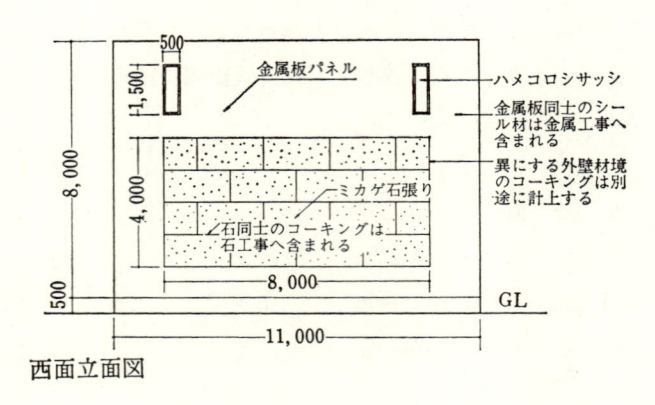

西面立面図

```
外壁    西　面
        アルミ金属板    11.0×8.0      ＝  88.0  ┐
                    ▲ 8.0×4.0      ＝▲32.0  ├ 54.5㎡
                    ▲ 0.5×1.5×2   ＝▲ 1.5  ┘

        ミカゲ石張り                         32.0㎡

        アルミ金属板〜ミカゲ石コーキング
                    (8.0+4.0)×2              24.0m
```

ⅲ．その他

　屋根、外壁グループから外れるものがすべて含まれる。主として根まわりの犬走り、ポーチ、テラス、カーポートと言った部分である。

　マンションのように、バルコニーのある場合は、バルコニーだけ一つのグループにし、床面、上げ裏面、手摺壁等に分けて要領よく拾うようにしたい。バルコニーも屋根のグループと考えて、一緒に拾って集計に入れてしまうと、あとで収拾のつかぬことも起こり得るので、あらかじめ最初から分けて拾うようにしたい。

b．計測について

　計測のルールについては、内装の項目の時にも触れるが、**積算基準**では次のように定めている。

5. 外　　装　　213

> 　主仕上の数量は、原則として躯体又は準躯体表面の設計寸法による面積から、建具類等開口部の内法寸法による面積を差し引いた面積とする。ただし、開口部の面積が1か所当たり0.5m²以下のときは、開口部による主仕上の欠除は原則としてないものとする。

とある。次に例題を追いながら説明していくことにする。

i．屋根

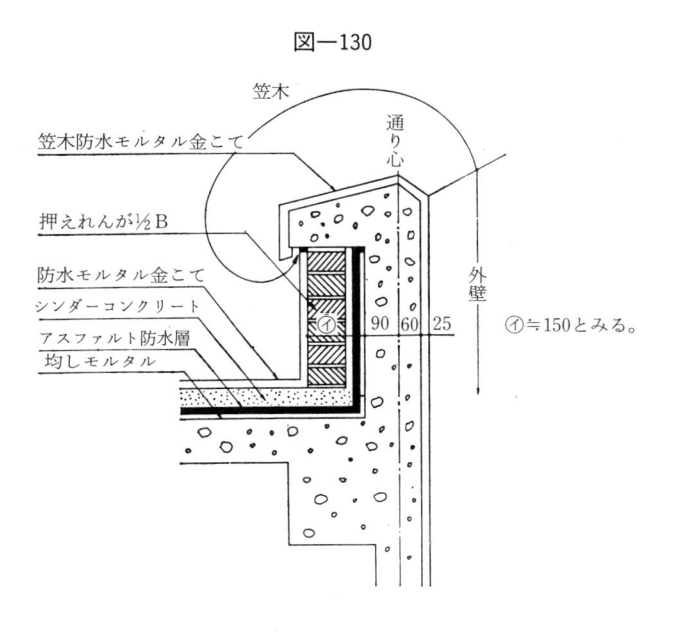

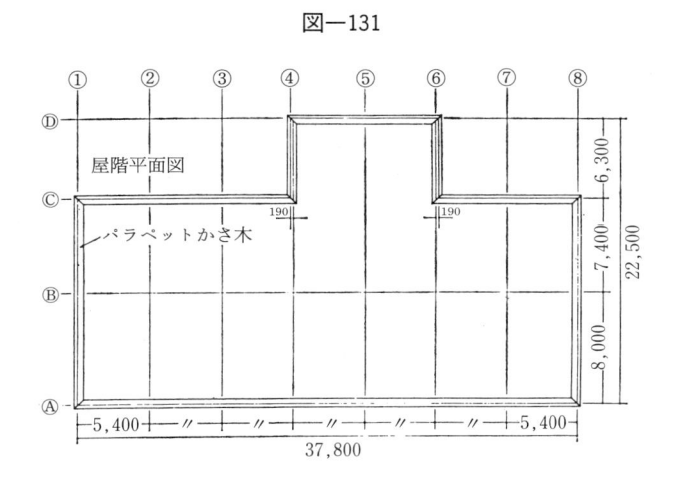

図―130

図―131

図―130でわかるように、表面仕上の「防水モルタル金こて」と下地の「アスファルト防水層」の面積は明らかに異なる。これらの計測を**積算基準**の解説では細かく述べている。

即ち、仕上のグループと下地のグループに分け、仕上グループの計測は「準躯体」の押えれんがからとし、アスファルト防水層のような下地グループは「躯体」のコンクリート面からとする方法である。

● **下地グループ**（下地モルタル、アスファルト防水層、防水押えコンクリート）

$$
\left.\begin{array}{r}
\underset{\downarrow}{(37.8-0.09\times2)} \quad \underset{\downarrow}{(22.5-0.09\times2)} \\
▲37.62 \times 22.32 = 839.68 \\
▲16.01 \times 6.3 = ▲100.86 \\
▲10.61 \times 6.3 = ▲66.84
\end{array}\right\} 671.98 \text{m}^2
$$

次は仕上グループであるが、一般的には詳細図と言えども細かい寸法の記入まではない。防水層立上りの押えれんがの面を「準躯体」と考えれば、差し当たって必要なのは「躯体」のコンクリート面から「準躯体」のれんが面までの寸法であろう。（図―132）

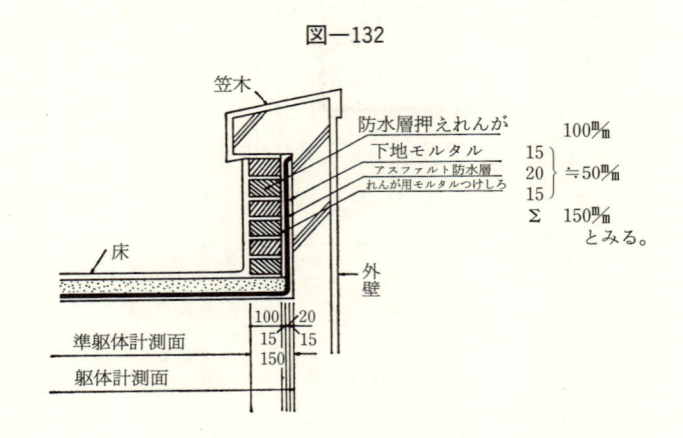

図―132

ここで1cm、2cmは大勢に影響はないはずなのでこの割り切り方を早くしないと時間ばかりかかって作業が先に進まない。そこで、下地モルタル15、防水層20、れんがのとろしろ15として計50mm、れんが厚を100mmとして合わせて150mmとして計算すればよいのではないか。即ち

● **仕上グループ**（防水モルタル金こて仕上）

$$
\left.\begin{array}{r}
\underset{\downarrow}{(37.62-0.15\times2)} \quad \underset{\downarrow}{(22.32-0.15\times2)} \\
37.32 \times 22.02 = 821.79 \\
▲(100.86+66.84) = ▲167.70
\end{array}\right\} 654.09 \text{m}^2
$$

立上りについても要領は同じである。

● **下地グループ**（下地モルタル、アスファルト防水層）

今、立上りの平均高さを450mmとすれば

$$(37.62+22.32)\times 2 \times 0.45=53.95\text{m}^2$$

● **仕上グループ**（押えれんが、防水モルタル金こて）

立上りの計測は「準躯体」の防水押えコンクリート面から立上りコンクリートのあご下端までになるので、これも総厚さを100mm（下地モルタル15、防水層20、防水押えコンクリート60でおよそ100）とすれば

$$(37.32+22.02)\times 2 \times 0.35=41.54\text{m}^2$$

となる。

● **伸縮目地**

次に伸縮目地であるが、図示がなければ立上り面より300mm離れた位置を起点としてX、Y方向それぞれ3m間隔の見当で割り付けて拾っておけば十分であろう。さきの例題の図—131の場合なら図—133のように想定して拾えばよい。

図—133

$$
\begin{array}{lll}
\leftrightarrow & 37.62\times 8 & = 300.96 \\
& \blacktriangle (16.01+10.61)\times 2 & =\blacktriangle\ 53.24 \\
\updownarrow & 22.32\times 13 & = 290.16 \\
& \blacktriangle\ 6.30\times 9 & =\blacktriangle\ 56.70
\end{array}\right\} 481.18\text{m}
$$

● **笠木**

断面の糸長さで押さえ、延長さを求めればよい。糸長さについては詳細図に明示してあればその長さを、明示がなければスケールで「分一」で当たればよい。

なお内訳書には摘要欄に略図を書いておくとよい。

次に総長さの計測であるが、考えられるものに次の4通りがある。（図—135）

① 通り心
② 笠木の外面
③ 笠木の内面
④ 笠木の中心線

この場合も割り切り方が必要で、極端に通り心と笠木心がずれている場合は別として、同じ設計図書から計測・計算した設計数量が極力同じでありたいという積算基準の理念の上からも、①の通り心でよいと思う。即ち（図—131）からパラペット笠木の総長さは

$$(37.8+22.5) \times 2 = 120.6\text{m}$$

となる。

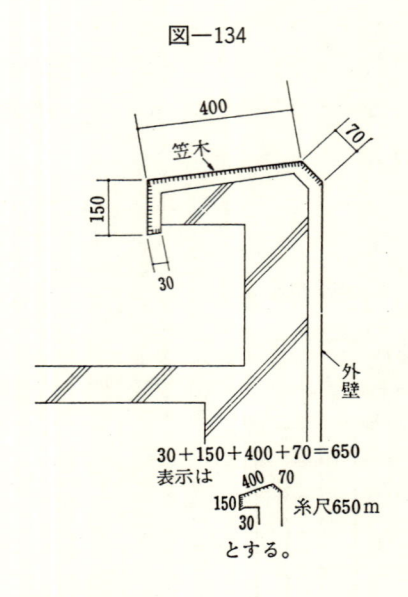

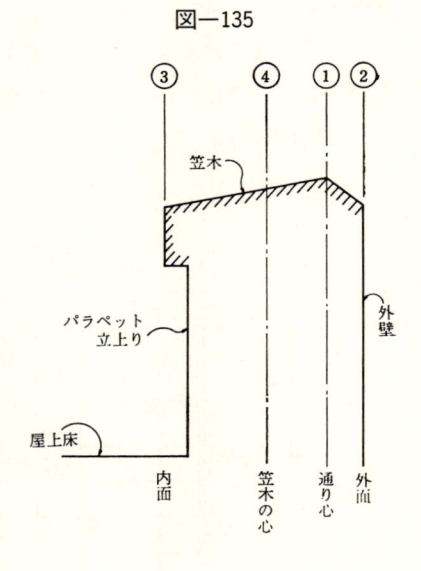

図—134

図—135

● コーキング

防水層立上りの張り仕舞いコーキングは

$$(37.62+22.32) \times 2 = 119.88\text{m}$$

立上り部分コーキングは

$$(37.32+22.02) \times 2 = 118.68\text{m}$$

にそれぞれなる。

ⅱ．**外壁**

例題によって説明をする。

今、平面的には図—131、パラペット廻りの詳細に図—130を利用し、矩計図としては図—136、それに開口部周りの建具が表—7であるとして、外壁の面積を算出してみよう。

図―136   図―137

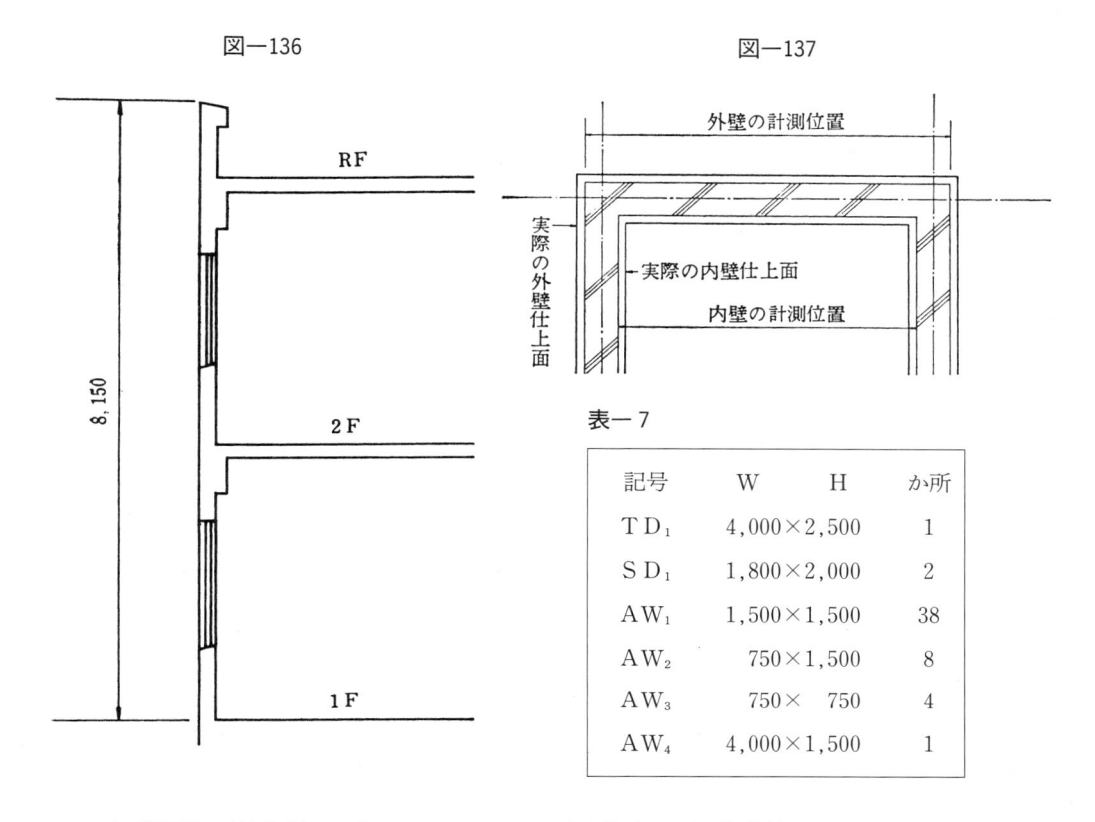

表―7

記号	W × H	か所
TD₁	4,000×2,500	1
SD₁	1,800×2,000	2
AW₁	1,500×1,500	38
AW₂	750×1,500	8
AW₃	750× 750	4
AW₄	4,000×1,500	1

まず外壁の外面寸法を求める。つまりこの図形がもつ固有数値でもある。

$$\overset{①〜⑧\ 通り心より外壁躯体まで}{\uparrow}$$
$$37.8+0.06\times 2 = 37.92 \quad (X方向の固有数値)$$

$$\overset{Ⓐ〜Ⓓ\ 同\ \ 上}{\uparrow}$$
$$22.5+0.06\times 2 = 22.62 \quad (Y方向の \ 〃 \ )$$

次に開口部も含めた総面積を求める

$$(37.92+22.62)\times 2 \times 8.15 = 986.80 \quad \cdots\cdots ①$$

TD₁ ▲4.0 × 2.5 × 1 = ▲10.00
SD₁ ▲1.8 × 2.0 × 2 = ▲ 7.20
AW₁ ▲1.5 × 1.5 ×38 = ▲85.50 ▲119.95   866.85m²
AW₂ ▲0.75× 1.5 × 8 = ▲ 9.00
AW₃ ▲0.75× 0.75× 4 = ▲ 2.25
AW₄ ▲4.0 × 1.5 × 1 = ▲ 6.00

実際は仕上しろの25mm分が増えるということでそれを加味してみると

$$\overset{37.92+0.025\times 2}{\uparrow}$$
$$(37.97+22.67)\times 2 \times 8.15 = 988.43 \cdots\cdots ②$$

②÷①   988.43／986.80 = 1.00165

つまり0.17%増となり、大勢に影響ないし、積算基準のルールでは、内装も躯体の面で計測することになっているので相殺されることになる。

図―138

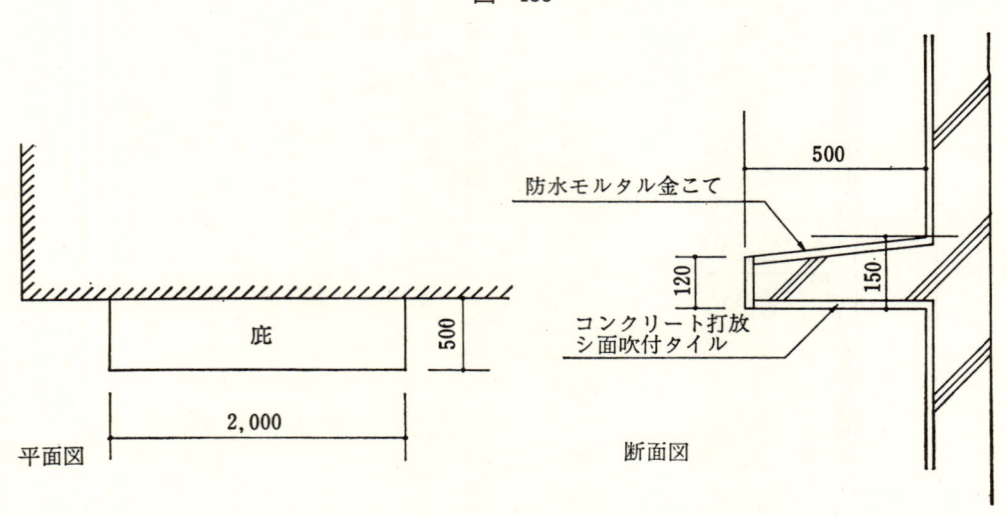

防水モルタル金こて
コンクリート打放シ面吹付タイル

平面図　断面図

図―139

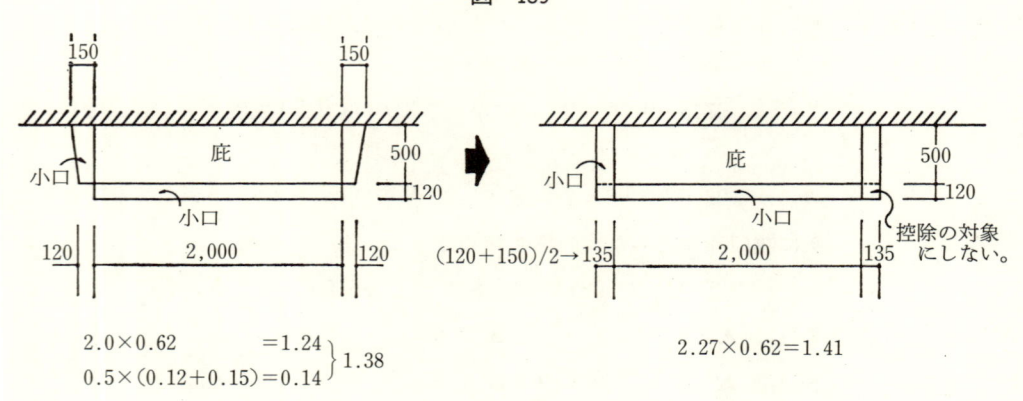

$2.0 \times 0.62 = 1.24$
$0.5 \times (0.12 + 0.15) = 0.14$ } 1.38

$2.27 \times 0.62 = 1.41$

庇一つでも部分別に細かく分けて拾えば次のようになるであろう。

庇上端　防水モルタル金こて　　　　　　$2.0 \times 0.5 = 1.0$㎡
庇小口　　〃　　　　　H120　　　　　　　　　　= 2.0m
　〃　　　　〃　　　　H120〜150　$0.5 \times 2 = 1.0$m
庇下端　吹付タイル　　　　　　　$1.94 \times 0.47 = 0.91$㎡

これでは作業が細かくて大変なので、仕上げの種類を上端と下端の二つのグループに分け、小口の分は上端グループに含んでしまってはどうだろう。

5. 外　装　219

$$\underset{\uparrow}{2.27}_{2.0+0.12+0.15} \times \underset{\uparrow}{0.62}_{0.5+0.12} = 1.41 m^2（上端防水モルタル）$$

$$2.0 \times 0.5 = 1.0\ m^2（下端吹付タイル）$$

なお、庇の場合の計測に、躯体からの寸法を用いなかった理由は、壁の場合は外装、内装で相殺されたが、庇の場合はそうでないことと、パラペットの笠木のように糸尺で扱う部類に入ると解釈したからである。

● タイル張りについて

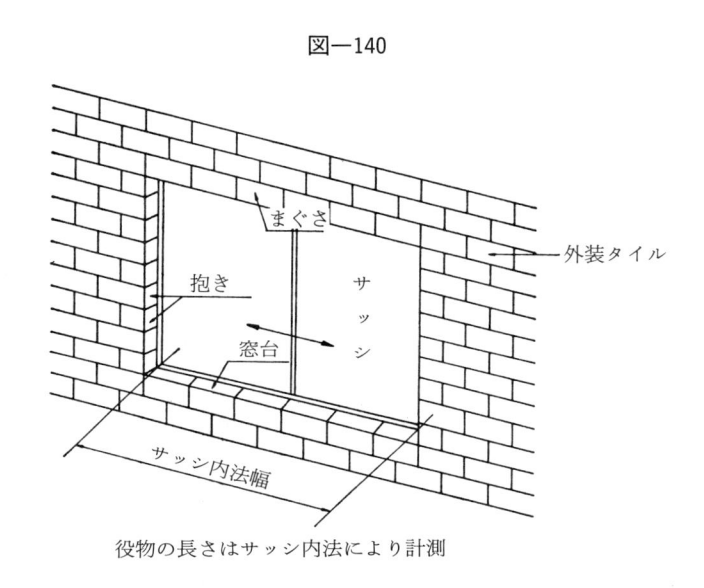

図—140

役物の長さはサッシ内法により計測

かつて**積算基準**では、原則として開口部のサッシ廻りのまぐさ、抱き、窓台等の役物は別途計上せずに、単価の面で加減するよう述べていた。しかし平成4年11月改訂からは、役物をきめ細かく分けて拾うように改められた。役物と一般の平ものとに分けて例題によって説明する。図—131の平面と、図—136の矩計図、開口部廻りは表—7から、外装の仕上げを二丁掛タイルとすれば

記号	か所	まぐさ		抱き		窓台		コーナー	合計
TD$_1$	1	4.0 ×1	4.0	2.5 ×2	5.0	—		—	
SD$_1$	2	1.8 ×〃	3.6	2.0 ×〃	8.0	—		—	
AW$_1$	38	1.5 ×〃	57.0	1.5 ×〃	114.0	1.5 ×1	57.0	—	
AW$_2$	8	0.75×〃	6.0	1.5 ×〃	24.0	0.75×〃	6.0	—	
AW$_3$	4	0.75×〃	3.0	0.75×〃	6.0	0.75×〃	3.0	—	
AW$_4$	1	4.0 ×〃	4.0	1.5 ×〃	3.0	4.0 ×〃	4.0	—	
外壁	6							8.15	48.9
計			m 77.6		m 160.0		m 70.0	m 48.9	m 356.50

220　V．仕上の部―外装編

　　この場合、一般タイルと役物タイルが重複するので、役物タイルの面積相当分を平ものから差し引いて補正する必要がある。筆者の考えとしてはこの補正方法は手間がかかるので、全体面積は平ものとし、役物については単価の方で差額だけを調整して計上した方がよいのではないかと思っている。

● 石張りについて

「内装」の項でまとめて説明することにする。

● バルコニー

　バルコニー部分は、外壁の取合部分より切り離し、単独に拾いあげる。例えば腰壁部分の仕上が一般外壁の仕上と全く同じであっても、切り離して拾っておかないと後で煩雑となり、重複したりオチとなったりする原因を作るので注意したい。

　図―141より、バルコニー1か所分の拾いを行ってみよう。

　なお、バルコニーと外壁との取合部分は、外壁の仕上面積から控除の対象になるので念のため。（図―142）

$$▲6.12×0.15＝▲0.92＞▲0.5$$

図―141

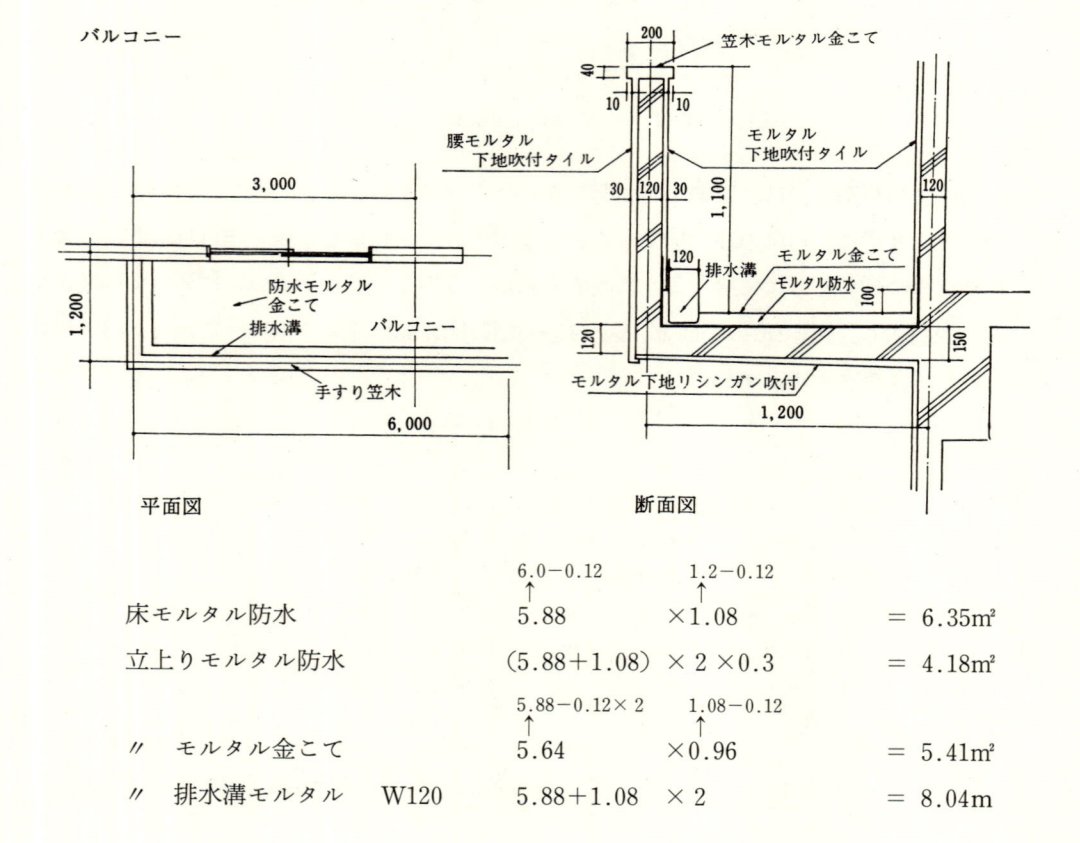

平面図　　　　　　　断面図

		6.0−0.12	1.2−0.12	
床モルタル防水		↑ 5.88	↑ ×1.08	＝ 6.35㎡
立上りモルタル防水		(5.88＋1.08)×2×0.3		＝ 4.18㎡
		5.88−0.12×2	1.08−0.12	
〃　モルタル金こて		↑ 5.64	↑ ×0.96	＝ 5.41㎡
〃　排水溝モルタル	W120	5.88＋1.08	×2	＝ 8.04m

幅木防水モルタル　H100　　　(5.88+1.08)×2　　　　　=13.92m

腰モルタル下地吹付タイル

内　(5.88+1.08×2)×1.0= 8.04 ⎫
外　(6.12+1.20×2)×1.3=11.08 ⎭ =19.12㎡

笠木防水モルタル金こて

```
  200
40┌──┐40     糸尺 300        6.0+1.2×2     = 8.4 m
 10  10
```

上裏モルタル下地リシンガン吹付　　　6.12×1.2　　　　=7.34㎡

図―142

バルコニー外壁取合部の扱い

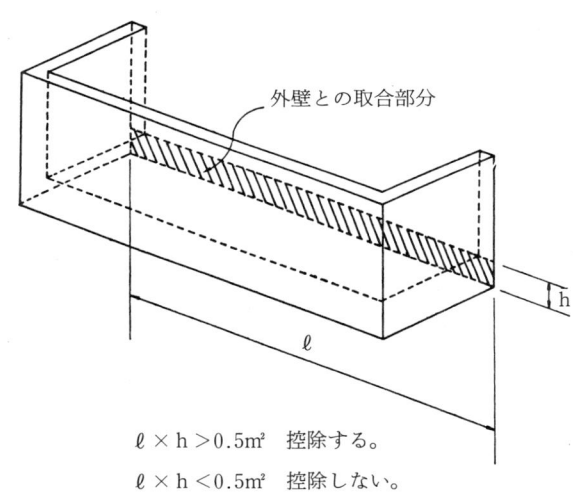

外壁との取合部分

ℓ

h

ℓ×h＞0.5㎡　控除する。
ℓ×h＜0.5㎡　控除しない。

　バルコニーと外壁との取合いも1か所当たりの面積が0.5㎡以下であれば、控除の対象から外してよい。

6. 演　習

　躯体の部の演習に用いた設計図に基づき外装を拾ってみた。ただし意匠図の方は詳細図が不足しているので計算書から読み取って頂きたい。

●屋根（A―301）

　パラペット壁厚が0.15mであるので、X方向の躯体から躯体までの寸法は、21mから壁厚分を差し引いた20.85mになる。一方、Y方向も同様10.5mから壁厚分を差し引いた10.35mとなる。そしてまず屋根の面積を大枠で捕えてから、ペントハウス、パイプシャフトなど欠除すべ

きものを差し引けばよい。

　表面主仕上のモルタル金こての面積は、立上りの防水押えれんが分を控除しなくてはならない。ここでは防水層、下地モルタル共で15cmと考え、その2倍の0.3mを更に差し引いて数量を算出した。

　●**外壁**（A―304～A―305)

　正面がタイル張り、その両脇に人造石つつき仕上があり、大半はリシンガン吹付である。今までになん度か触れたように、まず開口部など欠除すべき部分も含めて大枠で全体の面積を求め、あとで欠除すべきものを控除していく。

　リシンガン吹付で、北面額縁分の面積がたったの0.3㎡しかないのに控除の対象となったのは、幅木などの扱いと同様にその見付幅が6cmで0.05mを超えたからである。一方建具のSW$_6$が控除されないのは、その面積が1か所あたり0.48㎡で0.5㎡未満であることによる。つまり幅や高さの寸法はどうか？　あるいは1か所あたりの欠除面積はいくらか？　ということでそれぞれ扱いが異なることを思い起こしてほしい。

　●**幅木**（A―306)

　ここに示した寸法は見付の高さである。実際は地中へののみ込みが必要であり、その分は単価で調整したらよいだろう。

外　装　　　　　　　　　　　　　　　　　　　　　　　　　　　Ａ―301、302

屋根 　平部分	均シモルタル　⑦60 アスファルト防水3層、 シンダーコンクリート	$(21.0-0.15)(10.5-0.15)$ 　　↑　　　　　↑ 　20.85×10.35　　215.80		196.31㎡
	ペントハウス	▲　5.7 ×　3.3	▲18.81	
	パイプシャフト	▲　1.36×　0.5	▲　0.68	
	モルタル金こて　目地切	20.55×10.05	206.53	184.04㎡
	ペントハウス	▲　6.0 ×　3.3	▲19.8	
	パイプシャフト	▲　1.36×　0.5	▲　0.68	
	排水溝	▲10.05×　0.2	▲　2.01	
立上り部分	均シモルタル押えれんが アスファルト防水3層、 モルタル金こて	$(20.55+10.05)$　×2 $(\ 3.3\ +\ 1.36)$　×2	70.52×0.4 　　↑ 　立上り高さ	28.21㎡
パラペット 　立上り	モルタル金こて 　　南、北そで壁	2.55×0.65×2 10.35×0.4	3.32 4.14	7.46㎡
笠木	人研 （西面　幅330） モルタル 金こて （幅310）			10.35m
	南、北そで壁 （幅620）	3.05×2		6.1m
雨押え	〃　　ペントハウス	18.2 ×2＋10.5 ▲　5.7		41.2m
	〃　　ペントハウス 　　西面パラペット	5.7＋3.3×2－0.85 10.35		21.8m

A—303、304

伸縮目地				150.00m
	↔	20.55×4 ＝ 82.2		
	ペントハウス	▲6.0　＝▲6.0		
	↕	10.05×8 ＝ 80.4		
	ペントハウス	▲3.3×2＝▲6.6	⇨	
ペントハウス				20.43㎡
屋根	モルタル防水(責任施工)	平、立上り共		
	平	5.4×3.15　　　＝17.01		
	立上り	(5.4+3.15)×2×0.2＝3.42	⇨	
笠木	モルタル金こて ⊐230⊏	(5.55+3.3)×2	⇨	17.70m
外壁	モルタル刷毛引き リシンガン吹付			36.32㎡
		(5.7+3.45)×2×2.1＝ 38.43		
	SW₅	▲1.2×0.6　×1　＝▲0.72		
	SD₃	▲0.85×(2.03−0.4)＝▲1.39	⇨	
外　壁	小口平タイル			41.36㎡
	西面	10.35×(5.47+0.15)＝ 58.17		
	AW₂	▲10.19×1.65　　　＝▲16.81	⇨	
〃	人造石つつき			62.26㎡
	1F独立柱	0.6×4		
	↔	0.06+0.18+3.24		
	〃	0.45×2　+0.6	18.03	
	↕	10.65	×2.6　＝ 46.88	
	AD₁	▲2.69×(2.7−0.1)　＝▲6.99		
	AW₁	▲6.06×(　〃　)　＝▲15.76		
	2Fそで壁	0.25+2.5+0.3		
		0.25−0.15／2	3.23	
	パラペット一部	0.38×0.55×2	×5.72×2＝ 36.95	
	おだれ	2.28×0.1×2　　　＝ 0.46		
	北面額縁	(2.52+2.5)×0.06　＝ 0.30	⇨	

A—305、306

外　　壁	モルタル刷毛引き リシンガン吹付		316.00㎡
	南、北 東	$(18.5+0.15/2-0.3)$ $\left.\begin{array}{l}18.28\times 2\\10.5+0.15\end{array}\right\}\begin{array}{l}47.21\\\times 7.6=\end{array}358.80$	
	SW₁	▲ 1.8 ×1.75 ×7 =▲ 22.05	
	₂	▲ 1.8 ×1.3　×4 =▲ 9.36	
	₃	▲ 1.8 ×0.9　×3 =▲ 4.86	
	₄	▲ 1.2 ×0.9　×1 =▲ 1.08	
	₅	▲ 1.2 ×0.6　×3 =▲ 2.16	
	₆	$0.48<0.5$ ▲ 1.2 ×0.4　×2 =　—	
	SD₂	▲ 0.83×1.8　×2 =▲ 2.99	
	北面額縁	=▲ 0.30 ⇨	
幅　　木	人研　H100		11.17m
	ポーチ独立柱	0.6	
	ポーチまわり	0.18+2.74	
	西面	0.45×2 +0.6+6.15 ⇨	
〃	〃　H300		2.40m
	ポーチ独立柱	0.6×2	
	X₂～Y₁、Y₂柱	0.6×2 ⇨	
〃	モルタル金こて　H300		34.10m
		$(18.5+0.15/2)$ 18.85 ×2	
	ポーチ他	▲ 2.76+0.3 ⇨	
ポーチ、犬走り	人研　真鍮目地入		21.75㎡
		4.14×10.43= 43.18 ▲ 2.79× 7.68=▲21.43 ⇨	
		※SW₆は1か所当たりが1.2×0.4=0.48<0.5㎡により 　欠除なし。	

226　V．仕上の部―外装編

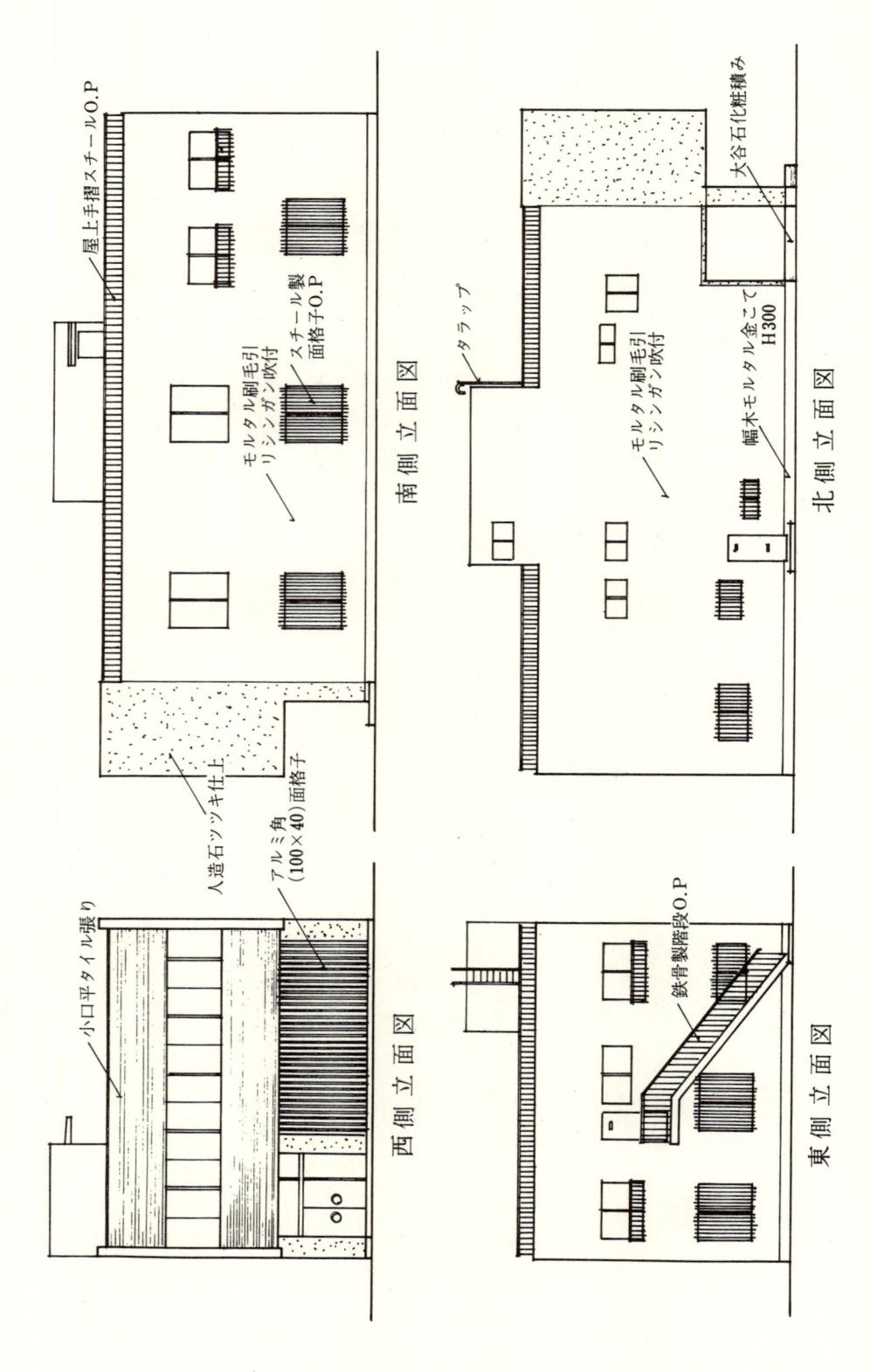

A-201

南側立面図

- 屋上手摺スチールO.P
- モルタル刷毛引リシンガン吹付
- スチール製面格子O.P

西側立面図

- 小口平タイル張り
- 人造石ツツキ仕上
- アルミ角(100×40)面格子

北側立面図

- 大谷石化粧積み
- トラップ
- モルタル刷毛引リシンガン吹付
- 幅木モルタル金ごて H300

東側立面図

- 鉄骨製階段O.P

6. 演 習　227

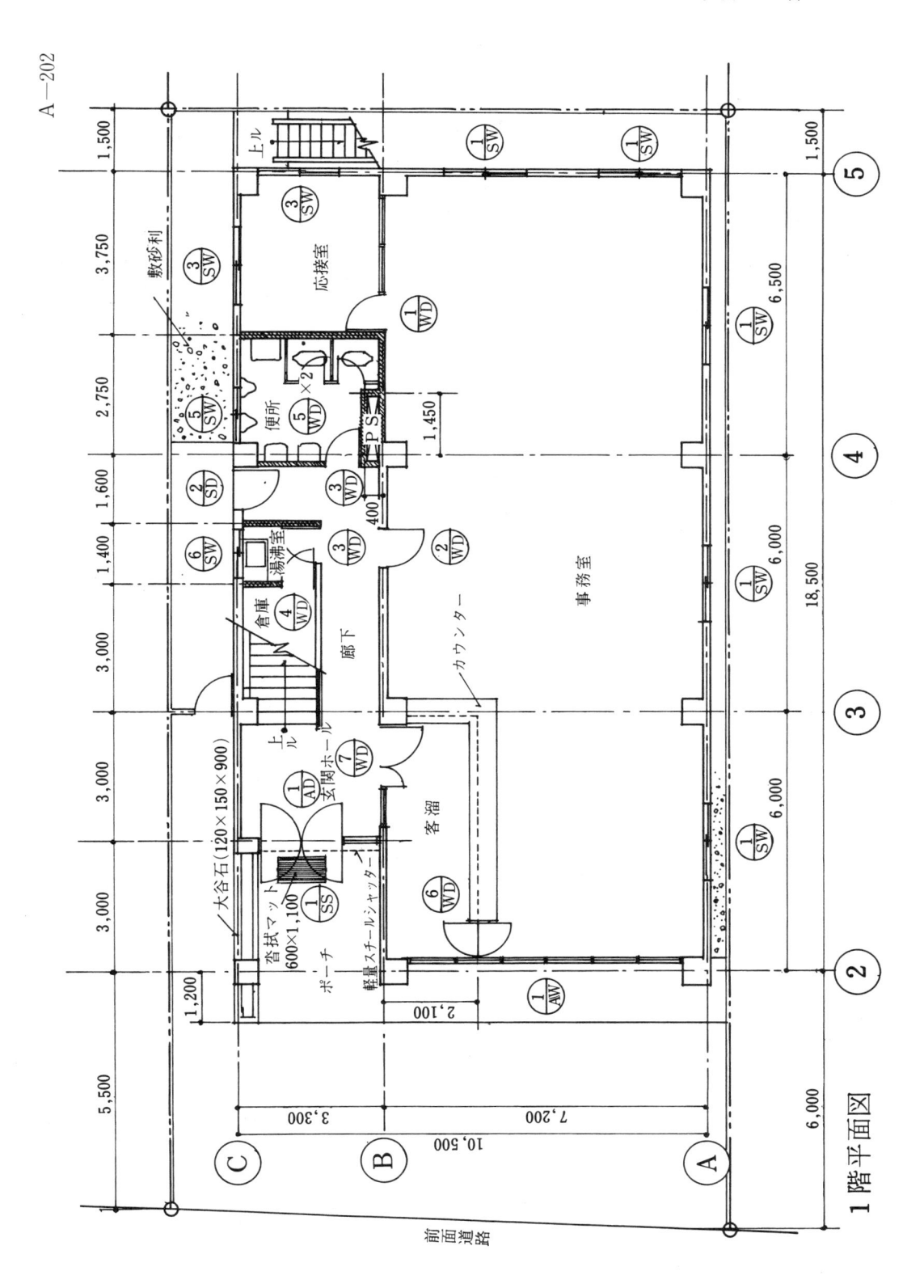

1階平面図

228　　V．仕上の部―外装編

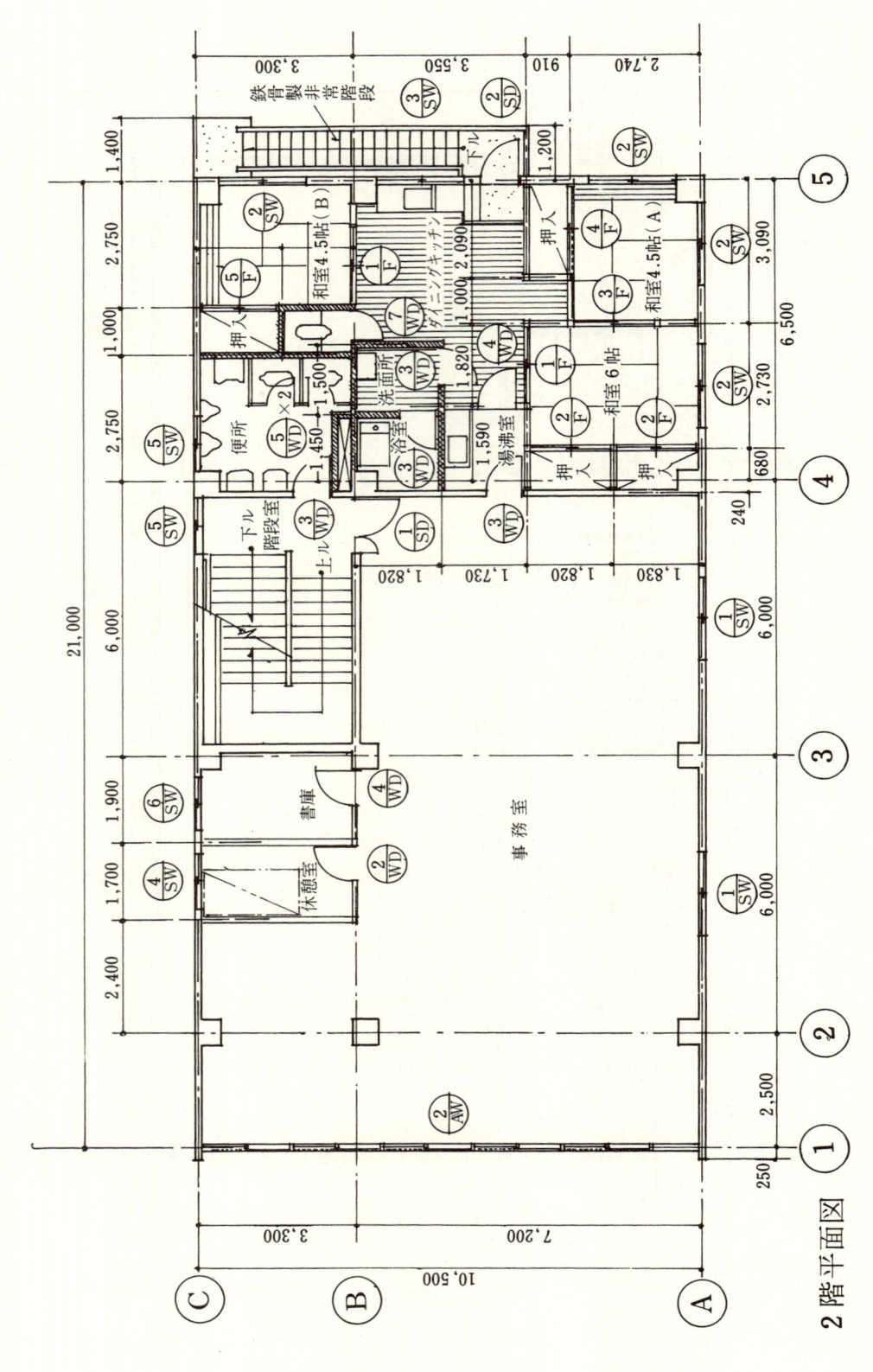

2階平面図

屋階平面図

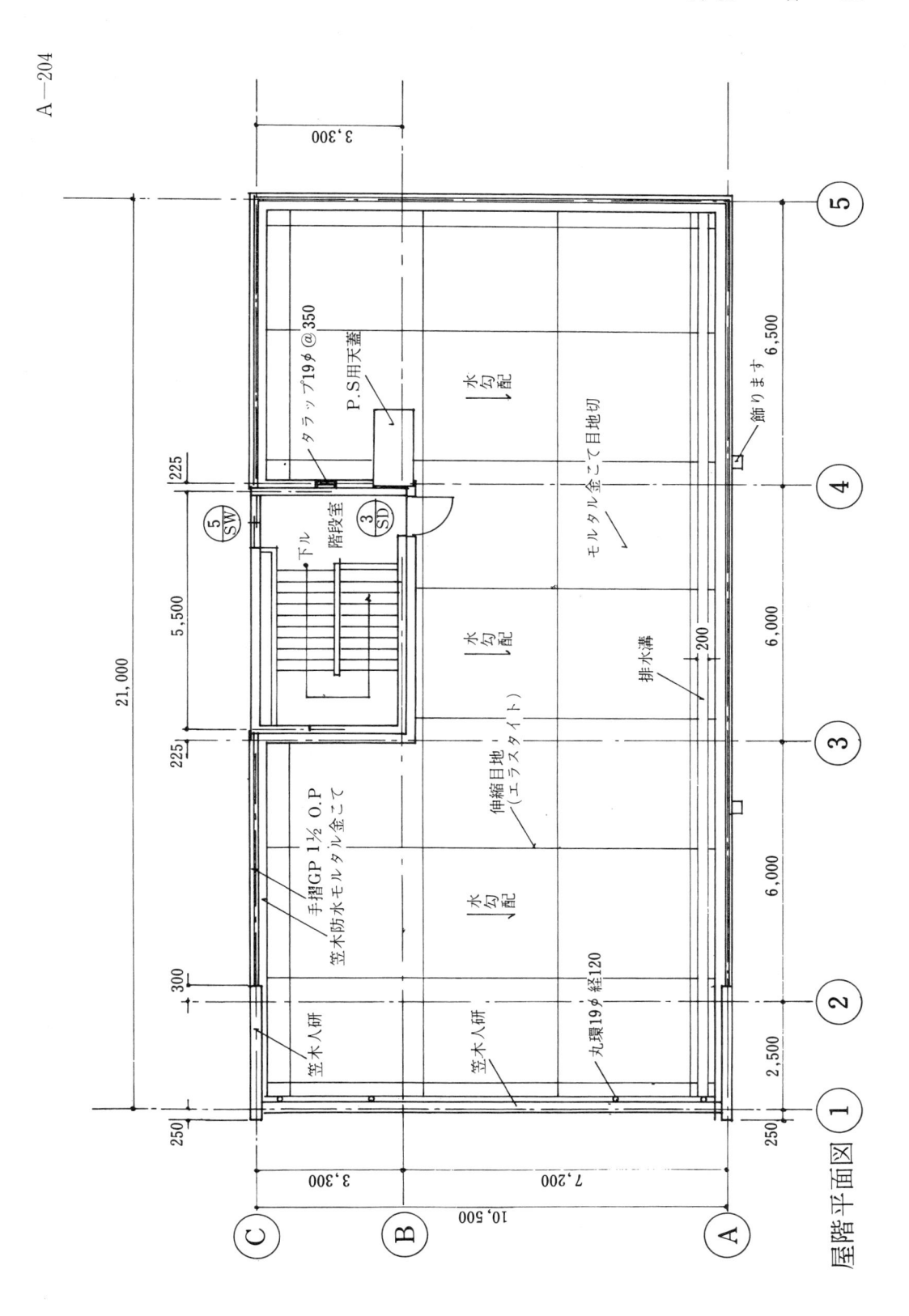

230　V．仕上の部―外装編

建具表

記号	名称・形式	寸法	仕上		ガラス	使用場所	カ所数	金物	備考
①SD	ランマ、袖ベニヤコンモニ両開、アルミドア	(2,600×2,700) 1,800×1,900	枠、アルミ		6.8㎜透明網入	玄関	1	フロアーヒンジ、シリンダー錠押板（メラミン化粧板）	
①AW	ハメコロシアルミスクリーン	6,060×2,700	FRA程度		同上	1階事務室	1		
②AW	一部ハメコロシ片引連窓アルミサッシ	10,190×1,650	同上		同上	2階事務室	1	クレセント	
①SD	両開親子スチールフラッシュドア	1,200×2,030	O	P	6.8㎜網入型	2階階段室	1	ドアーチェック、シリンダー錠、上ゲ落シ	
②SD	片開スチール　〃	830×1,800	同上		―	通用口管理人室玄関	2	付属金物一式	
③SD	片開スチール額入	850×2,030	同上		6.8㎜網入型	PH階段室	1	同上	
①SW	引違スチールサッシ	1,800×1,750	同上		同上	1,2階事務室	7	クレセント	
②SW	同上	1,800×1,300	同上		同上	2階和室	4	同上	
③SW	同上	1,800×900	同上		同上	応接、ダイニングキチン	3	同上	
④SW	同上	1,200×900	同上		同上	2階休憩室	1	同上	
⑤SW	同上	1,200×600	同上		同上	便所、階段室	4	同上	
⑥SW	同上	1,200×400	同上		―	1階湯沸室、書庫	2	同上	
①SS	軽量スチール手動シャッター	2,690×2,700	同上		―	玄関	1	スチール製ガイドレール	
①WD	ランマスクリーン　ハメコロシ片開ベニヤフラッシュドア	(3,120×2,500) 800×1,800	V	P	4㎜型ガラス	応接室	1	シリンダー錠、ドアーチェック丁番4″×2	
②WD	片開ベニヤフラッシュ	800×2,000	同上		―	休憩室、事務室	2	同上	ただしドアチェックは事務室のみ
③WD	同上（ガラリ付）	750×1,800	同上		―	便所、湯沸室、洗面所他	6	空錠、丁番、錠	便所は座付取手、押板（内部）、ドアチェック付
④WD	同上（ガラリ付）	〃	同上		―	倉庫、書庫、湯沸室	3	シリンダー錠、戸当りたたみ土丁番4″×2	
⑤WD	同上	550×1,750	同上		―	1,2階便所	4	ラバトリーヒンジ（ストライク付）	
⑥WD	片開自在ベニヤフラッシュドア	750×700	同上		―	客溜カウンター	1	自由丁番(180°)1組	
⑦WD	片開ベニヤフラッシュドア	600×1,800	同上		―	管理人室便所	1	丁番4″×2、握り玉付空錠、ラッチ錠	
①F	片面新鳥の子、片面木部ベニヤ引違戸ぶすま	1,720×1,760	―		―	和室～洋間境	2	引手	和室側角型、洋間側彫込引手
②F	天袋坊主ふすま	(1,720×2,350) 1,720×1,760	―		―	和室6帖押入	2	同上	
③F	両面新鳥の子引違ふすま	1,720×1,760	―		―	和室境	1	同上	
④F	天袋引違坊主ふすま三枚引違ふすま	(1,920×2,350) 2,940×1,760	―		―	和室4.5帖(A)	1	同上	
⑤F	引違ふすま	(1,610×2,350) 1,610×1,760	―		―	〃 (B)	1	同上	うち1本両面新鳥の子

Ⅵ．仕上の部―内装編

VI 仕上の部―内装編

1. はじめに

　積算に従事する者にとっての最大の悩みの一つであった数量の差の問題、つまり設計図書から拾い上げる寸法の計測・計算の方法にこれという統一されたルールがなかったため、それによる誤差や見解の違いが、そのまま積算数量の差となって現れ、社内的にも社外的（対発注者側）にもトラブルの元凶となっていた。

　昭和52年1月31日付をもって建築積算研究会が発表した「建築数量積算基準（案）」は、その後若干の修正が加えられて同年5月2日に再び発表され、次いで同年8月24日にほぼ決定版に近いもので公表され、52年11月をもって「く体の部（壁式構造）」を除いて一応完結した。そして昭和59年6月に「く体の部（壁式構造）」を加え、より内容の充実した形となり、更に昭和62年9月に一部修正を行い、同年12月10日付で公表されたが、平成4年11月に更に一部修正されている。今回（平成12年3月）制定された積算基準は、研究の場を（財）建築コスト管理システム研究所に移して、これまでの積算基準の経緯を尊重しつつ検討し、制定されたものである。

　本論に入る前にこの誌上をお借りして我が国における建築積算界の現状と動きについて若干述べてみたい。

　日本建築積算事務所協会を前身とする「社団法人・日本建築積算協会」が、昭和50年に一般の積算技術者等を個人会員とし、我が国でただ一つの建築積算関係の公益法人として発足し、各種の「積算セミナー」の開催、海外における積算界の実態調査、月刊誌「建築と積算」の刊行、昭和52年10月を第1回としての「建築積算学校」の開催など年々幅広い活動により着実に実績を積み重ねてきている。すなわち、この「建築積算学校」の主たる目的は、積算技術者の養成はもち論であるが、「建築数量積算基準」をもとに、その普及と**「建築物の数量は、理論的には一つしかあり得ない」**というまことに明快で単純な考え方の意思統一に向かっての運動であることも間違いない。

　同じ設計図書によりながら、会社により、個人により、その積算数量に差があって当然という関係者外からみたら何とも理解しかねる現状を打破し、**数量については発注者側、受注者側**

双方が同じ土俵にあがって話し合おうというスローガンに向かって努力しているわけである。

なお、ゆくゆくは建築関係においても官庁土木にならっての「数量公開入札」により、積算業務の無駄な労力と時間のロスの節減、数量を中心にした不合理なかけひきや誤解や不信感を招くような数量の誤差というものも正されていくのであろう。

2．用語の定義

すでに**積算基準**に出てくる用語についてはその都度解説を試みてきたが、重複する部分も若干あるが、ここで必要最小限の用語について触れておきたい。

① **設計寸法**―設計図書に表示された寸法、表示された寸法から計算することのできる寸法及び物差により読みとることのできる寸法をいう。

② **間仕切下地**―各室を区画する壁の骨組下地をいい、仕上とは切り離して計測・計算する。また、仕上の計測・計算において躯体の一部とし、準躯体として扱う。

③ **仕上**―躯体又は準躯体の保護、意匠、装飾その他の目的による材料、製品、器具類等の塗り付け、張り付け、取付け又は躯体の表面の加工等をいう。

④ **仕上下地**―主仕上と躯体又は準躯体との中間層をいい、骨組下地、下地（板）類等に区別する。

⑤ **骨組下地**―床又は天井の下地組の野縁又は根太までをいい、下地（板）類とは区別する。

⑥ **下地（板）類**―仕上のうち下地板、下地モルタル等骨組下地等に属さないものをいう。壁部分の胴縁は、下地（板）類に属する。

図―143

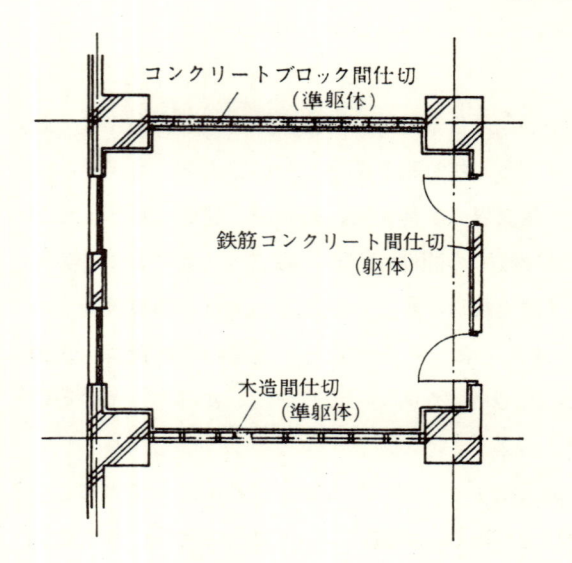

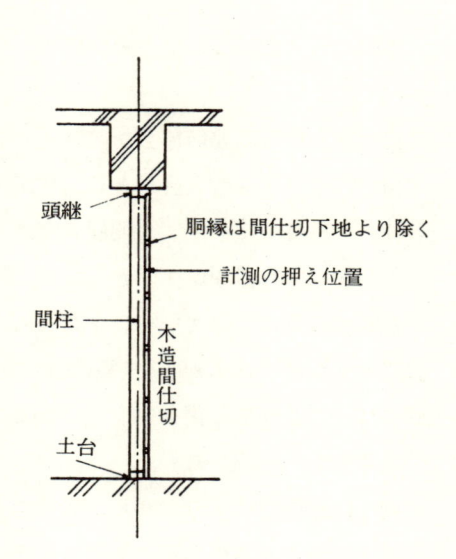

図—144

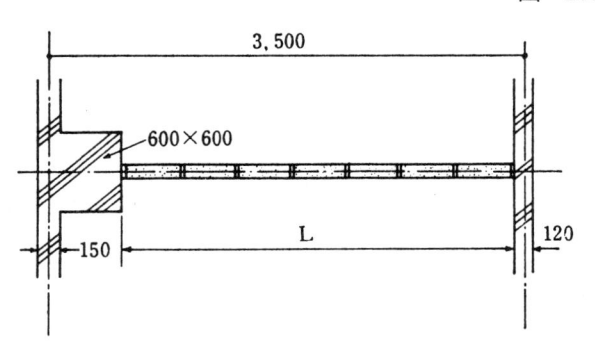

$L = 3.5 + 0.15/2 + 0.12/2$
$= ▲(0.6 + 0.12)$ } $\begin{array}{c} 2.915 \\ ⇓ \\ 2.92 \end{array}$

Lは表示された寸法から計算することのできる寸法であるので**設計寸法**である。

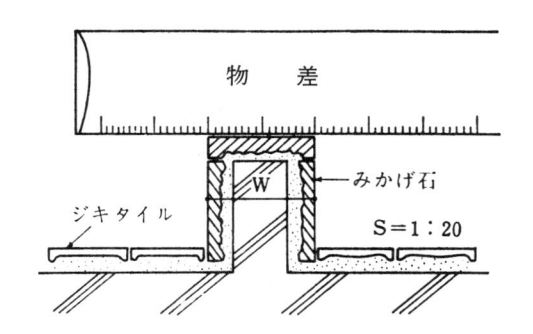

W = 20 ㎜/m 物差により分一で計測
S = 1 : 20
∴ = 20 × 20 = 400 ㎜/m

Wは**物差**により（分一で計測して）**読みとることができる寸法**である。

　この図による設計寸法Lの求め方にもいく通りかの方法があるが、ここでもまず大枠で捕えてから（躯体間の外面寸法）柱と壁の分を控除した方が間違いは少ない。

　その他、**積算基準**には外壁、外部開口部、外部天井、外部床、外部雑、内壁、内部開口部、内部天井、内部床、内部雑等それぞれについて用語の定義がなされているが、ごく常識的なことであるので省くことにする。

3．主仕上の計測・計算

　今日まで関係者が悩まされた誤差の元凶も、つきつめれば設計図書から拾いあげる時点での計測の違い、計算過程での小数点以下の扱いが大部分であった。これについて**積算基準**は次の通り定めているので、重要な部分のみの抜粋とその解説をしてみたい。

図—145

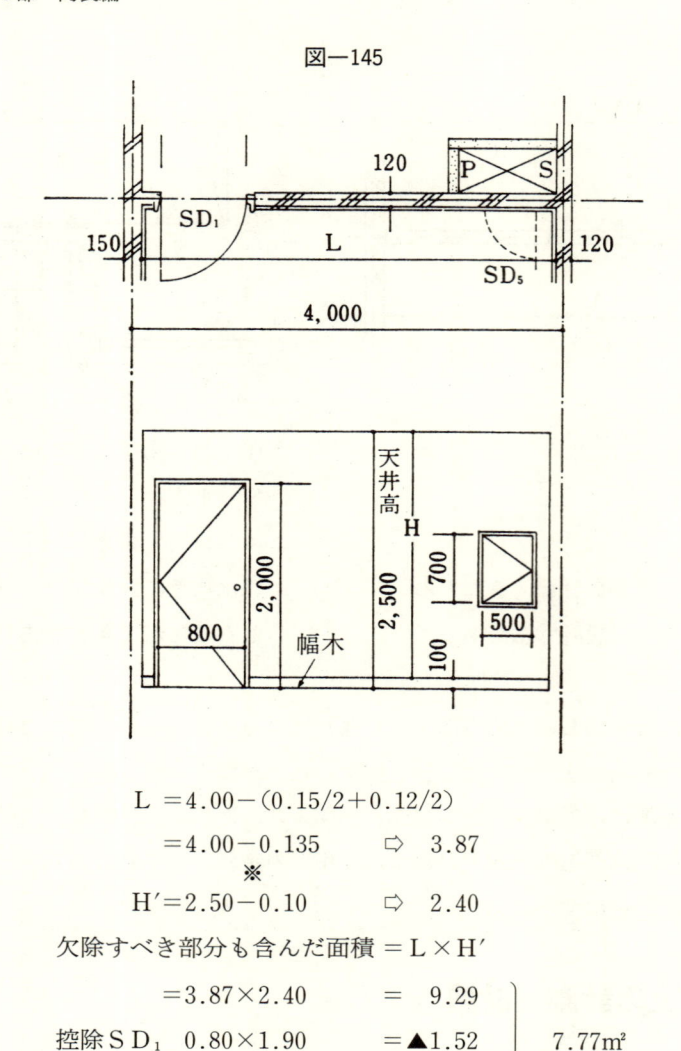

$L = 4.00 - (0.15/2 + 0.12/2)$
　　$= 4.00 - 0.135$ ⇨ 3.87
　　　　※
$H' = 2.50 - 0.10$ ⇨ 2.40

欠除すべき部分も含んだ面積 $= L \times H'$
　　　　　　　　$= 3.87 \times 2.40$ 　$= 9.29$
控除 SD₁　0.80×1.90 　$= ▲1.52$ 　　$\Bigg\}$ 7.77m²
〃　SD₅　0.50×0.70 　$= -$
　　　　　　↓
　　　　▲0.35 < 0.50

SD₅ は1か所当たり0.5m²以下であるので控除しない。

　ここの例では展開図のうちのある一面についてであるので、幅木分を天井高さからあらかじめ差し引いて計算式を立てた。しかし筆者としては、この手法はすすめたくない。即ち欠除すべき幅木の部分も含んだ総面積をまず求め、控除の際に開口部などと共に幅木の分も処理してほしい。

　その理由は、壁の高さから幅木分を前もって差し引いて計算すると、あとで控除すべき建具類（ここではSD₁）の高さの計測の際、一つひとつ幅木の高さ分を考慮せねばならない。わずらわしいばかりでなく、必ずや幅木の高さ相当分を忘れてしまってミスにつながりやすいからである。

図―146   図―147

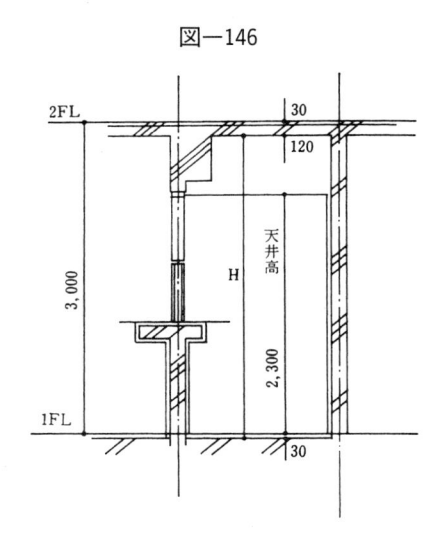

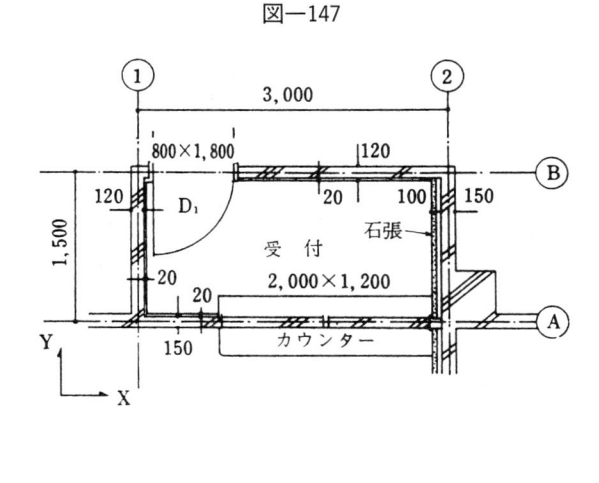

また基準主仕上の計測・計算(1)2)において、壁高さの計測長さは設計図書の天井高さとするよう規定している。なぜならば原則の1)により、天井高の設計寸法を躯体または準躯体からの寸法とすれば、図―146で示す躯体間のHか、天井主仕上の下地でかつ準躯体である野縁とコンクリート床面からの寸法ということになる。しかしこれでは反って煩雑となるため積算基準では図示の2,300をとることになっている。

X方向の主仕上の長さは
①通り躯体面より②通り石張り面（仕上代＞50）までとなる

$$3.00-(0.12/2+0.10+0.15/2)$$
$$=3.00-0.235$$
$$=2.765 ⇨ 2.77\text{m}$$

なお、主仕上の躯体または準躯体からの寸法が0.05m、つまり5cmまでは、躯体または準躯体間からの寸法

$$3.00-(0.12/2+0.15/2)=2.865 \quad ⇨ \quad 2.87\text{m}$$

とすることを忘れないよう念のために言っておく。

図―148

(1) 計測する寸法
  1) 主仕上の数量は、原則として躯体又は準躯体表面の設計寸法による面積から、建具類等開口部の内法寸法による面積を差し引いた面積とする。ただし、開口部の面積が1か所当たり0.5m²以下のときは、開口部による主仕上の欠除は原則としてないものとする。(図―145)
  2) 1)の定めにかかわらず、壁高さの計測長さは設計図書の天井高さとする。(図―146)
  3) 1)の定めにかかわらず、主仕上の表面から躯体又は準躯体の表面までの仕上代が0.05mを超えるときは、原則としてその主仕上の表面の寸法で計測・計算する。(図―147)

(2) 欠除部分の処理
  1) 各部分の取合による欠除
    壁部分の梁小口、天井又は床部分の柱小口等で、その面積が1か所当たり0.5m²以下のときは、その部分の仕上の欠除は原則としてないものとする。(図―148)
  2) 器具類による欠除
    衛生器具、電気器具、換気孔、配管、配線等の器具の類による各部分の仕上の欠除が1か所当たり0.5m²以下のときは、その欠除は原則としてないものとする。
  3) 附合物等による欠除
    面積が1か所当たり0.5m²以下の附合物又は高さもしくは幅が0.05m以下の幅木、回縁、ボーダー等による各部分の仕上の欠除は、原則としてないものとする。(図―149)

図—149

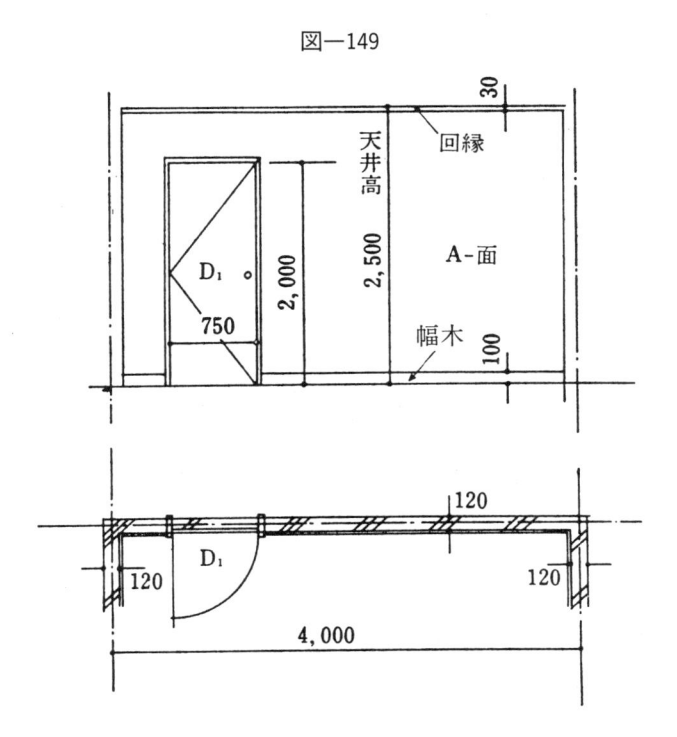

回縁の高さ　0.03＜0.05　控除しない

幅木の高さ　0.10＞0.05　控除する

したがってA面の壁の面積は

L＝4.00−（0.12/2×2）→3.88

H＝2.50−0.10　　　　→2.40

欠除部分も含む全面積　3.33×2.40＝　9.31

控除D_1　　　　　　　0.75×1.90＝▲1.43

　　　　　　　　　　　　　　　　　7.88m²

(3) 凹凸ある仕上

　　各部分の仕上の凹凸が0.05m以下のものは、原則として凹凸のない仕上とする。ただし、折板等凹凸材による成型材については、その凹凸が0.05mを超える場合においても設計付法による見付面積を数量とする。（図—150）

(4) 附合物等の計測・計算

　　附合物等について計測・計算するときは、原則として主仕上の設計寸法に基づく長さ、面積又はか所数を数量とする。ただし幅木、回縁、ボーダー等の開口部による欠除が1か所当たり0.5m以下のときは、その欠除は原則としてないものとする。（図—151）

(5) 役物類の計測・計算

　　特殊の形状、寸法等による仕上、仕上の出隅、入隅及びこれらに類するもの又は附合物等

の役物類は、材種による特則に定めのない限り、原則として設計寸法に基づく長さ又はか所数を数量とする。（図—152）

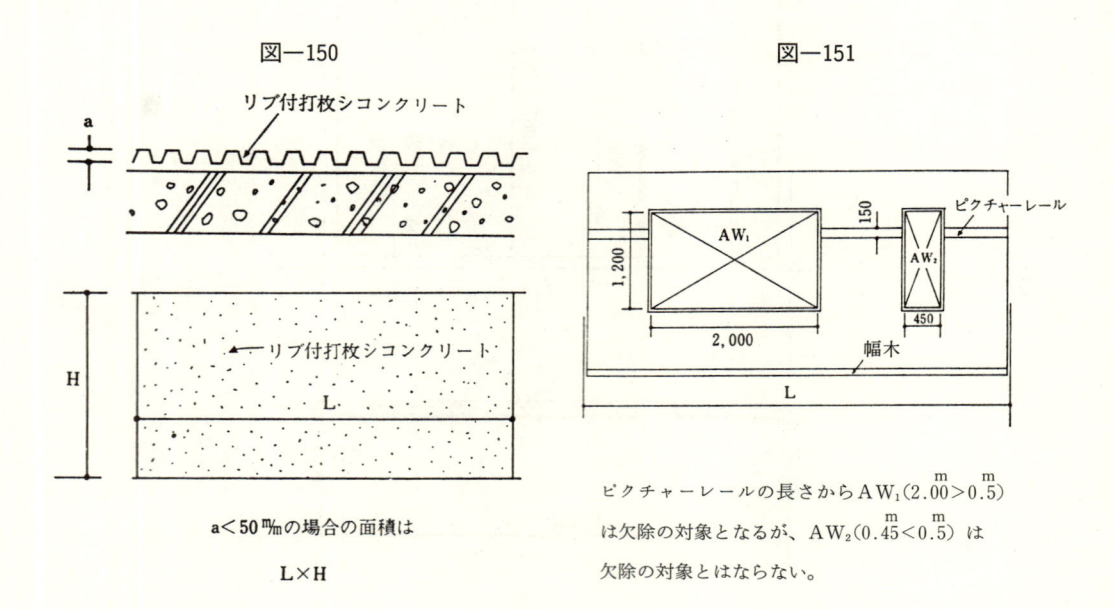

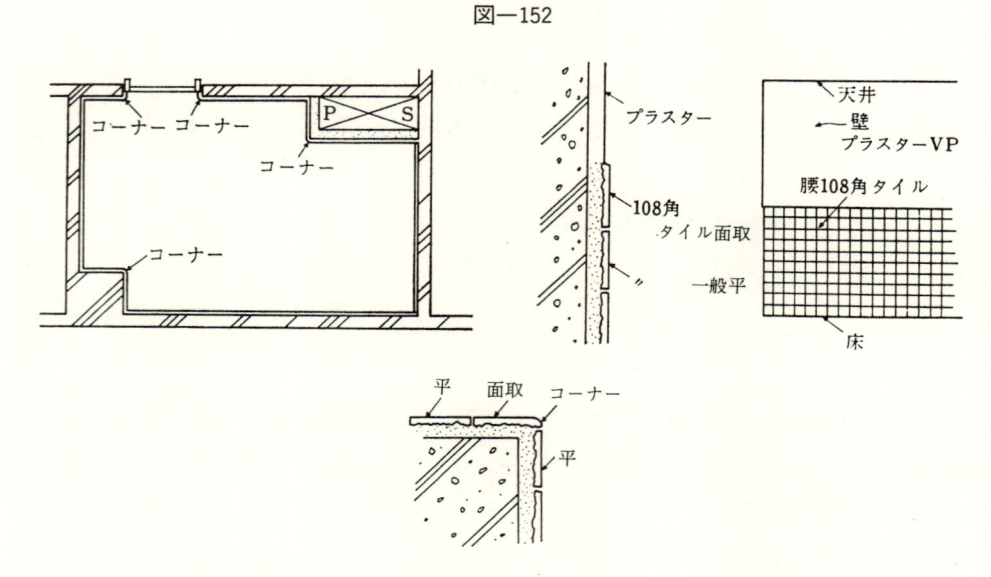

図—150

リブ付打放シコンクリート

$a < 50$ ㎜の場合の面積は
$L \times H$

図—151

AW₁ 1,200 × 2,000
150
AW₂ 450
ピクチャーレール
幅木
L

ピクチャーレールの長さからAW₁($2.00\text{m} > 0.5\text{m}$)は欠除の対象となるが、AW₂($0.45\text{m} < 0.5\text{m}$)は欠除の対象とはならない。

図—152

コーナー コーナー P S
コーナー
コーナー

プラスター
108角タイル面取
一般平

天井
壁
プラスターVP
腰108角タイル
床

平 面取 コーナー
平

(6) 仕上ユニットの計測・計算

　建具類、カーテンウオール、その他の仕上ユニットの数量は、その内法寸法による面積又はか所数による。

(7) 特殊材料等の計測・計算

　一般に用いられない材料、特に高価な材料による場合又は特殊な加工を要する場合等で前

各号の定めによらないときはその旨を明記する。

例題　図—153より床、壁、梁型、天井各仕上の数量を求めてみよう。

図—153

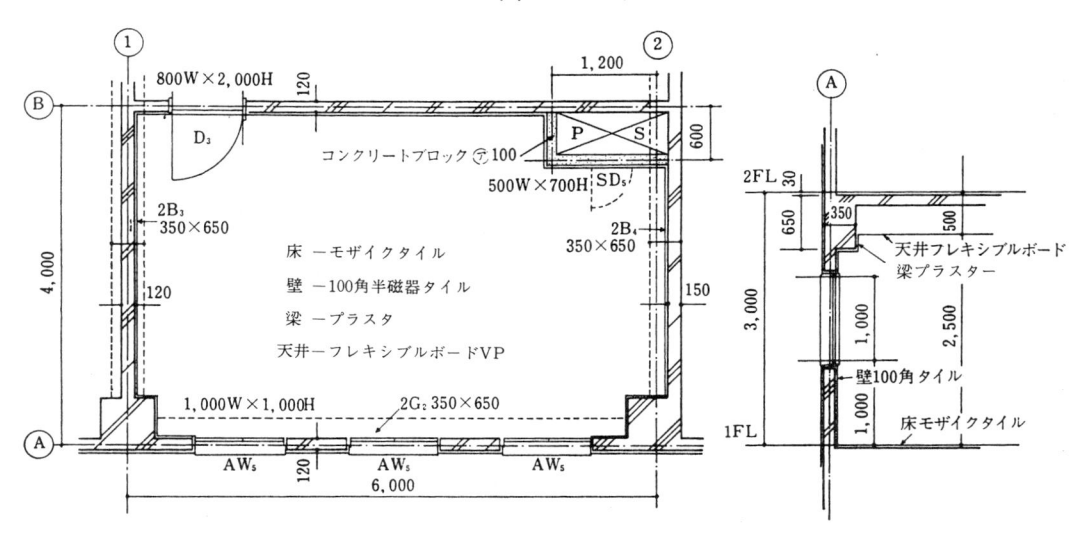

まず、この図形がもつ固有数値を求める。

$$X方向 \quad 6.0+0.3-0.12/2-0.15 \quad \Rightarrow \quad 6.09$$
$$Y方向 \quad 4.00-(0.12/2+0.12/2) \quad \Rightarrow \quad 3.88$$

●床　モザイクタイル

欠除部分も含む床の全面積　$6.09 \times 3.88 = 23.63$

P.S　$1.40 \times 0.59 = ▲0.83$
　　　　　↳ $0.60-0.12/2+0.10/2$
　　↳ $1.20+0.10/2+0.30-0.15$

柱　型①Ⓐ　$0.24 \times 0.48 < 0.5$　　—

〃　②Ⓐ　$0.45 \times 0.48 < 0.5$　　—

$\}$ 22.8m²

●壁100角半磁器タイル

欠除部分も含む壁の全面積　$(6.09+3.88) \times 2 \times 2.50 = 49.85$

控除 AW₅　$1.00 \times 1.00 \times 3 \quad = ▲3.00$

〃　D₃　$0.80 \times 2.00 \times 1 \quad = ▲1.60$

〃　SD₅　$0.50 \times 0.70 < 0.5 \quad = \quad —$

〃　G₂　$(6.00-0.60) \times 0.18 \quad = ▲0.97$

〃　B₃　$(4.00-0.60) \times 0.18 \quad = ▲0.61$

〃　B₄　$(5.40-0.59) \times 0.18 \quad = ▲0.87$
　　　　　　　↓
　　　　　　P.S

$\}$ 42.8m²

● 梁型　プラスター

　　　　　　　　　　　　　　　　　　梁側　　梁底

G_2　$5.40 \times (0.18 + 0.23) = 2.21$ ⎫
B_3　$3.40 \times (0.18 + 0.11) = 0.99$ ⎬　5.03m²
B_4　$4.81 \times (0.18 + 0.20) = 1.83$ ⎭

● 天井　フレキシブルボードVP

$X' = 6.09 - (0.11 + 0.20) \rightarrow 5.78$
$Y' = 3.88 - 0.23 \rightarrow 3.65$

欠除部分も含む天井全面積　$5.78 \times 3.65 = 21.10$ ⎫
P.S　$1.20 \times 0.59 = ▲0.71$ ⎬　20.39m²

4. 仕分けと拾う順序

● 各階別、各室別に分けて拾うこと。

　一般には「仕上表」があるので、その順序にしたがって拾っていけばよい。複数の部屋の内装の仕様が全く同じであっても、決して同時にまとめて拾ってはならない。その理由には次の二つが考えられる。

① 「Ⅰ　積算の手ほどき」のところでも述べたように、積算の作業もルールとリズムによって行うことが必要であり、一部屋毎に拾ってきたリズムがここで乱れることが一つの理由である。

② 次に、えてして仕上や仕様というものは、設計変更を伴いやすいので、一時はA室とB室の仕上が全く同じであったとしても、後日B室のみが変更になることがままあることである。そうした場合A・Bの2室をまとめて拾い、集計してあったとしたら、再度積算のやり直しをしなければならない。これを部屋毎に積算しておけば、担当者以外の手によっても容易に数量の変更差し換えが可能であるという利点があるからである。

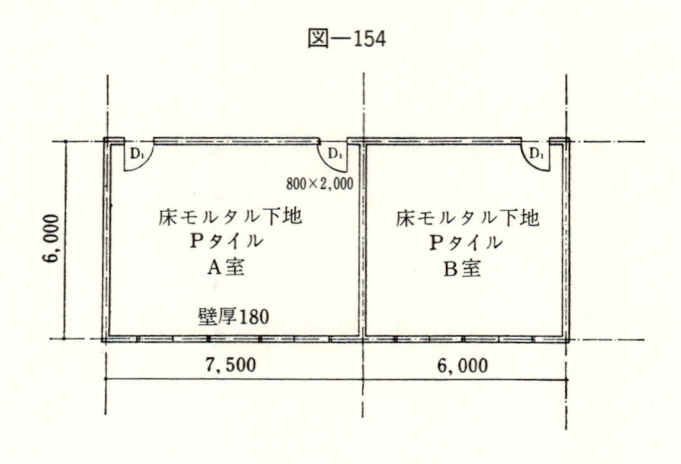

図—154

- ●悪い例

　A及びB室　床　モルタル下地Pタイル
　　　　　　　　X方向　　7.50＋6.00－(0.12/2×2＋0.12)
　　　　　　　　　　　　　＝13.50－0.24⇨　13.26
　　　　　　　　Y方向　　6.00－0.18/2×2
　　　　　　　　　　　　　＝　6.00－0.18⇨　　5.82
　　　　　　　　∴　　　　13.26×5.82＝　　　　　　　　　　　　　　77.17㎡

- ●良い例

　A室　床　モルタル下地Pタイル
　　　　　　　　　　　　（7.50－0.12）×（6.00－0.18）
　　　　　　　　　　＝　7.38×5.82　＝　　　　　42.95㎡

　　幅木　ソフト
　　　　　　　　　　　　（7.32＋5.82）×2　＝　26.28
　　　　　　　　　D₁　　▲0.80×2　　　　＝▲ 1.60　｝24.68m　　77.17㎡

　以下略す

　B室　床　モルタル下地Pタイル
　　　　　　　　　　　　5.88×5.82　　　＝　　　34.22㎡

　以下略す

- ●部分別の順位と単位

　　　　　床　グループ（床、排水溝、ボーダー等）
　　　　　　⇩
　　　　　壁　グループ（幅木、腰、壁、柱型、ピクチャーレール等）
　　　　　　⇩
　　　　　天井グループ（梁型、回縁、天井、ボーダー等）

　一般には
　　　　　　　　床　⇨　幅木　⇨　腰　⇨　壁　⇨　天井
　　　　　　　　㎡　　　m　　　㎡　　　㎡　　　㎡

- ●主仕上が同じでも「下地別」に分けて拾うこと。

　a．間仕切下地——コンクリート、コンクリートブロック、軽量間仕切、木造等
　b．仕　上　下　地——モルタル、ボード、合板等
　c．骨　組　下　地——軽量天井、木造等

　　壁の主仕上がビニールクロスであっても、モルタル下地、軽量間仕切プラスタボード下地は、それぞれの下地別に初めから分けて拾っておかなければならない。

5．材種による特則

　積算基準では、材種による特則の項目を定めており、コンクリート材、既製コンクリート材、防水材、石材、タイルれんが材、木材、金属材、左官材、木製建具類、金属製建具類、ガラス材、塗装・吹付材、内外装材、仕上ユニット、カーテンウォール、その他の16項目に分け、それぞれについて述べている。紙面の都合上その全文をかかげるわけにはいかないので、今まで慣例的に行ってきた計測・計算の異なるもの、また特に注意を必要とするものについてのみ列記する。

(1)　コンクリート材

　1)　防水押え各種コンクリートについて計測・計算するときは、その平均厚さと設計寸法に基づく面積又はこれらによる体積を数量とする。

　筆者は以前から防水押えコンクリートは、その容積とせずに平均厚さを示し面積を計上する方が自然と考えていたが、やっとそうした思想が一般に認められてきたことになる。

　2)　防水押えコンクリートの補強メッシュ等について計測・計算の必要あるときは、防水押えコンクリートの面積を数量とする。

(2)　既製コンクリート材

　1)　ALCパネル、押出成形セメント板、PC板、PS板、コンクリートブロック等による間仕切下地は、面積又は設計寸法による枚数を数量とする。

　2)　コンクリートブロック等による間仕切下地の開口補強は設計寸法による開口部のか所数又は長さを数量とする。

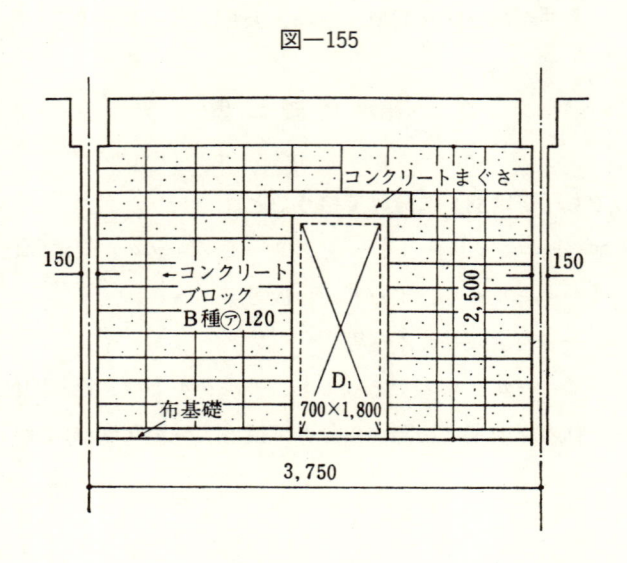

図―155

3) コンクリートブロック等による間仕切下地の控え積みは、間仕切下地の一部とし計測・計算する。
4) 補強鉄筋、充てんコンクリート等は間仕切下地の構成部材とし、原則として計測の対象としない。
5) ALCパネル、PC板等における取合いシーリングについては、他部材との取合い部分は計測・計算するが、パネル間は計測の対象としない。

(3) 防　水　材

1) 防水層等の数量は、原則として躯体又は準躯体の設計寸法による面積とする。
2) 立上り防水層等の数量は、その立上り寸法と設計寸法に基づく長さ又はこれらによる面積とする。
3) 衛生器具、配管等による各部分の防水層等の欠除並びにこれらの周囲の防水等の処理は計測の対象としない。
4) シート防水等の重ね代は計測の対象としない。
5) 建具等の開口部のシーリングについて計測・計算するときは、設計図書の長さ、内法寸法に基づく周長を数量とする。
　また、建具と水切間のシーリングは、原則として計測・計算の対象としない。伸縮目地については設計図書の長さで計測・計算する。

(4) 石　　　材

1) 石材による主仕上の計測・計算に当たっては、第2章第2節2の(1)計測・計算する寸法の定めにかかわらず、その主仕上の表面の寸法を設計寸法とする面積から、建具類等開口部の内法寸法による面積を差し引いた面積を数量とする。ただし、開口部の面積が1か所当たり0.1㎡以下のときは、その主仕上の欠除は原則としてないものとする。
2) 石材による主仕上の数量は、設計寸法による体積又は個数によることができる。
3) 石材による主仕上の取付金物、裏込材及び目地仕上等は、主仕上の構成部材とし、原則として計測の対象としない。必要あるときは設計寸法に基づく面積、長さ又はか所数を数量とする。
4) 石材による幅木、笠木、水切、膳板、開口部抱き、壁等の出隅小口磨き、ボーダー等の数量は、原則として高さ、幅又は糸幅ごとの延べ長さ又はか所数による。
5) 石材の主仕上の欠除部分の処理については第2章第2節2の(2)欠除部分の処理の定めにかかわらず次による。
　① 石材による主仕上の壁部分の梁小口、床又は天井部分の柱小口等でその面積が1か所当たり0.1㎡以下のときは、その部分の主仕上の欠除は原則としてないものとする。
　② 石材による主仕上の衛生器具、電気器具、配管、配線等のための孔明加工による各部分の仕上の欠除は、原則としてないものとする。

③ 石材による主仕上の表面に取付けられる附合物又は目地等による各部分の仕上の欠除は、原則としてないものとする。

図―156より拾ってみよう。

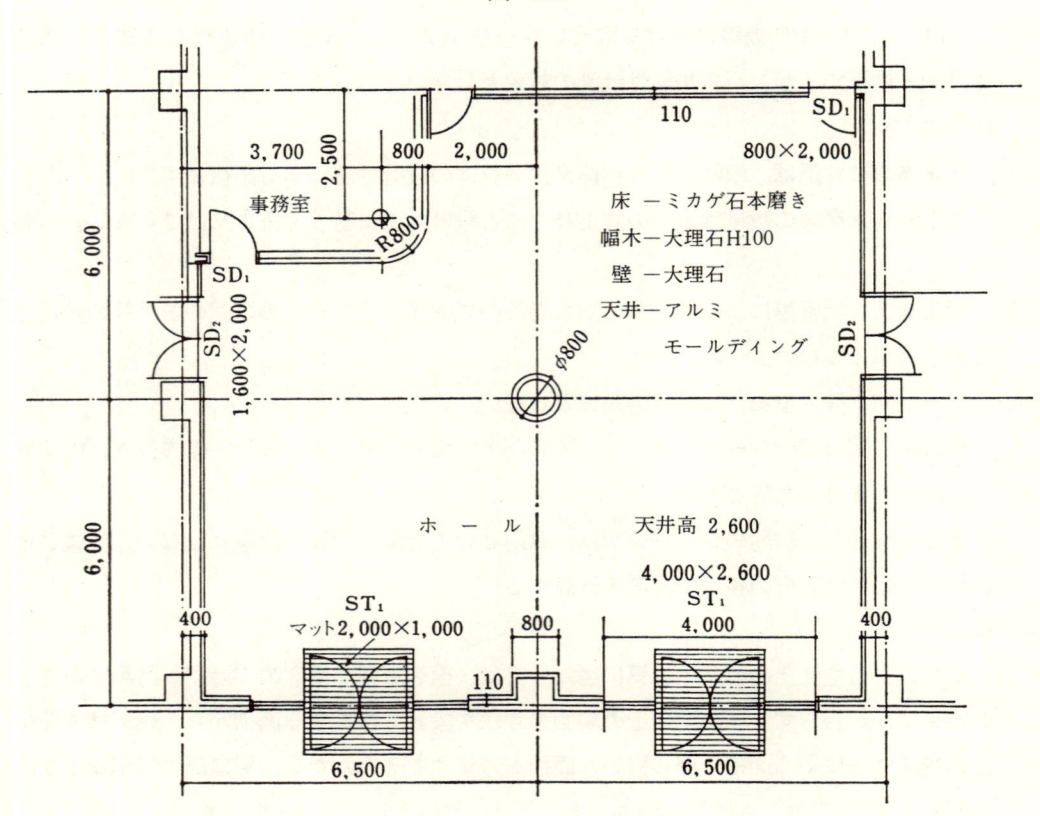

図―156

● 床　ミカゲ石本磨き

$$
\begin{array}{rl}
& 12.20\times 11.78 \quad = 143.72 \\
\text{事務室} & \begin{cases} \blacktriangle\ 4.10\times\ 3.19 & =\blacktriangle 13.08 \\ \blacktriangle\ 0.80\times\ 0.80\times \pi/4 & =\blacktriangle\ 0.50 \\ 0.80\times\ 0.80 & =0.64 \end{cases} \\
\text{独立柱} & \blacktriangle\ 0.40\times\ 0.40\times \pi\ =\blacktriangle\ 0.50 \\
\text{柱　型} & \blacktriangle\ 0.80\times\ 0.58\ =\blacktriangle\ 0.46 \\
\text{マットわく} & \blacktriangle\ 2.00\times\ 1.00\times 2\ =\blacktriangle\ 4.00 \\
\end{array}
$$

125.82m²

● 幅木　大理石　H100

$$
\left.\begin{array}{rl}
(12.20+11.78)\times 2 &= 47.96 \\
\text{柱型抱き}\quad 0.58\times 2 &= 1.16 \\
\text{事務室R}\ \blacktriangle 0.80\times 2 &= \blacktriangle\ 1.60 \\
ST_1\ \blacktriangle 4.00\times 2 &= \blacktriangle\ 8.00 \\
SD_1\ \blacktriangle 0.80\times 3 &= \blacktriangle\ 2.40 \\
SD_2\ \blacktriangle 1.60\times 2 &= \blacktriangle\ 3.20
\end{array}\right\} 33.92\text{m}
$$

● 幅木　大理石　R型　H100

$$
\left.\begin{array}{rl}
\text{事務室R}\quad 1.60\times \pi \times 1/4 &= 1.26 \\
\text{独立柱}\quad 0.80\times \pi &= 2.51
\end{array}\right\} 3.77\text{m}
$$

● 壁　大理石

$$
\left.\begin{array}{r}
\left.\begin{array}{r}
47.96 \\
\text{R部分}\ \blacktriangle 1.60 \\
\text{柱　型}\ \blacktriangle 0.80 \\
ST_1\ \blacktriangle 8.00
\end{array}\right\} 37.56\times 2.50 = 93.9 \\
SD_1\ \blacktriangle 0.80\times 1.90\times 3 = \blacktriangle\ 4.56 \\
SD_2\ \blacktriangle 1.60\times 1.90\times 2 = \blacktriangle\ 6.08
\end{array}\right\} 83.26\text{m}^2
$$

● 壁　大理石R形

$$1.26\times 2.50 \quad = \rightarrow \quad 3.15\text{m}^2$$

● 柱型大理石

$$(0.80+0.58\times 2)\times 2.5= \rightarrow \quad 4.90\text{m}^2$$

● 柱型大理石R形

$$2.51\times 2.50 \quad = \rightarrow \quad 6.28\text{m}^2$$

● 天井　アルミモールディング

$$
\left.\begin{array}{rl}
\text{床面積} &= 125.82 \\
\text{独立柱}\quad 0.50\leqq 0.50 &= \text{—} \\
\text{柱　型}\quad 0.46<0.50 &= \text{—} \\
\text{マットわく} &= 4.00
\end{array}\right\} 129.82\text{m}^2
$$

● 回縁　ステンレス

$$
\left.\begin{array}{rl}
\text{幅　木}\quad 33.92+3.77 &= 37.69 \\
ST_1\text{他}\quad 8.00+2.40+3.20 &= 13.60
\end{array}\right\} 51.29\text{m}
$$

(5) タイル・れんが材

1)　タイル・れんが材による主仕上の役物類の計測・計算は、原則として設計寸法に基づく長さ又はか所数を数量とする。

2) タイル・れんが材による主仕上の取付金物、モルタル、目地仕上等は、主仕上の構成部材とみなし、原則として計測の対象としない。

タイル工事の扱いについては、「外装」編でも触れたが、内装におけるコーナー、見切部分の面取タイルのような役物類は、慣例によって役物扱いをせずに平面の一部とみなし、役物として計上しないのが一般的になっている。

(6) 木　　材

木工事を中心にした木材の基準については、かなり苦労した模様がうかがえる。**積算基準**の各項目を記し、解説を試みたい。

図—157

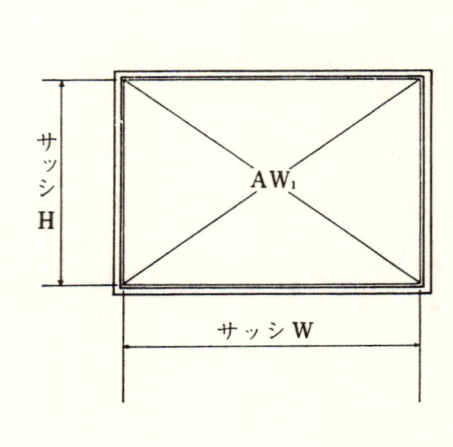

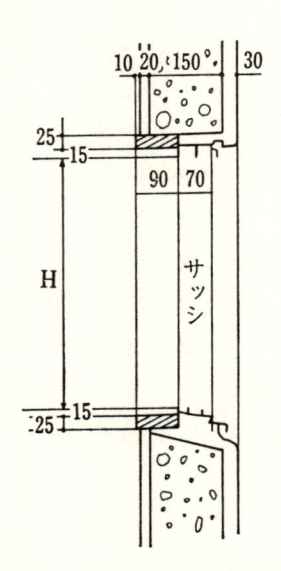

1) 木材による開口部の枠、額縁等の数量は、原則として内法寸法によるか所数又は内法寸法に基づく周長を数量とする。（図—157）

図—157から、か所数で拾う場合は、

　　AW_1　サッシ付額縁　スプルス　見付25　見込90　　　1,800×1,300　1か所

または

　　AW_1　サッシ付額縁　見付25、見込90　　　　　　　　　　　　　　　6.2m
　　　　　　　　　　　　　　　　　　　　　　　　　　　　　　　　　　　↓
　　　　　　　　　　　　　　　　　　　　　　　　　　　　　　　　(1.80+1.30)×2

2) 木材による開口部の枠、額縁等の材料としての所要数量を求める必要があるときは、ひき立て寸法による設計図書の断面積と、内法寸法による長さに両端の接合等のために必要な長さとして10％を加えた長さによる体積に、5％の割増をした体積とする。ひき立て寸法が示されていないときは、設計図書（仕上がり寸法）の断面を囲む最小の長方形の辺の長さに削り代として、片面削りの場合は0.003mを、両面削りの場合は0.005mを加えた寸法をひき立て寸法とする。ここでは、第1編総則(3)の定めにかかわらず、断面の辺の長さ

は小数点以下第3位まで計測・計算するものとし、計算過程における体積については小数点以下第4位とする。

3) 幅木、回縁、ボーダー等の数量は、原則として長さを数量とする。なお、材料としての木材の所要数量を求める必要があるときは、ひき立て寸法による断面積と、またひき立て寸法が示されていないときは仕上がり寸法に前項2)による削り代を加えた断面積と長さによる体積に5％の割増をした体積とする。

4) 銘木類及び積層材は、定尺寸法による本数、枚数又は面積を数量とする。

図—157からAW_1 1か所当たりの所要木材量を上記の基準にしたがって計算すれば、

$$\begin{array}{lllll}\text{ひき立て寸法} & \text{見 付} & 25mm + 5mm = 30 & \to 0.030 \\ & \text{見 込} & 90mm + 5mm = 95 & \to 0.095 \\ \text{所 要 長 さ} & \text{上 下} & 1.80 \times 1.1 = 1.98 \\ & \text{竪} & 1.30 \times 1.1 = 1.43 \end{array}$$

したがって所要数量は

　　　　　　　　　　　　見付　見込　5％増し　　四捨五入
　　　　　　　　　　　　↑　　↑　　↑　　　　　↑
　　(1.98＋1.43)× 2 ×0.030×0.095×1.05＝0.0204088 ⇒ 0.0204㎥

ついでに、間仕切材の105mm角で3mもの1本の所要数量は

$$0.105 \times 0.105 \times 3.000 \times 1.05 = 0.0347287 \Rightarrow 0.0347 \text{m}^3$$

となる。板類の割増率（参考）これは平成12年3月制定時に削除された。

■ 板類の木材による主仕上について、材料としての木材の所要数量を求める必要があるときは、その設計数量に次の割増率を加えたものを標準とする。(旧：基準)

(i) 板　材　　突き付けの場合　　　　　　10％
　　　　　　　実はぎの場合　　　　　　　15％
　　　　　　　相じゃくり、羽重ねの場合　15％
(ii) 各種合板類　　　　　　　　　　　　　15％
(iii) 各種フローリング類　　　　　　　　　10％

(図—158) から壁クロス下地の合板の所要数量を積算基準の方法で求め、合わせて在来方法による1枚拾いとの差をみてみよう。

基準による積算

$$\begin{array}{ll} X \text{ 方 向} & 3.65-(0.18/2+0.12/2) \Rightarrow 3.50 \\ Y \text{ 方 向} & 2.75-(0.18/2+0.10/2) \Rightarrow 2.61 \end{array}$$

欠除部分も含めた全面積　(3.50＋2.61)× 2 ×2.35 ＝ 28.72　⎫
　　　　　AW_1　▲1.70×1.80　　＝ ▲ 3.06　⎬ 22.78
　　　　　D_1　▲1.60×1.80　　＝ ▲ 2.88　⎭
　　　　　　　　　22.78×1.15＝26.20 ……………………㋑

250　Ⅵ．仕上の部―内装編

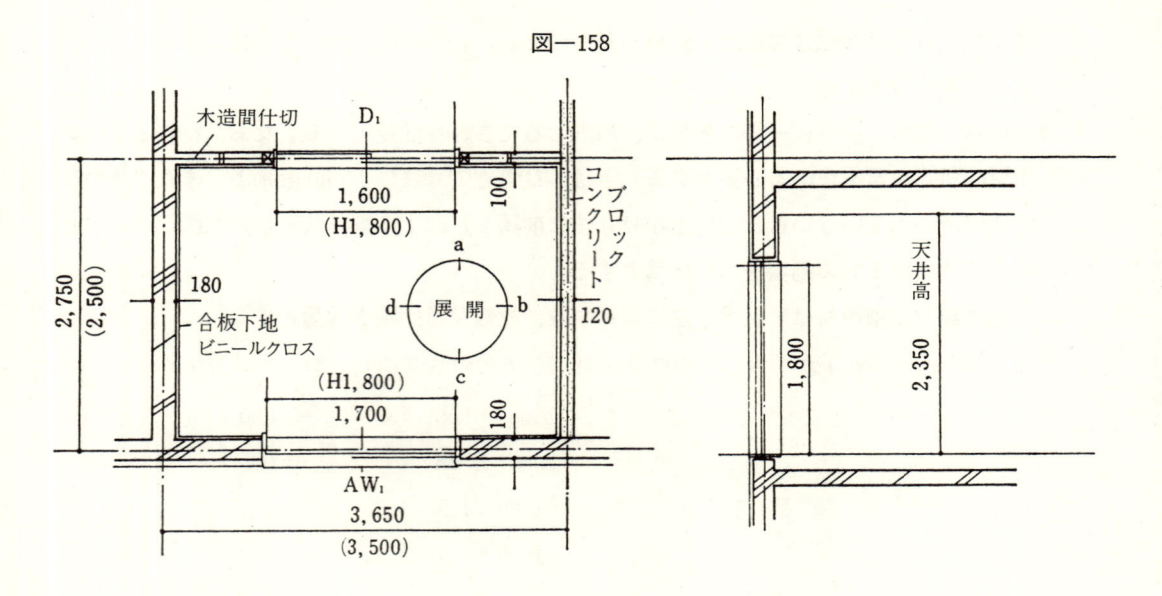

図―158

木造間仕切
D_1
1,600
(H1,800)
100
ブロックコンクリート
2,750
(2,500)
180
合板下地
ビニールクロス
a
d 展開 b
c
120
(H1,800)
1,700
180
AW_1
3,650
(3,500)

天井高
1,800
2,350

図―159

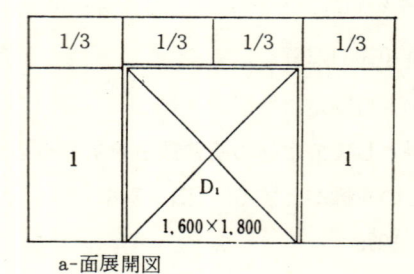

1/3	1/3	1/3	1/3
1	D_1 1,600×1,800		1

a-面展開図

1/3	1/3	1/3
1	1	1

b、d面展開図

図―160

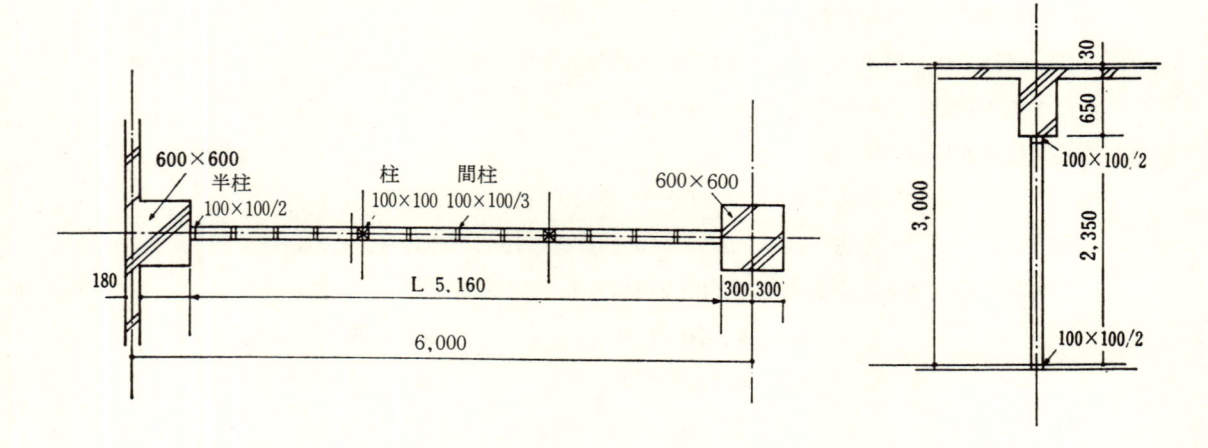

600×600
半柱
100×100/2
柱　間柱
100×100　100×100/3
600×600
180
L 5,160
300 300
6,000

30
650
100×100/2
3,000
2,350
100×100/2

在来の1枚拾い

$$\left.\begin{array}{ll} 床 〜内法間 & 1枚分\times10 = 10 \\ 天井〜内法間 & 1/3 \times 14 = 4\,2/3 \end{array}\right\} 14\,2/3 \text{枚}$$

$$1枚の面積 \quad 0.91\times1.82 = 1.66$$

$$\therefore \quad 14\,2/3 \times 1.66 = 24.35 \cdots\cdots ㊺$$

$$㋑\div㊺ = 1.08 \quad\rightarrow\quad ㋑ ≒ ㊺$$

しかし、図—158の場合は寸法が在来の木造住宅のモジュールに近いため比較的切無駄によるロスが少なく1枚拾いより若干の余裕があったが、いわゆる「公団サイズ」という（　）内に示す寸法であったらどうであろうか。

$$X \text{ 方　向} \quad 3.50-(0.18/2+0.12/2) \quad ⇨3.35$$
$$Y \text{ 方　向} \quad 2.50-(0.18/2+0.10/2) \quad ⇨2.36$$

欠除部分も含む全面積　$(3.35+2.36)\times 2 \times 2.30 = 26.27$

$$\left.\begin{array}{ll} AW_1 & ▲1.70\times1.80 = ▲3.06 \\ D_1 & ▲1.60\times1.80 = ▲2.88 \end{array}\right\} 20.33$$

$$20.33\times1.15 = 23.38 \cdots\cdots ㋑'$$

1枚拾いについては同じであるから

$$㊺\div㋑' = 24.35\div23.38 = 1.04$$

となり、逆に若干不足する。この例題1つがすべてではないが、木工事における材料のロス率については、注意が肝要である。「設計数量」に対しての基準がやっと生まれた今日、個々の細かい点では若干の不備、不満があっても、時代のすう勢としてこれを受け止め、施工者側としてはまだまだ「所要数量」が基となる以上、数量の不足分や、不合理なところは、「単価」で調整して望むようにしたい。ただ筆者の私見としては、「所要数量」で計上する場合は、ロス率を掛けずに在来通りの1本拾い、1枚拾いの方が好ましいのではないかと考えている。

5) 木材による床又は天井の骨組下地について計測・計算するときは、躯体からの「ふところ」寸法により区別し、その主仕上の数量による。

この意味は図—158において、1階の床組が束立式であり、標準階が鉄筋コンクリートスラブの上に転し床方式であった場合、それぞれ下地の床組別に計測・計上し、数量については主仕上の面積によるということであるので、この場合は

$$3.50\times2.61 = 9.14$$

が1階分の設計数量となるわけである。

6) 木材による下地板類について計測・計算するときは、原則としてその主仕上の数量による。壁胴縁等は仕上下地の構成部材とみなし、原則として計測の対象としない。

7) 骨組下地又は下地板類の木材としての所要数量を求める必要があるときは、間仕切下地特則木材の定めによる。

間仕切下地の計測・計算の材種による特則の(1)

2) 木材による間仕切下地について、材料としての所要数量を求める必要があるときは、設計寸法による長さをm単位に切り上げた長さと、設計図書の断面積とによる体積に5％の割増をした体積とする。ただし、長さの短いもの等については切り使いを考慮するものとする。また、第1編総則(3)の定めにかかわらず、断面の辺の長さは小数点以下第3位まで計測するものとし、計算の過程における体積については小数点以下第4位とする。

例題によって解説してみよう。

間仕切の長さは

$$6.00-(0.60-0.12/2+0.60/2) = 5.19 \to 6.00$$

5.19は5mを超えるので6mとすればよい。

高さについては

$$3.00-(0.03+0.65+0.03) = 2.29 \to 3.00$$

したがって所要数量は

土台・頭継	$0.10 \times 0.05 \times 6.00 \times 2$	$=0.0600$
柱	$0.10 \times 0.10 \times 3.00 \times 2$	$=0.0600$
半柱	$0.10 \times 0.05 \times 3.00 \times 2$	$=0.0300$
間柱	$0.10 \times 0.03 \times 3.00 \times 9$	$=0.0810$
		0.2310

$$\therefore\ 0.2310 \times 1.05 = 0.24255 \to 0.2426\,\mathrm{m}^3$$

(7) 金属材

1) **金属材による手摺、タラップ、面格子、改め口、投入口等及びルーフドレイン、たて樋、養生管等の数量は、原則として設計寸法による長さ又はか所数による。**

手摺の寸法についての計測と表示については、積算基準のルールにしたがって長さについては躯体または準躯体間の寸法、高さについては手摺天端から支持している地点までの寸法と考えるのがよかろう。

図—161からこのバルコニーの手摺については次のように表示する。

名　　称	寸　　法	数量	単位	単価	金　額	備　　考
バルコニー手摺	W　　H 5,380×1,000	×	か所	××	×××	手摺—100×50×20×3.2 手摺子　φ13　@120

手摺の笠木が図—162のように木質の集成材であって、笠木受から以降が金属製の場合は、一般的に笠木は「その他工事」へ計上し、笠木受け以降のものは「手摺金物」として金属工事への計上がよいであろう。

階段室の手摺等の計測については、一般的には詳細図があるので、「分一」による計測でよい。

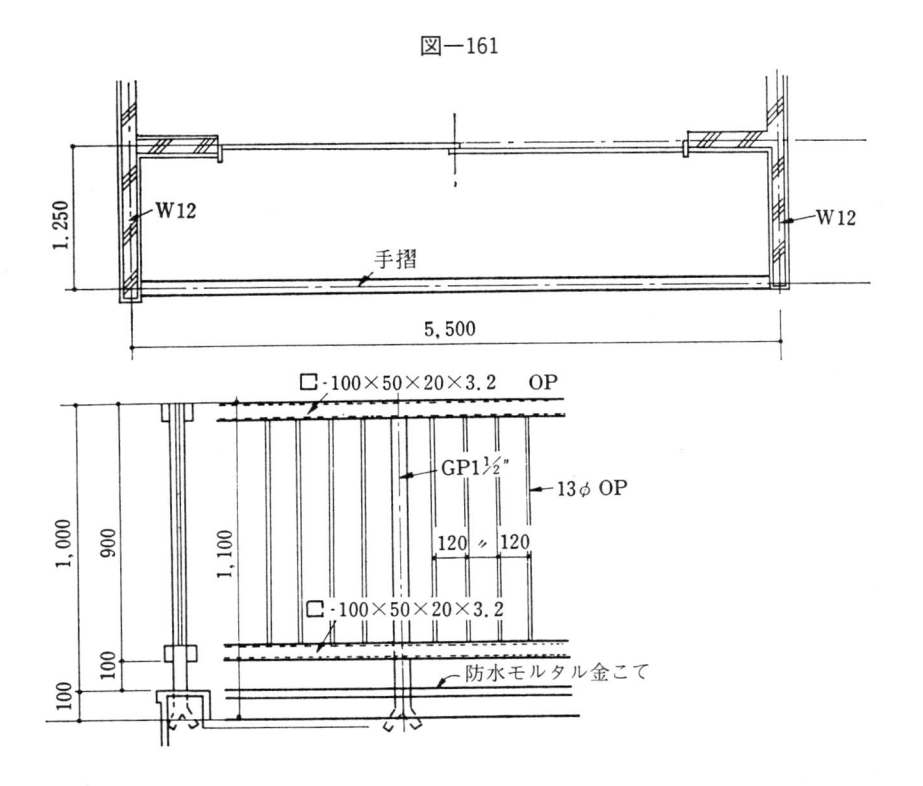

図—161

図—162

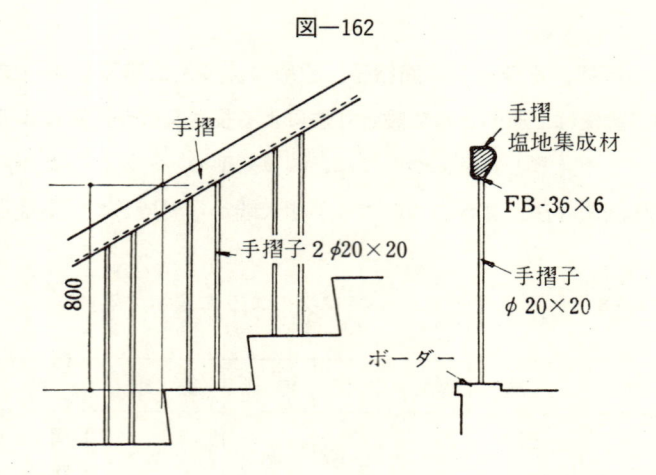

　一般的な集合住宅、学校程度の金属工事については、特に問題はないと思うが、銀行、商業ビルをはじめ特殊建築物に類する建物の金属工事については、特殊なものや高価なものが多いので、それぞれの専門業者の参考見積を取ったり、参考意見を前もってきいておく方が無難である。

　タラップ、面格子等は、幅と高さ仕様等を明記し、寸法・仕様別に分けて拾い出し計上しなければならない。

　ルーフドレインには、アスファルト防水層用、モルタル防水層用があり、型式も垂直に落ちるたて型と横に落ちる横型があり、太さ別に区別して計上する。

- **また、ルーフドレイン、たて樋、養生管など雨水排水金物類等で系統又は組として機能するものは、系統又は組ごとのか所数を数量として計上してもよいと思う。**

　これは一般ビルのような場合、同じような条件でルーフドレインから始まり、呼び樋、飾り桝を通ってたて樋で下に落ち、最下部を養生管でしめくくったようなものは、これらを一系列にまとめてか所数で計上、処理しようというものである。

図—163

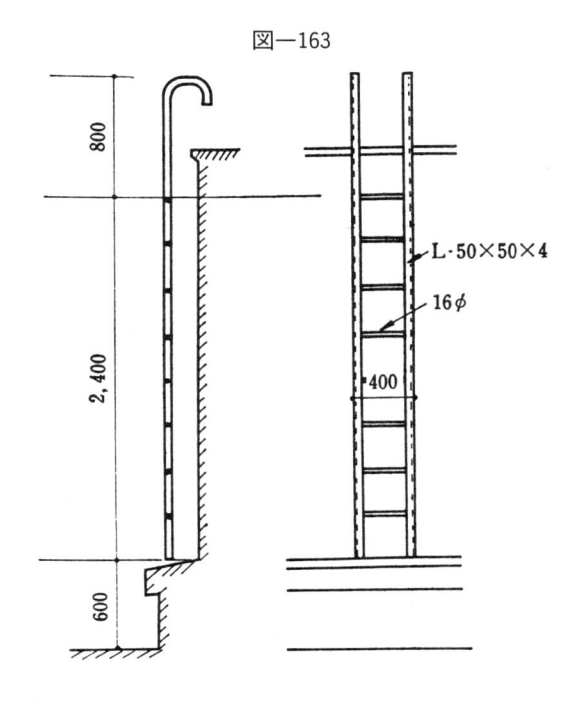

2)　1)に類するもの（在来は金属材により出来ていたもの）で合成樹脂材等によるものについては、原則として材種を明記して、金属材の定めを準用する。

樋関係は最近塩化ビニール系でできているものが多く、材質的には金属ではないが、慣例上金属材で処理している。

3)　金属材合成樹脂等による屋根材については、瓦、スレート材等と同じ考え方なので省略する。

樋の摑み金物、受け金物を別途に拾って計上する場合もあるが、最近は「金物共」という表現で一緒に含んで計上することが多い。

4)　金属材による床又は天井の骨組下地について計測・計算するときは、躯体からの「ふところ」の寸法及び根太、野縁等の仕様により区別し、その主仕上の数量による。なお、天井インサートは天井下地の構成部材として、計測の対象としない。

これは表面の主仕上も、その下地の軽量天井も全く同じものを用いながら、設備等の関係で図—164に示すように天井高の異なる場合の骨組下地について述べたものである。即ち下り天井と一般部分の天井とはそのふところの寸法に差があり、吊金物の長さが異なり、場合によれば補強材も加味される。当然工事費も異なってくるので分けて計上することになり、その骨組下地材の数量は表面の主仕上の数量に基づいて計上することを述べたものである。

図—164

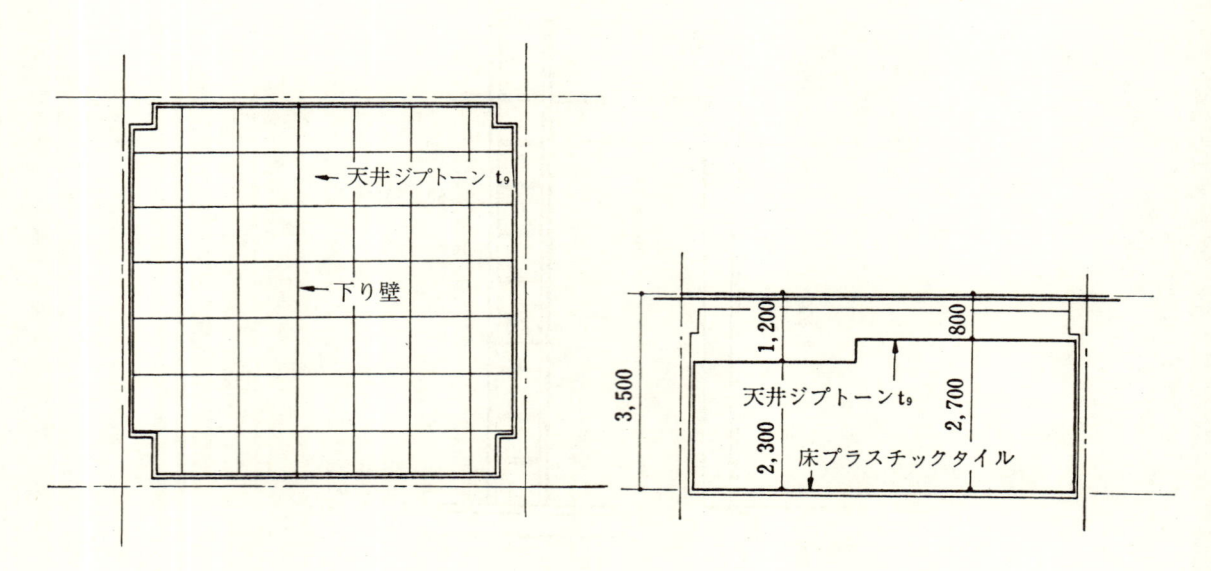

5) 金属材による骨組下地の開口部等のための補強は、設計寸法による開口部のか所数又は長さを数量とする。

これは天井の埋込照明器具や、空調の設備器具取付のための捨枠による開口部の補強などのことを述べたものである。

6) メタルラス、ワイヤラス等の金属材による下地材及び壁胴縁について計測・計算するときは、原則としてその主仕上の数量による。

つまり軽量間仕切の胴縁は、主仕上の仕様、種類により異なるので、胴縁を含まない軽量間仕切までを「準躯体」とし、主仕上との間にある胴縁及び下地類、例えば捨張りの石膏ボード等は主仕上の数量を用うることになる。

(8) 左 官 材

1) 左官材による笠木、水切、幅木、ボーダー、側溝等の数量は、原則として設計寸法による高さ、幅又は糸幅ごとの延べ長さによる。

糸幅（糸尺ともいう）の取り方で若干戸惑うものに、その起点をどこにするかの問題がある。例えば図—165で笠木の糸尺を考える場合、左官の定規によるチリも含めるのか、あるいは含めないのか。また目地分かれの場合の幅木の高さの起点をどこに取るのかと言った、考えようによってはどうでもよいようなことも、その都度迷うよりルールを決めておいた方がよい。

図—165

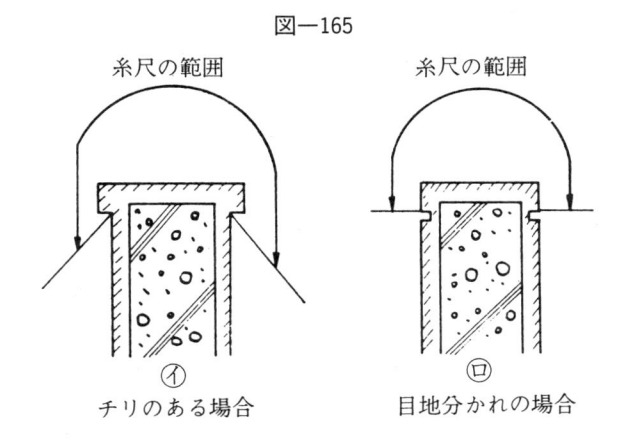

イ チリのある場合　　ロ 目地分かれの場合

糸尺の範囲

下部の立上り壁面より笠木の方が広がっている場合はイ—図のようにキリツケからとり、ロ—図のように仕上の面が揃って目地分かれの時は目地上端からと決めておくとよい。

図—166

イ 出幅木　　ロ 引込み幅木　　ハ 目地分かれ　　ニ 外部腰幅木

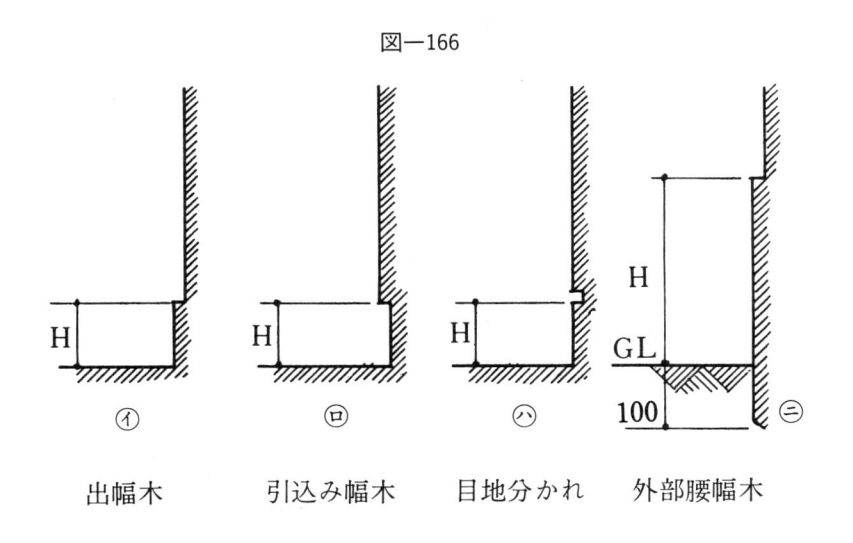

幅木と壁の見切り方として、出幅木、引込み幅木、目地分かれと色々あるが、目地分かれの場合の幅木高さの位置は目地下端と決めておくとよい。

図—166のニ—図のように、外部幅木で地盤へのみこんでいる場合は、その分も当然考慮して算出、表示しなくてはならない。表示方法としては

$$H + H' \to 0.3 + 0.1 \quad \text{またはH300（のみ込み100）}$$

のようにする。

2) 左官材による開口部周囲の見込等の幅が0.05m以下の主仕上で、その開口部等の属する壁等と同一の主仕上によるものは、原則として計測の対象としない。

258　Ⅵ．仕上の部―内装編

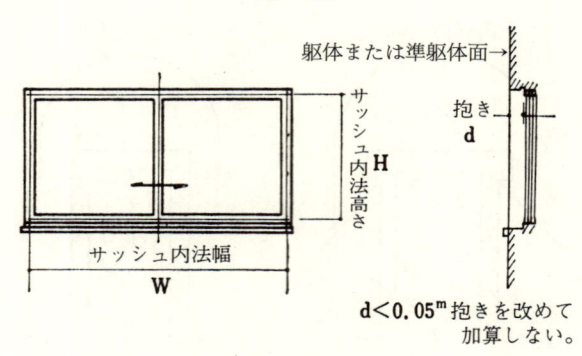

図―167

躯体または準躯体面→

抱き d

サッシュ内法高さ H

サッシュ内法幅 W

$d<0.05^m$ 抱きを改めて加算しない。

これは外壁の仕上面とサッシュの枠までの見込の部分のいわゆる「抱き」についてどう扱うかをルールづけしたものである。それが50mm以下であれば、開口部の控除をサッシュの内法寸法でやっているのだからその分は相殺され、付け加える必要はないとした思想である。

しかし見込が5cm以下でも、例えば人研で仕上げてあるような材質の異なる場合は、当然役物扱いで別途計上することは言うまでもない。

3）　左官材による表面処理は、原則として計測の対象としない。必要があるときは表面処理すべき主仕上の数量による。

これは原則の凸凹ある仕上の項目で述べたように、その凸凹の深さが0.05mm以下のものは凸凹のない仕上とみなしてその主仕上の数量を計測することを示したものである。

4）　モルタル下地等の左官材による下地類について計測・計算するときは、その主仕上の数量による。

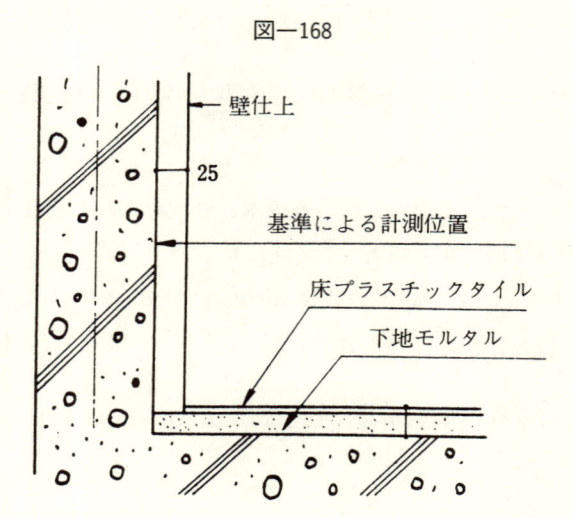

図―168

壁仕上
25
基準による計測位置
床プラスチックタイル
下地モルタル

厳密には主仕上プラスチックタイルの方が壁の仕上代分だけ少なくてよいわけだが、「積算基準」によりいずれも躯体又は準躯体から計測する。

これは、モルタル下地クロス張りの場合のモルタル下地や、タイル張りの下地であるラスこすりのことを指したもので、その数量は当然表面処理のクロス張り、主仕上のタイル張りの面積と同じ数量であるとルールづけしたことになる。と言うのも、厳密に言うなら図-168をみれば明らかなように、主仕上のプラスチックタイルと、その下地であるモルタル下地の数量とは異なるわけだが、「積算基準」での計測のルールが、躯体又は準躯体から計測することになっているため矛盾がないことになっている。

5) 建具等の開口部周囲のモルタル充てん等の計測・計算は、内法寸法に基づく周長を数量とする。

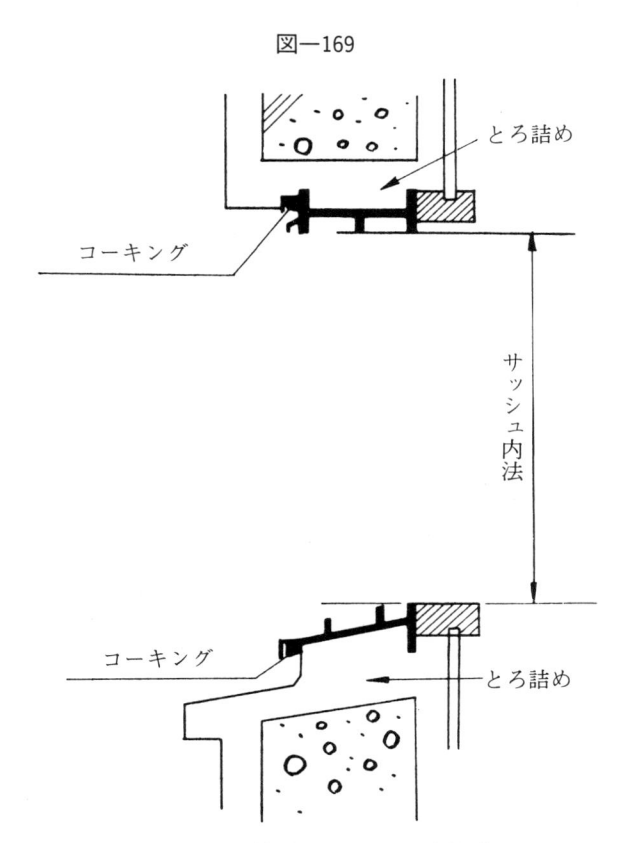

図-169

とろ詰めの伸びはコーキング同様無視する。

これについてはすでに建具のところで述べてあるので参照されたい。つまり実際の長さには伸びがあるはずであるが、ルールとしてサッシの内法寸法をそのまま用いようということである。

(9) 木製建具類〔略〕
(10) 金属製建具類〔略〕
(11) ガラス材

　木製建具、金属製建具、ガラスについては、すでにふれたので重複は避け、積算基準の項目のうち今までにふれてなかった部分のみ計上し若干の解説を加えることにする。

　4) トップライト、ガラスブロック、アートブロック等のガラス材による主仕上の数量は、設計寸法による面積又はか所数による。

　この文面だけでいくと、ガラスブロック等を支えている金属性の枠を落としそうである。枠については仕様を摘要に明記し、その費用はガラス材の数量をもとに単価で調整して計上することになろう。

　5) 鏡等ガラス加工品の数量は、設計図書の形状、寸法による枚数又はか所数による。
　6) ガラス類の清掃、養生等は、原則として計測の対象としない。必要があるときは、ガラスの数量による。
　7) シーリング、ガスケット等の計測・計算は、ガラスの設計寸法に基づく周長を数量とする。

(12) 塗装・吹付材

　1) 塗装・吹付材による表面処理の数量は、原則として表面処理すべき主仕上の数量による。
　2) 表面に凹凸がある場合等複雑な主仕上又は役物類等の塗装・吹付材による表面処理について計測・計算するときは、第2章第2節2の(3)凹凸のある仕上の定めにかかわらず・主仕上の表面の糸幅による面積又は糸幅ごとの延べ長さを数量とする。

　　建具類又は鉄骨等の塗装材による表面処理について計測・計算するときは、適切な統計値によることができる。

　この統計値については今日まで公表されたデーターは、建具の塗装の倍率ひとつを見ても分かるようにまちまちである。「積算基準」が公表され、それに基づく解説書としての「建築数量積算基準・同解説」―(財)建築コスト管理システム研究所発行―の末尾に、建具に関する塗装の倍率表がかかげられているので参考にされたい。

5．材種による特則　261

表—8　仕上参考表

(1) 鋼製・木製建具塗装係数表（枠も含む、枠幅120mm程度）

姿　図	名　　称	係　数	姿　図	名　　称	係　数
	片開きフラッシュドアー 片引き　　〃	両面 2.9		両開きフラッシュドアー 　　　ガラリ付	両面 3.0
	額入片開きフラッシュドアー 〃片引き　　〃	両面 2.5		額入両開きフラッシュドアー 　　　ガラリ付	両面 2.6
	片引きフラッシュドアー 　　ガラリ付	両面 3.3		両開きガラスドアー	両面 1.5
	額入片開きフラッシュドアー 　　ガラリ付	両面 2.9		親子開きフラッシュドアー	両面 2.7
	片開きガラスドアー	両面 1.8		額入親子開きフラッシュドアー	両面 2.4
	両開きフラッシュドアー 引違い　　〃	両面 2.6		親子開きフラッシュドアー 　　　ガラリ付	両面 3.0
	額入両開きフラッシュドアー 〃引違い　　〃	両面 2.2		額入親子開きフラッシュドアー 　　　ガラリ付	両面 2.8

姿 図	名　　称	係　数	姿 図	名　　称	係　数
	片開きガラリドアー 片引き　　〃	両面 4.9		引　違　い　窓	両面 1.5
	片開きアングルドアー 片引き　　〃	両面 3.2		2 段 引 違 い 窓 引違い窓ランマ付	両面 2.1
	両開きガラリドアー 引違い　　〃	両面 4.6			
	両開きアングルドアー 引違い　　〃	両面 2.9		シャッター	両面 3.7
	嵌　殺　し　窓	両面 1.0		玄関プレスドアー	両面 3.0
	内　倒　し　窓 上　り　出　し　窓	両面 1.7			
	ガ　ラ　リ	両面 4.2			

5．材種による特則　263

(2) 各種プレート塗装係数表

キーストンプレート		デッキプレート		デッキプレート	
型式及び断面図	係数	型式及び断面図	係数	型式及び断面図	係数
1〜2型（KP—1.2） （40,50,25,40,5）	1.5 片面	V40型 （132,18,40,15,1.5）	1.5 片面	W型 （60,90,120,52,19）	2.4 片面
3型（KP—3） （40,38,15,25,6.5）	1.25 片面	V50型 （146,58.6,50,38.6,10）	1.4 片面		
4型（KP—4） （25,46,13,33,6.5）	1.2 片面	V50A型 （94.7,100,50,80,10）	1.4 片面		

		デッキプレート		折版	
		型式及び断面図	係数	型式及び断面図	係数
		V60型 （100,100,60,80,10）	1.5 片面	折板 S—60 （300,50,50,172,50）	1.7 片面
		UA型，UA—N型 （112,88,75,58,15）	1.6 片面	折板 M—60 （450,50,50,172,200）	1.4 片面

スラブプレート		デッキプレート		折版	
型式及び断面図	係数	型式及び断面図	係数	型式及び断面図	係数
SPL （155,95,100,95,30）	1.6 片面	UKA型，UKA—N型 （112,118,75,88,15）	1.5 片面	ルーフデッキ （600,200,200,200,87,35,35,35）	1.4 片面

⒀ 内外装材

1) 瓦、スレート等による屋根の主仕上の計測・計算に当たっては、第2章第2節の仕上の計測・計算の定めは適用せず、原則として軒先等までの設計寸法による面積から・天窓等の内法寸法による開口部の面積を差し引いた葺上げ面積を数量とする。ただし、開口部の面積が1か所当たり0.5㎡以下のときは、その主仕上の欠除はないものとする。

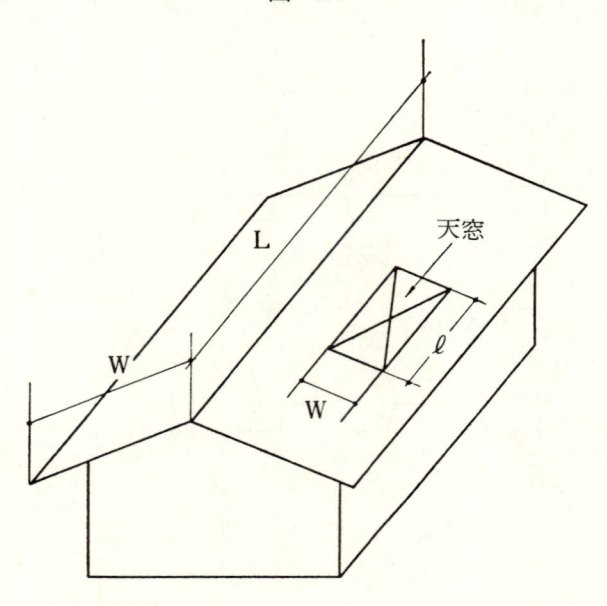

図—170

図—170より

$$屋根面積 = 2 \times L \times W \times - l \times w$$

ただし $l \times w \leq 0.5㎡$ の場合は控除しない。

屋根面積を求める場合、一般には次のように説明している。
例えば、屋根勾配を4寸、即ち4/10とすると、水平長さの
W′に対する伸びを含めた実長Wは

$$x = \sqrt{10^2 + 4^2} = \sqrt{116} = 10.77$$

$$10.77 \div 10 = 1.077 \to 伸び率となる。$$

今、軒の出を0.9m、梁間方向の半分の長さを3.6m、桁方向の長さを10mとすれば

$$\therefore W = W' \times 1.077 = (0.9 + 3.6) \times 1.077 \to 4.85m$$

$$屋根面積 \quad A = 2 \times W \times L$$
$$= 2 \times 4.85 \times 10.00 = 97.00㎡$$

となり、切妻のような簡単な形式のものは問題ないが、もし図—172のような寄棟の場合はどうであろうか。

図—171

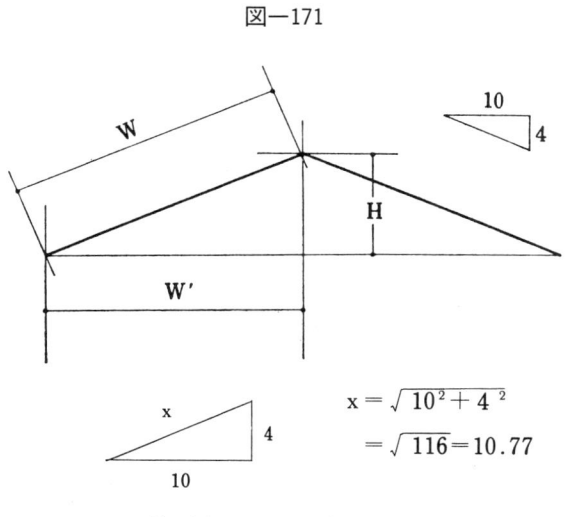

$$x = \sqrt{10^2 + 4^2}$$
$$= \sqrt{116} = 10.77$$

伸び率は　$10.77 \div 10 = 1.077$

図—172

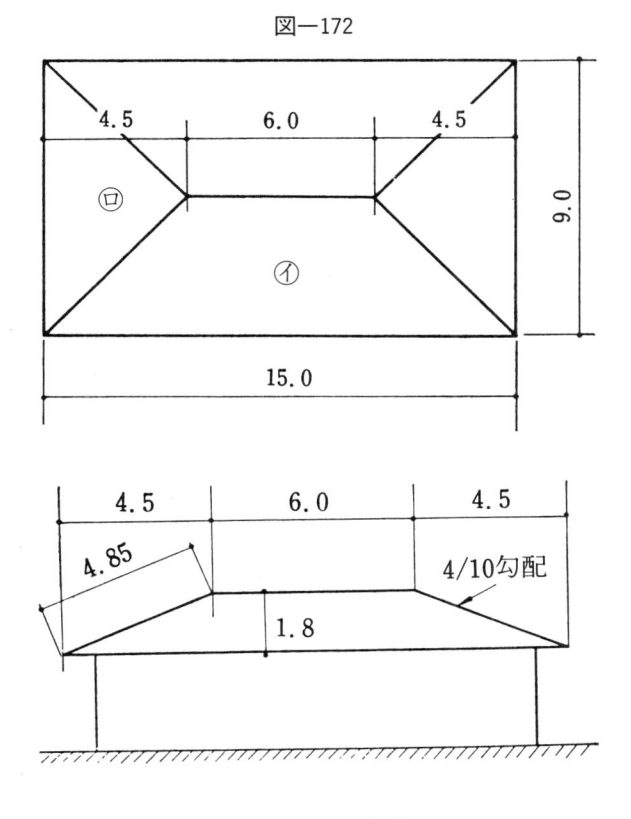

$4.5 \times 1.077 \to 4.85$

さき程の手法で求めるならば、2つの二等辺三角形と2つの梯形をそれぞれ求めることになろう。

$$イの面積　(6.0+15.0)×1/2×4.85× 2 = 101.85$$
$$ロの面積　9.0× 4.85×1/2　×2 = 43.65$$
$$Σ　145.5$$

図―173

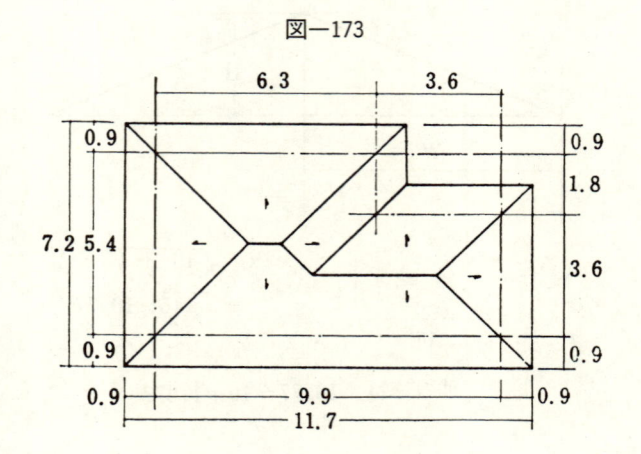

寄棟ぐらいまでは何とかおつき合いできそうであるが（図―173）になってくると、ちょっと考え込んでしまうであろう。落着いて時間さえかけてやればできるはずであるが、それにしても正直面倒くさい。複雑な形をバラバラにし、一つひとつ求めていたのでは手間がかかるばかりである。しかし屋根面積の算出もちょっとした「頭の整理」でいとも簡単に片付くのである。

屋根面積の求め方は、その屋根が占める水平面積に、勾配係数による伸び率を掛けるだけでよい。ただし屋根勾配はいずれの方向も同じであることを原則とする。即ち、

屋根面積＝水平実面積×勾配による伸び率

図―173の屋根面積を求めてみよう。

$$(9.9+0.9×2)　(5.4+0.9×2)$$
$$11.7 × 7.2 = 84.24$$
$$▲ 3.6 × 1.8 = ▲6.48$$
$$77.76 →水平面積$$

4寸勾配の伸び率
$$∴ 屋根面積＝77.76×1.077＝83.75$$

でよいことになる。

では試しに、前述の図―163の切妻屋根の面積をこの手法で求めてみよう。

屋根水平半面積＝15.0×9.0＝135.0

∴　135.0×1.077＝145.4m²

これが前述の方法では合計145.5m²となり若干の差が出ているのは、勾配係数をそれぞれに乗じたことによる小数点以下の扱いによる影響である。

こうしたことからも、小数点以下を含んだ共通の係数のようなものは、まとめてあとで掛ける方法が好ましいという筆者の主張がお分かり頂けたであろう。

この方法でいくと、屋根の形が単純な切妻も、複雑な入母屋も、水平面積さえ同じ面積なら全く同じ数量となる。疑問を持つ人もいるであろうから（図―174）の図形をもとにして証明することにしよう。

この論法でいけば、図―174における㋑―図の切妻も、㋺―図の寄棟も形は異なっていても屋根面積は全く同じということになる。果して同じでよいのかどうか不安もあろうが結論を先に言えば全く同じ結果となる。

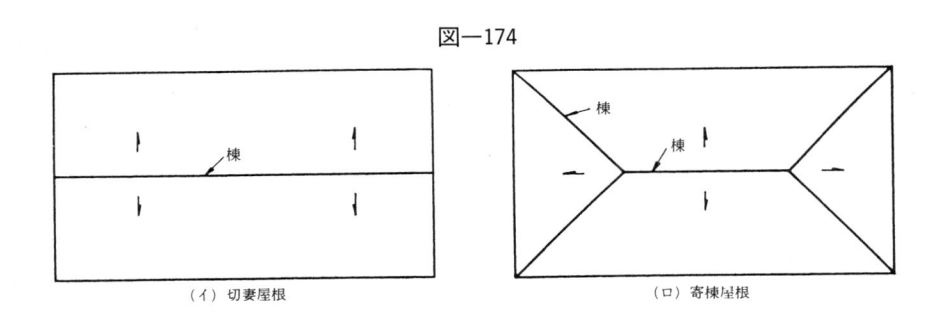

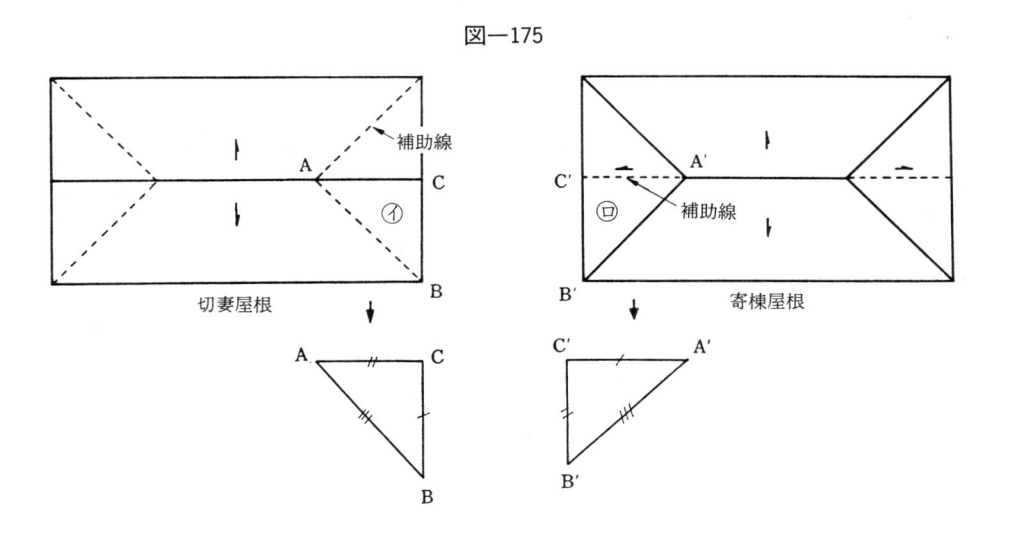

図―174

（イ）切妻屋根　　　　　　　　　（ロ）寄棟屋根

図―175

切妻屋根　　　　　　　　　　　寄棟屋根

図―174の図形に補助線を加えた図―175の図形の上で証明してみよう。△ＡＢＣと△Ａ′Ｂ′Ｃ′において、切妻屋根㋑―図の$\overline{BC}$は、勾配による伸びがあり、これは寄棟屋根㋺―図の$\overline{A'C'}$の長さに相当する。即ち

$$\overline{BC} = \overline{A'C'}$$

次に、切妻屋根の棟の$\overline{AC}$は水平であるので勾配による伸びはなく、これは寄棟屋根における水平の鼻かくし$\overline{B'C'}$の長さに等しいはずである。即ち

$$\overline{AC} = \overline{B'C'}$$

残りの$\overline{AB}$と$\overline{A'B'}$については、屋根勾配が同じである限り、全く同じ位置にあり長さも同じであるから全く同じであり

$$\overline{AB} = \overline{A'B'}$$

となる。したがって△ＡＢＣと△Ａ′Ｂ′Ｃ′は三辺が全く同じ長さの三角形であるから相似形であると同時に面積も同じはずである。つまり、

$$\triangle ABC = \triangle A'B'C'$$

残りの台形については言うまでもなく全く同じである。したがって**水平面積と屋根勾配が同じである屋根面積は等しい**と定義してよいことになる。

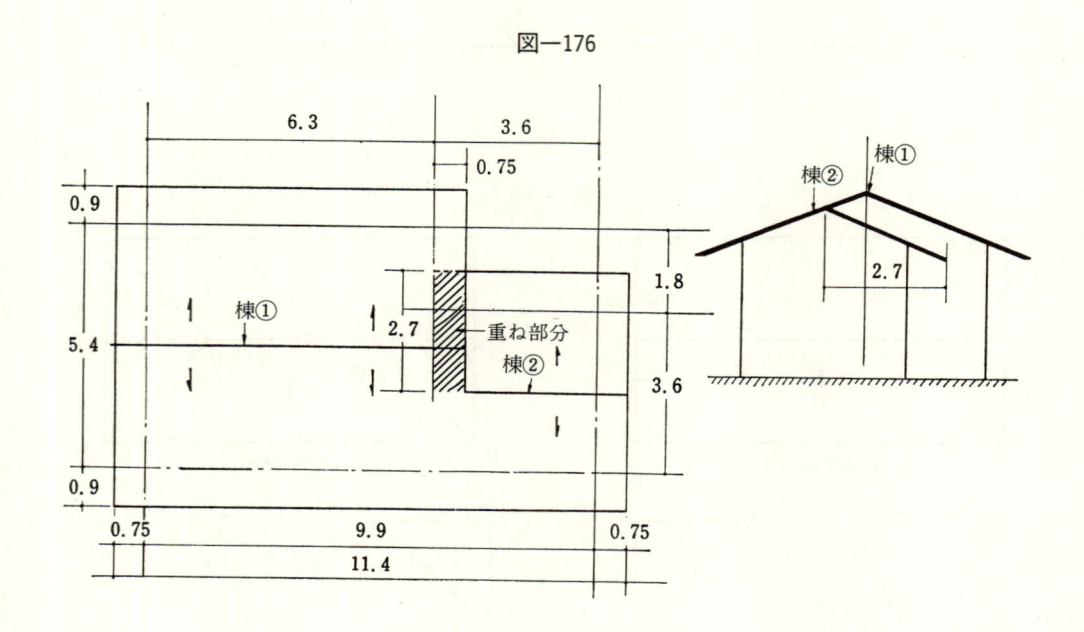

図―176

念のために図―172をこの簡単な手法で求めてみよう。

$$屋根面積 = 15.0 \times 9.0 \times 1.077 = 145.4$$

となり、さきに求めた手法に比べまことに簡略化されてしまう。

理屈がわかれば事はすこぶる簡単となる。図―176に示す屋根の形は、多少入り組んでいて一見やっかいと思われそうだが、これも一寸した点に注意を払えば、今までの応用にすぎない。

図―176で気を付ける点はハッチをほどこした二重屋根になった部分の処理だけである。この場合は、重ね部分を拾い落とさなければよいだけの話で、勾配が同じであれば別にどうということもない。即ち

$$
\begin{array}{rl}
\overset{9.9+0.75\times 2}{\uparrow}\quad \overset{5.4+0.9\times 2}{\uparrow}\\
11.4 \quad \times \quad 7.2 \quad = \quad 82.08 \\
\text{重ね部分}\quad 0.75 \quad \times \quad 2.7 \quad = \quad 2.03 \\
\blacktriangle \quad 3.6 \quad \times \quad 1.8 \quad = \blacktriangle \quad 6.48
\end{array} \Biggr\} 77.63
$$

$$\therefore\ 77.63 \times 1.077 = 83.61\,\mathrm{m}^2$$

となる。

面積は同じであっても、切妻屋根と寄棟屋根では役物（棟瓦、けらば等）の長さは異なり、当然工事費も同じではない。今日一般的にはそれを単価で差をつけて調整しており、役物をそれぞれ計上しないのが慣例となっている。しかし役物を別途計上するような場合は、当然それぞれについてその長さなり個数を求めなければならない。

さきの図―174における切妻屋根については問題ないので、寄棟屋根における棟瓦の長さを求めてみよう。

隅木の実長は、平面的には45度に振れている上に勾配による伸び率が加わり、一般の屋根の分とは違ってくる。あれこれ考えているより、昨今はルート付の簡便な電卓があるので、億劫がらずに求めてみよう。

まず棟の位置の高さ$\overline{\mathrm{AA'}}$の長さを求める。屋根勾配が4/10であるから

$$4.5 \times 0.4 = 1.8$$

となる。次に底辺の$\overline{\mathrm{A'C}}$の長さを求める。

$$4.5 \times \sqrt{2} = 4.5 \times 1.414 = 6.36$$

$$\therefore\ \mathrm{A'C} = \sqrt{(\mathrm{AA'})^2 + (\mathrm{AC})^2}$$

$$= \sqrt{(6.36)^2 + (1.8)^2} = 6.61$$

故に棟の総長さは

$$6.0 + 6.61 \times 4 = 6.0 + 26.44 \to 32.44\,\mathrm{m}$$

図—177

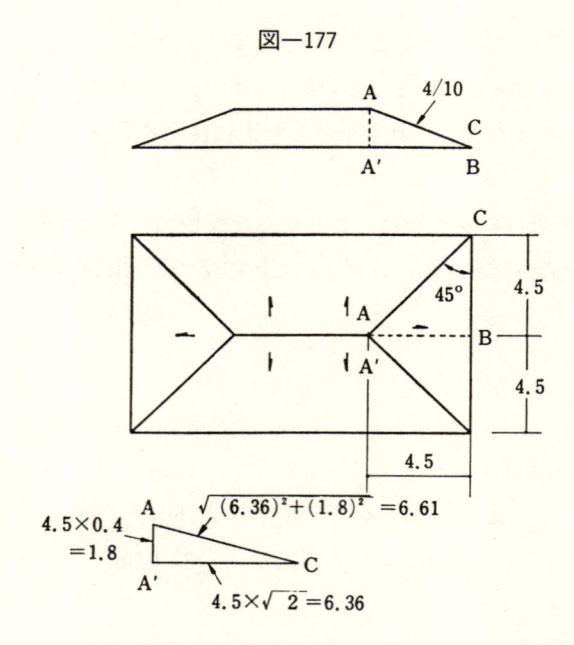

今、図—178からスレートによる屋根材の面積とその役物類について計測・計算してみよう。

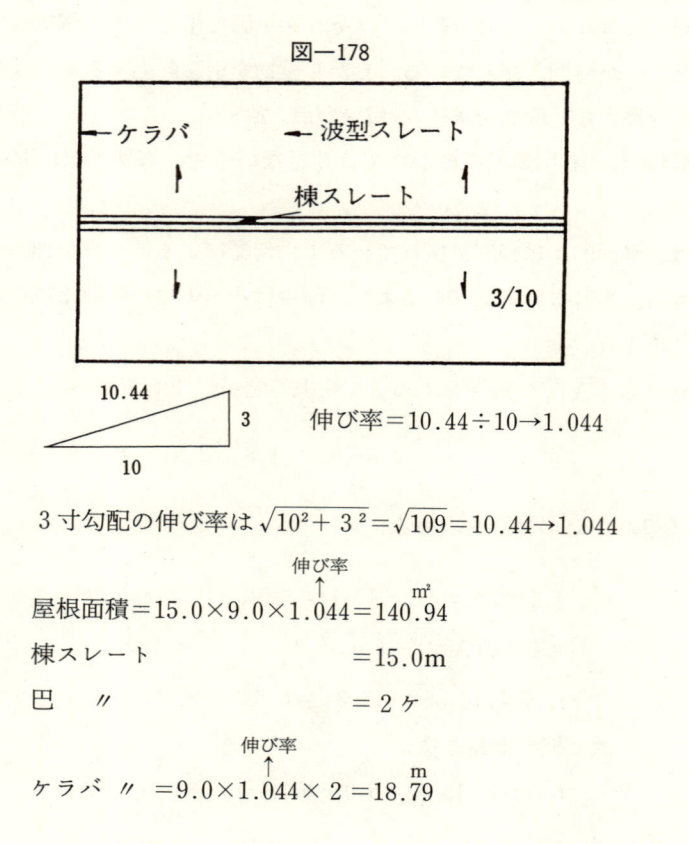

図—178

伸び率＝10.44÷10→1.044

3寸勾配の伸び率は $\sqrt{10^2+3^2}=\sqrt{109}=10.44→1.044$

屋根面積＝15.0×9.0×1.044＝140.94 ㎡ (伸び率)

棟スレート ＝15.0m

巴 〃 ＝2ヶ

ケラバ 〃 ＝9.0×1.044×2＝18.79 m (伸び率)

ということになる。

2) 布張り、紙張り等の重ね代は計測の対象としない。

3) ボード類等は、ジョイント工法（継目処理工法）、目透し工法、突付け工法等の工法ごとに区別して計測・計算する。また、ボード類の目地は主仕上の構成部材とし、原則として計測の対象としない。必要があるときは設計寸法に基づく長さ又はか所数を数量とする。

4) カーテン、ブラインド等の数量は、建具類等開口部の内法寸法ごとのか所数による。なお、必要があるときは面積とする。

これにより、ブラインド等の表示の方法は、その建具の寸法により計上していけばよいことになり、ブラインドの幅の寸法や高さにおけるのみ込みの押えで頭を痛める必要もなくなったことになる。

5) ビニール床シート、カーペット等の数量は、設計寸法による面積とする。なお、畳については枚数とする。

たたみは枚数で計上し、半帖分は半帖分で項目を別にして計上する。半帖分2枚で1帖分としてしまっては、単価的にもあわなくなるので注意しよう。

⑭ 仕上ユニット

1) 仕上ユニット等は、材種、規格等により区別し、設計寸法による面積又はか所数を数量とする。

2) 仕上ユニットとしての浴室、便所等は、設計図書による性能、形状等ごとに、組数又はか所数を数量とする。

したがって、仕上ユニットとしての浴室、便所などは、設計図書により性能、形状などごとに、組数又は個数を数量とすればよいことになる。

3) 家具、スクリーン等は、設計寸法による組数又はか所数を数量とする。

家具や備品の大きさを示す寸法の表示方法として、例えば図—179の流し台の場合、幅、奥行、高さのそれぞれの寸法の表示をどうするか？ 大勢に影響のない一見くだらない議論に思えるかも知れないが、筆者の経験からこれが意外と気になるのである。

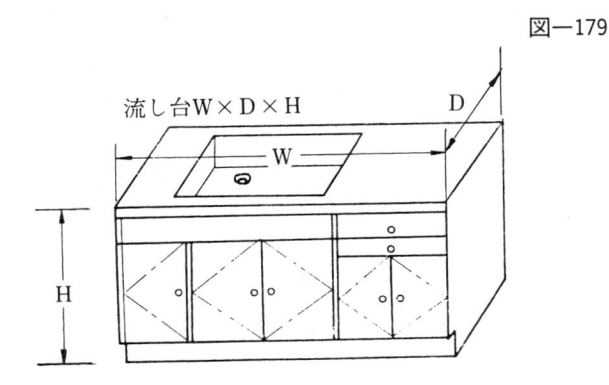

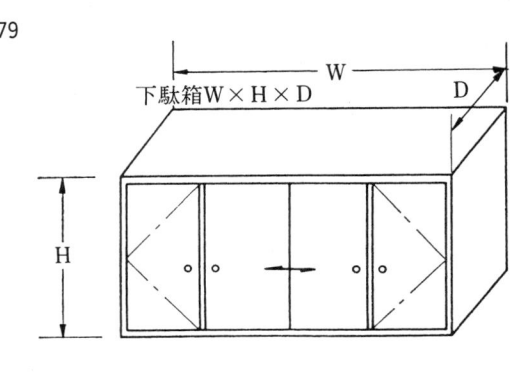

図—179

表示の順序としても6通りできてしまう。

1,200× 550× 800	⇨	W × D × H
1,200× 800× 550	⇨	W × H × D
550×1,200× 800	⇨	D × W × H
550× 800×1,200	⇨	D × H × W
800×1,200× 550	⇨	H × W × D
800× 550×1,200	⇨	H × D × W

筆者はこれを自分なりに次のようにルールづけした。
① 主として使用する面を優先する。
② X×Yの順にする。

つまり、流し台を例にとれば、流し台は上面が主となる。もち論見付面に収納の部分もあるがこれは空間の有効利用であって、主体はあくまで上面である。したがって流し台は次のようになる。

　　　主目的の寸法は
　① 上端面1,200と550
　② X×Yで1,200×550の順とする
　③ 残りの高さが最後にきて1,200×550×800

の順となるわけである。

こうルールづけすれば下駄箱はどうなるか？　これは流し台とは逆に見付面が主体であるので

$$\underset{1,200}{W} \times \underset{800}{H} \times \underset{450}{D}$$

としている。

したがってカウンター、調理台、ガス台、机などは流し台方式であり、洋服ダンス、本箱、つり戸棚などは下駄箱方式で寸法の順位を決めればよいことになる。

今までに何度も述べたように、どっちでもよいことがらだと言ってその日の気分でだらしなくやることは絶対さけるべきであろう。

4) **造付の家具、カウンター、浴槽、シンク等は、表面処理、主仕上、附合物、仕上下地を複合して仕上ユニットとし、組数又はか所数を数量とする。**

現場で実際に工事を進める場合は別として、造付の家具こそ「積算基準」の精神を生かして、一体となったユニットと考えるべきである。下駄箱1つを木工事、建具工事、塗装工事等にバラバラに分解して計上する手間は大変なものである。

⒂　カーテンウォール

1) **コンクリート材、金属材等による外壁のカーテンウォールは、仕上ユニットとし、その**

数量は原則として設計図書に記載された形状、寸法による面積又はユニットのか所数による。

2) カーテンウォールの建具類又はガラスについて計測・計算する必要があるときは、それぞれ⑽金属製建具類又は、⑾ガラス材の定めによる。

3) 方立、力骨、耐火パネル、シーリング、錆止処理等は、仕上の構成部材とし、原則として計測の対象としない。必要があるときは設計寸法に基づく長さ又は面積を数量とする。

　カーテンウォールは主たる材種により適宜に工種を決めるより仕方がない。それの大半が金属製建具類に入る場合は金属製建具の仲間に入れ、ガラスその他はそれぞれの工種に入れればよい。また、主たる材種がコンクリート系であれば、カーテンウォール工事として費目を別に設けて処理するのも一方法である。

⒃　そ　の　他

- 防音、防湿、防熱等特殊な材料による仕上又は仕上下地の計測・計算については、原則として近似する材種の特則を準用し、適当な名称を付けて区別する。ただし、その材料について仕様等において計測上特別の定めがあるときは、その定めによる。

　ケース・バイ・ケースであり今までの応用である。例えばコンクリート床板に打込みの断熱材の計測については、躯体における型枠スラブの計測方法でよいわけだし、軽量間仕切内に充てんされる防音材であれば、それを包含している準躯体である軽量間仕切の面積の計測方法に準ずればよいわけである。

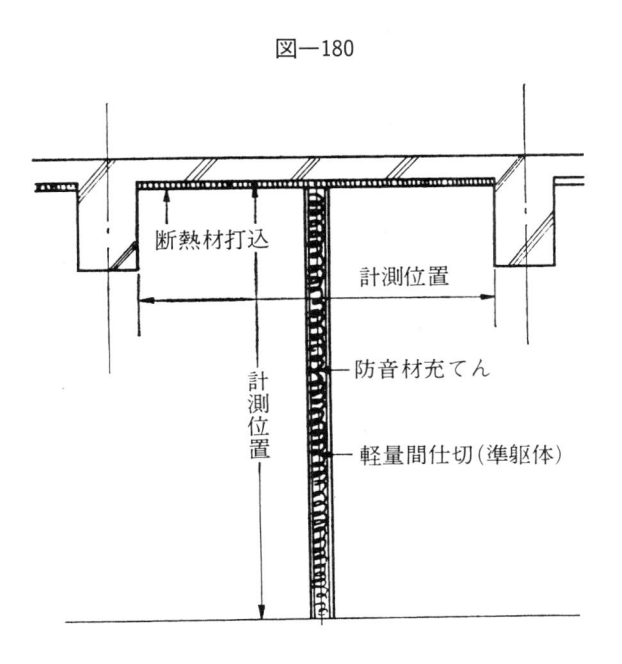

図―180

ただし注意しておきたいことは、工程工種別に計上する場合断熱材のようなものは、折角計測計算されておりながら内訳明細書に計上もれになりがちであることだ。

6. 演　　習

紙面数の都合上その一部を記載した。要領についてはすでに詳細に述べたので計算書のみに留めた。

6. 演 習

1 F 玄関ホール・廊下

床	人研 真鍮目地切		18.53m²
		8.64×3.15 = 27.22	
	階段まわり	▲ 4.75×1.83 = ▲ 8.69 ⇒	
幅木	人研 H100		17.40m
		(8.64＋3.15＋1.83)×2 = 27.24	
	AD_1他	▲ 2.69＋2.64＋0.83＋0.75×3 = ▲ 8.41	
	階段上り口	= ▲ 1.43 ⇒	
壁	モルタル金こて VP		43.73m²
		27.24×2.7 = 73.55	
	AD_1他	▲(2.69＋2.64＋1.43)×2.7 = ▲18.25	
	SD_2	▲ 0.83×1.8 ×1 = ▲ 1.49	
	WD_3	▲ 0.75×2.0 ×3 = ▲ 4.50	
	階段部分	▲ 2.08×(2.7＋1.18)/2 = ▲ 4.04	
	階段部分	0.26×1.52/2 = 0.20	
	幅木	▲17.4 ×0.1 = ▲ 1.74 ⇒	
天井	フレキシブルボード	VPスチップル	18.53m²
		床に同じ	

湯沸室

床	モザイクタイル 24角		2.20m²
		1.27×1.73	
腰	〃 〃		4.28m²
		(1.27＋1.73)×2 4.50	
	$WD_{3,4}$	▲ 0.75×2 ×0.95 ⇒	
壁	プラスター		6.22m²
		6.0×(2.2－0.95) = 7.50	
	$WD_{3,4}$	▲ 0.75×0.85×2 = ▲ 1.28 ⇒	
天井	フレキシブルボードVP		2.20m²
		床に同じ	

VI．仕上の部—内装編

倉 庫				
床	モルタル金こて	3.1×1.73	[三角形図: 189.47, 260, 3.84, 2.26, 3.10]	5.36㎡
幅木	モルタル金こて H100	$(3.1+1.75) \times 2 - 0.75$		8.95m
壁	モルタル刷毛引	※ $3.1 \times 2.26 \times 1/2 \times 2 = 7.01$ $1.73 \times 2.26 = 3.91$ WD₄ ▲$0.75 \times (1.8-0.1) = ▲1.28$ ⇒		9.64㎡
天井	モルタル刷毛引	3.84×1.73		6.64㎡
便 所				
床	モザイクタイル 24角	$2.9 \times 3.15 = 9.14$ パイプシャフト ▲$1.65 \times 0.38 = ▲0.63$ ⇒		8.51㎡
腰	施釉色タイル 108角	$(2.9+3.15) \times 2$ ┐ 11.35 WD₃ ▲0.75 ┘ ×1.2 ⇒		13.62㎡
壁	プラスター	$(2.9+3.15) \times 2 \times 2.4 = 29.04$ WD₃ ▲$0.75 \times 1.8 \times 1 = ▲1.35$ SW₅ ▲$1.2 \times 0.6 \times 1 = ▲0.72$ 腰タイル $= ▲13.62$ ⇒		13.35㎡
天井	プラスターボード目透し	VP 床に同じ		8.51㎡

	応接室			
	床	アスタイル(暗)		12.23㎡
			3.63×3.37	
	幅木	ソフト幅木 H100		10.88m
			(3.63+3.37)×2 ＝ 14.00	
		WD₁	▲ 3.12 ⇒	
	壁	モルタル金こて ＶＰ		22.87㎡
			10.88×2.5 ＝ 27.20	
		SW₃	▲1.8 ×0.9 ×2 ＝▲ 3.24	
		幅木	▲10.88×0.1 ＝▲ 1.09 ⇒	
	天井	吸音テックス		12.23㎡
			床に同じ	
	事務室、客溜			
	床	人研 真鍮目地切		11.37㎡
			5.6 ×2.03	
	〃	アスタイル(暗)		116.44㎡
			18.13×7.04 ＝ 127.64	
		客溜	▲ 5.6 ×2.0 ＝▲ 11.20 ⇒	
	幅木	人研 H100		8.91m
			(5.6 +2.03)×2 ＝ 15.26	
		カウンター	▲2.03×1.68 ＝▲ 3.71	
		WD₉	＝▲ 2.64 ⇒	

VI. 仕上の部―内装編

幅木	ソフト幅木　H100		32.4m
		$(18.13+7.04)\times 2 = 50.34$	
		$0.45\times 2\ \ \times 2.5 = 2.25$	
		$0.42\times 2\ \ +0.5 = 1.34$	
	$WD_{1,9}$	▲$3.12+2.64 =$ ▲5.76	
	$_2$	$=$ ▲0.8	
	人研幅木	$=$ ▲8.91	
	AW_1	$=$ ▲6.06 ⇒	
柱型、壁	モルタル金こて　VP		29.90㎡
		$0.6\ \times 4$	
		0.45×10	
		0.42×2	
		$0.5\ \times 2\quad\bigg\}\ 11.50$	
		$5.4\ -2.64\quad \times(2.7-0.1)$ ⇒	
壁	シナ・ベニヤ底目地　t6　VP		62.58㎡
		$5.4\ \times 3$	
		$5.68\times 2\quad\bigg\}\ 33.71$	
		$6.15\times 1\quad \times(2.7-0.1)= 87.65$	
	WD_1	▲$3.12\times 2.5\times 1 =$ ▲7.80	
	WD_2	▲$0.8\ \times 1.9\ \times 1 =$ ▲1.52	
	SW_1	▲$1.8\ \times 1.75\times 5 =$ ▲15.75 ⇒	
天井	吸音テックス		127.64㎡
		18.13×7.04	

2F 事務室			
床	アスタイル（暗）		115.07㎡
		$14.13 \times 10.35 = 146.25$	
		▲ $3.76 \times 3.35 = $ ▲ 12.60	
		▲ $5.58 \times 3.33 = $ ▲ 18.58 ⇒	
幅木	ソフト幅木　H100		50.86m
		$(14.13+10.35) \times 2 = 48.96$	
	柱型	$0.4 \times 2 \times 3 = 2.40$	
	〃	$0.55 \times 4 = 2.20$	
	〃	$0.37+0.43 = 0.80$	
	SD₁他	▲ $1.2+0.8+0.75 \times 2 = $ ▲ 3.50 ⇒	
柱型	モルタル金こて　VP		19.00㎡
		$(0.55+0.4 \times 2) \times 3$	
		0.55×4　　　　7.6	
		$(0.55+0.37+0.43)$　$\times 2.5$ ⇒	
壁	シナ・ベニヤ底目地　VP		87.44㎡
		2.18×2	
		5.45×2	
		5.4×2　　　　46.78	
		$10.35+3.35+7.02$　$\times 2.5 = 116.95$	
	AW₂	▲ $10.19 \times 1.65 \times 1 = $ ▲ 16.81	
	SW₁	▲ $1.8 \times 1.75 \times 2 = $ ▲ 6.30	
	SD₁	▲ $1.2 \times 1.93 \times 1 = $ ▲ 2.32	
	WD₂	▲ $0.8 \times 1.9 \times 1 = $ ▲ 1.52	
	₃	▲ $0.75 \times 1.7 \times 1 = $ ▲ 1.28	
	₄	▲ 〃 × 〃 × 〃 = ▲ 1.28　▲29.51 ⇒	
天井	吸音テックス		113.85㎡
	床面積	$= 115.07$	
	カーテンボックス	▲ $0.12 \times 10.19 = $ ▲ 1.22 ⇒	

休憩室			
床	アスタイル	1.6×3.25	5.20㎡
幅木	ソフト幅木　H100	$(1.6+3.25)\times2-0.8$	8.90m
壁	モルタル金こて　VP	$1.6\times2.4\ =\ 3.84$ SW₄　▲$1.2\times0.9\ =$▲1.08 ⇒	2.76㎡
〃	シナ・ベニヤ底目地　VP	$(1.6+3.25\times2)\times2.4=\ 19.44$ WD₂　▲$0.8\times(2.0-0.1)\ =$▲1.52 ⇒	17.92㎡
天井	吸音テックス	床に同じ	5.20㎡
書　庫			
床	アスタイル（暗）	1.96×3.25	6.37㎡
幅木	モルタル金こて　H100	$1.96\times\ 2+3.25-1.59$	5.58m
〃	ラワンVP　　　〃	$1.59+3.25-0.75$	4.09m
壁	モルタル金こて　VP	$5.58\times(2.7-0.1)\ =\ 14.51$ SW₆　▲$1.2\ \times0.4<0.5\ =\ ——$ ⇒	14.51㎡
〃	ラワンベニヤ	$(1.59+3.25)\times2.6\ =\ 12.58$ WD₄　▲$0.75\times(1.8-0.1)\ =$▲1.28 ⇒	11.30㎡
天井	プラスターボード目透し　VP	床に同じ	6.37㎡

あ と が き

　本稿は、筆者が勤務先において社内報のひとつ「住友建設技報」に、昭和51年から昭和53年の足掛け3年間にわたって発表した「建築技術者のための積算講座」がもととなっている。そのわずかの年月の間にもわが国における建築積算界も、将来の目標に向かって大きく動き出していた。

　積算という業務は地味であり、根気のいる仕事であり、どちらかと言えば脇役であって派手さはない。しかし世の中の大半以上の事柄が金を中心にして動かざるを得ない以上、建設界における積算業務の果たす役割は重要であり、このサポートなくして建設の企画もその実施もあり得ないと思う。

　にもかかわらず人は往々にしてこうした脇役の存在や苦労を忘れがちになったり、どうかすると主役以外のこうした縁の下の力持ち的役割を軽視することすらある。建築物の見せ場である意匠の主仕上を立派に見せうるのも、表面には何ひとつ表れてこない下地材の良し悪しひとつにかかっていることを思うにつけ、主役よりもむしろ脇役の働きいかんが如何に大切かということを認識して欲しい。

　わが国の建築積算界も、社団法人・日本建築積算協会が中心的役割となってエネルギッシュにその充実と発展に力をつくすと共に、社会的地位の向上にも必死になって日夜努力を重ねている。

　また一方では10数年の歳月をかけて、官民合同の組織である建築積算研究会が大変な努力と熱意でまとめあげた「建築数量積算基準」もようやく関係筋に理解と協力が得られ、「数量については真実は一つ」という思想のもとに日本全国津々浦々にゆき渡りつつある。

　今までは仕方がなかったことであるが、こと積算の手法となるとまだまだ自己流というか、いわゆる我流が結構多い。それがまた積算数量が十人十色の元凶となっており、ひいては積算業務の効率化とか能率を妨げている最大の原因ともなっている。

　建設業における積算専従者の比率は、およそのところ全建築技術者の5％ぐらいと言われているものの、短期的な応援部隊まで入れるともっと比率は高まるのではないかと思っている。とにかく積算という業務は受注に先だって行われるものだけに、受注に結びつけばむくわれるものの、外れた場合は全くの経費損である。

　したがって、なかなか教育もままならず、どうしても目先のことに追われてしまって我流集団を作ってしまいがちである。その意味でもこの拙著がなにかのお役にたてばと思い、勤務先関係者の了解と理解のもとに発表の運びとなったものである。

この出版にあたっても、またまた前著「木造住宅積算入門」を手掛けた「大成出版社」の皆さんの親身なお力添えを頂いたお陰でまとめることができた。ここに関係者の方々に誌上をお借りして厚くお礼を申し上げる次第である。

昭和62年12月10日
著者記す

[著者略歴]

　　　　　はまだ　かんじ（本名：浜田　寛治）

□元明治大学理工学部講師。一級建築士。建築積算資格者。
- 1929年3月　大阪府生まれ。
- 1951年3月　早稲田大学第一理工学部建築学科卒。
　　　　　別子建設（現在の住友建設）入社。約10年間の現場専従の後、東京支店積算課にて積算業務を7年間弱。
- 1969年4月　本店建築設計課長を4年間。
- 1973年4月　本店住宅部長を3年間、主として木造の建売住宅を担当。
- 1978年8月　本店第二営業部長就任。その間積算学校1期生卒業。
- 1979年3月　ケニア共和国駐在。日本国からの無償贈与のジョモ・ケニヤッタ農工大学建設のプロジェクトマネージャーを2年と少々。
- 1981年4月　本店建築監理部長を5年間。
- 1986年4月　本店建築部担当部長を2年間。
- 1988年4月　本店建築部参与。明治大学理工学部講師。
- 1990年7月　本店企画室参与。
- 1994年1月　㈳日本建築積算協会・関東支部事務局長。
- 1999年3月　明治大学理工学部講師退任（11年間担当）
- 2000年3月　㈳日本建築積算協会、関東支部事務局長退任
- 2000年5月　ミク企画代表

主な著書：木造住宅積算入門―どんぶり勘定からの脱皮―　（大成出版社刊）
　　　　　鉄筋コンクリート造積算入門―にがて意識からの脱皮―
　　　　　　　　　　　　　　　　　　　　　　　　　　（大成出版社刊）
　　　　　鉄骨の積算入門―他力本願からの脱皮―
　　　　　　　　　　　　　　　　　　　（松本伊三男共著　大成出版社刊）
　　　　　わかりやすい建築数量積算―キーワード107―　（大成出版社刊）
　　　　　はらんべー―はだしでサバンナ、ぽれぽれケニア―　（菜根社刊）
　　　　　五重の塔と建築基準法―建築見たまま、ペンのまま―（山海堂刊）

平成12年3月制定「建築数量積算基準」に基づいた
[改訂3版] 鉄筋コンクリート造 積算入門
＜にがて意識からの脱皮＞

1988年1月30日　第1版第1刷発行
1994年3月30日　第2版第1刷発行
2000年9月30日　第3版第1刷発行

著　　者　　は　ま　だ　か　ん　じ
発行者　　松　林　久　行
発行所　　**株式会社大成出版社**
　　　　　東京都世田谷区羽根木1－7－11
　　　　　〒156-0042　電話03(3321)－4131(代)

©1988　HAMADA（検印省略）　　　　　印刷　信教印刷
落丁・乱丁はお取り替えいたします
ISBN4-8028-8517-2

● 関連図書のご案内 ●

建築数量積算基準・同解説
建設大臣官房官庁営繕部◆監修
㈶建築コスト管理システム研究所◆編集
㈳日本建築積算協会
㈶建築コスト管理システム研究所◆発行
● A 4 判・200頁・定価3,990円（本体3,800円）

平成12年3月制定「建築数量積算基準」に基づいた
【改訂版】わかりやすい建築数量積算【キーワード107】
はまだかんじ◆著
● B 5 判・220頁・定価2,940円（本体2,800円）

平成12年3月制定「建築数量積算基準」に基づいた
【改訂4版】木造住宅積算入門【どんぶり勘定からの脱皮】
はまだかんじ◆著
● B 5 判・220頁・定価3,360円（本体3,200円）

平成12年3月制定「建築数量積算基準」に基づいた
【改訂3版】鉄筋コンクリート造積算入門【にがて意識からの脱皮】
はまだかんじ◆著
● B 5 判・300頁・定価3,780円（本体3,600円）

【改訂3版】鉄骨の積算入門【他力本願からの脱皮】
はまだかんじ・松本伊三男◆共著
● B 5 判・280頁・定価3,669円（本体3,495円）

マンガ 建築の積算 －知っているようで、知らない話－
はまだかんじ◆作　はちのやすひこ◆画
● B 5 判・90頁・定価2,310円（本体2,200円）

株式会社 大成出版社
〒156-0042　東京都世田谷区羽根木 1-7-11
TEL 03-3321-4131　FAX 03-3325-1888
ホームページ http://www.taisei-shuppan.co.jp/